MÁRIO JORGE PEREIRA

Energia

Eficiência & Alternativas

3ª EDIÇÃO
Revisada e Ampliada

EDITORA
CIÊNCIA MODERNA

Energia: Eficiência E Alternativas 3ª edição Revisada e Ampliada

Editor: Paulo André P. Marques
Produção Editorial: Dilene Sandes Pessanha
Capa: Daniel Jara
Diagramação: Daniel Jara
Copidesque: Equipe Ciência Moderna

FICHA CATALOGRÁFICA

PEREIRA, Mário Jorge.

Energia: Eficiência E Alternativas 3ª edição Revisada e Ampliada

Rio de Janeiro: Editora Ciência Moderna Ltda., 2023.

1. Engenharia Mecânica 2. Energia
I — Título

ISBN: 978-65-5842-307-2 CDD 620.1

Editora Ciência Moderna Ltda.
R. Alice Figueiredo, 46 – Riachuelo
Rio de Janeiro, RJ – Brasil CEP: 20.950-150
Tel: (21) 2201-6662/ Fax: (21) 2201-6896
E-MAIL: LCM@LCM.COM.BR
WWW.LCM.COM.BR **09/23**

Dedicatória

Dedico esta obra aos profissionais e estudantes de todos os níveis que desejam ampliar seus conhecimentos na área de eficiência energética.

Agradecimentos

A minha família que sempre esteve comigo em todos os momentos.

Agradeço também aos profissionais da Editora Ciência Moderna.

Prefácio

O livro abrange a eficiência energética e suas particularidades. Possui conceitos, principais características e exemplos de aplicação. Inclui ainda, pesquisas e projetos sobre as inovações existentes. É uma obra que aborda a utilização econômica da eletricidade, objetivando a preservação das fontes não renováveis ante o momento crítico mundial.

A primeira parte inicia com a geração por hidrelétricas, o funcionamento dos equipamentos elétricos e ainda definições dos termos mais usuais a este assunto. As questões relativas ao fator de potência. Características técnicas dos motores elétricos, dimensionamento correto e de como os modelos de alto rendimento trazem reduções de custos para a sua companhia. Os modelos de capacitores e as formas de aplicação para corrigir o fator de potência, fundamental para a qualidade funcional das instalações elétricas. Para completar, descrevo algumas das ações que podem melhorar o uso energético numa organização industrial.

A segunda parte é dedicada às tecnologias alternativas para se obter a energia. O gás natural e as diversas aplicações nas áreas industrial, comercial, de serviços e em movimentação de veículos. Os aspectos técnicos, vantagens e desvantagens das energias alternativas: Eólica, Solar e Nuclear. A performance dos sistemas de cogeração que configura uma das formas mais eficientes de aproveitamento energético. Após, veremos um pouco sobre o grupo motor-gerador, esta fantástica máquina estacionária geradora de eletricidade.

Nesta nova edição, há ampliação e atualização dos assuntos sobre as alternativas energéticas. O avanço e novas legislações relacionadas ao seguimento de energia.

Este livro é dedicado aos estudantes, profissionais e todo aquele que quer ampliar seu conhecimento em energia elétrica e tecnologias alternativas. Espero que gostem deste novo trabalho e que lhes seja útil.

A você leitor, muito obrigado!

"Se você está fazendo alguma coisa da mesma maneira há bastante tempo, provavelmente está fazendo algo errado."

Charles Kettering
Inventor Americano

SOBRE A IMPORTÂNCIA DAS FONTES ALTERNATIVAS DE ENERGIA

O homem, através dos séculos, desenvolve equipamentos imprescindíveis à sua sobrevivência e conforto; outros apenas para facilitar o trabalho. Até então, se executassem sua função estava dentro do esperado. Porém, começamos a nos dar conta de que se as fontes energéticas terminassem, não poderíamos contar mais com estes recursos. Diante disto, especialistas iniciaram estudos; energias alternativas foram descobertas e a partir de eventos mundiais determinaram normas visando proteger o planeta e a humanidade da extinção.

Portanto, se faz necessário a utilização mais eficiente destas fontes de energia, isto é, o mais economicamente possível, observando os cuidados para preservar a natureza.

No mundo, ainda existem organizações que não reconhecem essa necessidade. No entanto, podemos observar grandes avanços nos últimos anos, sendo bons exemplos, o uso de gás natural e biocombustíveis. Crescimento também geração de eletricidade por meio da Energia Solar e Eólica, como grande empreendimentos sendo desenvolvidos.

Com base nesta realidade, os governos buscam sedimentar uma política e legislação aplicadas ao seguimento da eficiência energética. Neste sentido, é grande a importância dos investimentos, por parte das organizações empresariais em conjunto com as Universidades (Inovação, Pesquisa e Desenvolvimento). As novas tecnologias geram uma economia nos recursos naturais, possibilitando obter excelentes retornos econômicos, sem contar os ganhos ambientais. Podemos perceber uma grande tendência mundial, neste sentido, gerando mais qualidade de vida.

SOBRE O AUTOR...

Mário Jorge Pereira

É engenheiro mecânico e especialista em gestão de manutenção industrial. Em atividade neste seguimento, há mais de 30 anos, tem sua experiência profissional descrita no livro "Engenharia de Manutenção – Teoria e Prática", Ed. Ciência Moderna – RJ já em sua 3ª Edição. A partir do ano de 2007 ingressou na Stemac S.A., onde atuou na área de Manutenção Preventiva, desenvolvendo grandes inovações neste seguimento. Posteriormente, foi transferido para o setor de Óleo & Gás – assumindo a gestão de uma unidade de <u>Cogeração a Gás Natural,</u> tendo permanecido até 2012. Esta experiência profissional teve grande impacto em seu desenvolvimento técnico e possibilitou desenvolver esta obra literária.

Sumário

Parte I

Eficiência em Sistemas Elétricos

1. Introdução à Eficiência Energética

Podemos dizer que eficiência energética é um conjunto de atividades sistêmicas que visam otimizar ao máximo, o uso de fontes de energias não renováveis disponíveis em nosso meio ambiente. Em outras palavras, significa utilizar menos energia para fornecer a mesma quantidade de valor energético, cuja unidade pode ser expressa em kilocalorias (kcal) ou kilojoules (kJ).

A utilização econômica das energias renováveis é uma das formas eficientes de redução do grande consumo de combustíveis fósseis, sendo esses não renováveis. A Eficiência Energética e o uso de Energia Renovável são considerados os pilares de uma política energética sustentável.

Dentre as diversas fontes de energia, a elétrica, gasolina, óleo diesel, gás natural e álcool são as que mais interessam à sociedade atual, e, sem dúvida, não seria possível executar qualquer atividade, seja residencial ou industrial. São necessárias para funcionamento desde simples aparelhos, como lâmpadas e televisores, passando por veículos, até os equipamentos complexos de uma fábrica.

Em geral, quando utilizamos uma fonte energética, parte dela é aproveitada, enquanto outra é perdida para o meio ambiente.

Exemplos:

a.1 Uma lâmpada transforma eletricidade em luz e calor. Obtemos a eficiência mediante a divisão das energias da luz pela elétrica usada. A energia gerada pelo calor é desperdiçada.

b.1 A eficiência de um veículo automotivo é obtida mediante a divisão da quantidade de energia proporcionada pelo seu deslocamento pela que estava no combustível. A energia gerada pelo calor do escapamento também é desperdiçada, somando-se a geração de gases poluentes na atmosfera.

Existem outras formas de desperdício. Grande parte, em razão destes mesmos aparelhos ou sistemas elétricos que são:

Exemplos:

a.2 Lâmpada acesa em ambiente onde não há pessoas executando atividade.

b.2 Veículos automotores ligados em meio a um tráfico congestionado.

Como podemos observar, os efeitos da "não eficiência" se multiplicam à medida que há o crescimento populacional atuando nos seguimentos de nossa sociedade, gerando custos elevados os quais podiam ser reduzidos ou evitados.

Então, por que desperdiçamos tanta energia?

Para esta pergunta há muitas respostas. Uma delas, creio, é pelo não conhecimento técnico ou falta de orientação sobre o correto uso ou manutenção, existindo outros fatores a serem acrescentados como a falta de conscientização por parte dos consumidores, sejam eles quais forem. Seria benéfico se os órgãos governamentais e outros seguimentos da sociedade enfatizassem, com mais veemência, a questão eficiência energética, embora já exista legislação específica e campanhas veiculadas nos meios de comunicação.

Diversas organizações demonstram interesse, apresentando novos projetos em eventos que tratam deste assunto. Polêmicas à parte, as organizações empresariais precisam reduzir seus custos operacionais. Uma das metas é economizar as fontes energéticas: eletricidade, água, óleos lubrificantes etc. Os cálculos não são triviais, exigem levantamentos, registros e análise técnico-financeira. Somente de posse da aprovação destes projetos, vem a parte mais complexa que é a implementação, ajustes e monitoramento.

Voltando ao exemplo do uso de lâmpadas (a1), veja como obter uma economia significativa, num simples sistema de iluminação:

Uma lâmpada incandescente comum (na forma oval que conhecemos) tem uma eficiência de 8%, isto é, o restante apenas aquece o ambiente. Uma lâmpada fluorescente (alto rendimento) compacta produz a mesma luminosidade, porém com uma eficiência de 32%. Traduzindo isso em termos não numéricos, seria produzir luz com menos necessidade de energia elétrica.

As análises financeiras, para sistemas industriais mais complexos, são difíceis de ser conduzidas. Para tanto, existem as consultorias especializadas em eficiência energética que apresentam boas propostas para implantar um determinado projeto. Se houver determinação de ambas as partes, o retorno financeiro poderá estar dentro das expectativas. Melhor por em prática este estudo do que predizer: "Não vai dar certo!"

Outra forma de desperdício é o baixo rendimento apresentado pelos equipamentos. Aumentar o percentual entre a relação Energia Útil / Energia Total dos combustíveis deveria ser o grande objetivo.

Exemplo de baixo rendimento:

O rendimento de um motor a gasolina é de aproximadamente 20%, portanto 80% é desperdiçado em energia térmica (kCal) parte para o sistema de arrefecimento, gases de escape e atrito das partes móveis do motor. Já o rendimento dos motores elétricos, pode chegar até os 90%, quando a energia elétrica é convertida em energia mecânica.

Ainda sobre a Eficiência Energética

Se considerarmos uma organização industrial, ao determinar uma meta de produção, é pertinente afirmar que para obter eficiência energética se faz necessário reduzir o máximo possível de gasto em energia. Esse mesmo raciocínio é aplicado às unidades residenciais, públicas ou ainda comerciais, tais como edificações. Para isso, é necessário investir em produtos e processos eficientes. Nas industriais brasileiras, outra ação importante é a substituição dos motores elétricos mais antigos, por modelos mais modernos e com alto rendimento. Podemos citar ainda utilização de telhas translúcidas, horários de trabalho reduzidos, iluminação com "sensores de presença", reaproveitamento de água, entre outras. No seguimento automotivo, uma tendência crescente tem sido a fabricação de carros mais econômicos, mas com o mesmo rendimento através de novas tecnologias construtivas dos motores a combustão interna. Outros exemplos são os veículos híbridos ou totalmente elétricos.

Tudo isso se faz cada vez mais necessário para obter altos índices produtividade (produzir, gastando menos). Para exemplificar a importância dos estudos em eficiência, cito os motores elétricos dos sistemas motrizes e de refrigeração, no setor industrial, os quais correspondem por 25% do consumo nacional de energia. Cito ainda, os investimentos em baterias, com cada vez mais capacidade de armazenagem, bem como a implementação da Energia Solar, por meio dos sistemas de geração distribuída solar fotovoltaica.

Portanto, observe na aquisição de equipamentos, eletrodomésticos e demais aparelhos eletro-eletrônicos, se há o selo PROCEL, o qual fornece dados sobre eficiência em uso. As lâmpadas LED, já citadas, podem gerar uma economia de quase 90% por hora, em relação às lâmpadas convencionais – dados da ABESCO (Associação Brasileira das Empresas de Serviços de Conservação de Energia).

Outro setor em destaque é o da construção civil, onde é crescente o uso de materiais e equipamentos que possibilitam a redução do consumo de energia. As edificações com certificação LEED tendem a ser o futuro modelo de construção quando o assunto é eficiência energética, mas observando os cuidados com meio ambiente.

No Brasil, o consumo de energia das indústrias em geral corresponde a quase 40% do total de energia produzida no país. Desse total, 46,3% vêm das hidroelétricas, que apesar de utilizarem um recurso natural renovável, a água, ainda provocam um elevado impacto ambiental no seu processo de instalação. O seguimento alternativo, tais como, as Energias Solar e Eólica seguem em crescimento, tendo a seu favor legislação que incentiva sua aplicação. Os governos, ao investir em políticas públicas, que promovam tal eficiência, reduzem os investimentos em represas hidrelétricas e usinas térmicas, por exemplo. Outra vantagem é a de poder gerar empregos e avançar em desenvolvimento tecnológico, unindo o meio industrial e universidades em busca de inovações. Essas opções reduzem os valores da fatura ("conta de luz"), contribuindo para uma maior vantagem competitiva para organizações e certo alivio para as famílias em suas residências. Obviamente, não podemos deixar de citar que certas novas tecnologias estão restritas, pois o investimento é significativo e uma grande parcela da população não tem acesso. Esperemos que no futuro próximo, algumas das novidades estejam disponíveis para as famílias com menor poder aquisitivo.

De uma maneira geral, o cenário nacional é positivo embora necessitamos avançar. O Brasil ainda está numa posição, considerando o ranking mundial, próximo ao 20º lugar, num total de 25 países inseridos neste estudo – Dados do Energy Efficiency Indicator, (http://www.iea.org). Portanto, há uma grande margem para crescimento de investimentos em eficiência energética. Em agosto de 2019, a portaria interministerial MME/MCT/MDIC Nº 1, de 29/6/2017, define a exigência do nível mínimo de eficiência para motores trifásicos – motores elétricos, ventiladores de teto, aparelhos de ar condicionado e transformadores. Certamente, contribui para o cenário de redução do consumo de energia.

As Contribuições da Eficiência Energética

São inúmeros os benefícios da eficiência energética, tanto se considerarmos o meio ambiente, mas na área econômica. Seja na redução dos custos em energia, ou investimentos, os quais geram novos empregos e consequentemente maior consumo de bens e serviços. Essa cadeia é importante para o desenvolvimento.

Uma redução de grande impacto ambiental é a de contribuir para mitigar as emissões de Gases de Efeito Estufa (GEE) e outros poluentes. O impacto direto é a melhoria na qualidade do ar que respiramos, pois menos emissão de poluentes no ar, há diminuição de doenças respiratórias e consequente redução nos gastos com a saúde. O estudo norte-americano realizado pela ONG American Council for an Energy-Efficient Economy (ACEEE), afirma que *"uma redução de 15% do consumo de energia por ano resultaria em 2.190 vidas salvas, são 30 mil casos de asma a menos e uma economia de US$ 20 bilhões em gastos com saúde nos Estados Unidos"*.

Já citei os benefícios na indústria em geral. Além do aumento da rentabilidade, contribui para a sociedade onde esta inserida. Empresas poluidoras são responsáveis por contaminação de rios e lagos, sendo esses processos considerados crimes ambientais. A mudança de atitude dos empresários é primeiro passo. Adequar processos de fabricação à legislação vigente e posteriormente, implementar melhorias que reduzam seus custos operacionais, gerando maior economia. Investir em segurança e saúde para seus colaboradores e moradores próximos a instalação se traduzem em benefícios para todos. Um produto adquirido com selos de qualidade e respeito ao meio ambiente é bem visto pela sociedade, fazendo que o mesmo cresça em vendas.

Outro efeito interessante é o de ajudar a economia local. A lógica é a seguinte: economizando na "conta de luz", a população tende a utilizar o "dinheiro extra" na aquisição de produtos, ou mesmo em serviços (por exemplo, conserto de alguma instalação residencial que há muito estava sendo postergada). Aquece as vendas nos comércios locais, contribuindo para a abertura de novas vagas de emprego. Quando seguimos neste ritmo de economia em energia, segue o uso responsável da água: seja evitando banhos demorados, limpeza de calçados e o mais importante consertar vazamentos.

O papel da indústria, já expostos anteriormente, é de certa forma muito retraída. Isto significa que há margem para crescimento. Há ações que requer baixo investimento, por vezes, apenas cobrando atitudes proativas e maus hábitos de seus colaboradores, tais como, deixar luzes acesas em locais sem nenhuma atividade laboral. Ou mesmo, o gesto de informar aos gestores sobre desperdícios que poderiam ser evitados. A eficiência energética é considerada, por alguns, como um processo conhecido globalmente por transição energética, e isso significa a *"passagem de uma matriz em que predomina a utilização de combustíveis fósseis, com elevada emissão de gases de efeito estufa (GEE), para uma ancorada em fontes renováveis e com baixa emissão de carbono"*. A promoção por parte dos países de um conjunto de inovações e transformações na forma como produzem e consomem a energia é uma das bases para a consolidação de uma economia de *"baixo carbono"*.

A questão da emissão de carbono, foi um dos pilares da estratégia definida pela Confederação Nacional da Indústria (CNI) e apresentada na Conferência das Partes sobre Mudanças Climáticas (COP26), em Glasgow, na Escócia. Já nas reuniões que aconteceram na COP27 27ª Conferência das Partes em Sharm el-Sheikh, no Egito, foi *"acordado o lançamento de um novo programa de trabalho de cinco anos com o objetivo central de promover soluções de tecnologia climática em países em desenvolvimento. Aproveitando este contexto, os governos também foram convidados a revisitar e fortalecer as metas de 2030 em seus planos climáticos nacionais até o final de 2023, além de acelerar os esforços para reduzir gradualmente o uso de energia do carvão e combustíveis fósseis"*. O texto oficial reconhece que a crise energética global sem precedentes destaca *"a urgência de transformar os sistemas de energia para serem "mais seguros, confiáveis e resilientes", por meio de transições limpas e justas para energia renovável"*.

Em conclusão, podemos afirmar que o uso racional de energia é crucial para diminuir os custos de produção e reduzir as emissões de gases do efeito estufa. Seja qual for a alternativa para geração elétrica, movimentação veicular, aquecimento de água, produção de vapor etc. todas serão parte integrante de uma preservação ambiental eficiente, contribuindo para um mundo melhor seja para a população atual, ou para as gerações futuras.

2. A Geração de Eletricidade

No Brasil, as usinas hidroelétricas ou hidrelétricas são as principais geradoras de eletricidade. Neste sistema, as Energias Potencial e Cinética, das correntes d'agua, são convertidas em Energia Elétrica. A água de rios e lagos são transformadas em reservatórios, formados a partir do fechamento da barragem. A água é transportada por canais (dutos metálicos) até o local em que possui uma turbina hidráulica acoplada a um gerador, no qual a potência mecânica é transformada em potência elétrica. Após passar pela turbina, a água retorna ao leito natural do rio. Então, a eletricidade é conduzida por cabos ou ainda barramentos, dos terminais do gerador até o transformador, no qual eleva a tensão (V) para permitir a condução nas linhas de transmissão. Antes de chegar até os consumidores, a tensão é reduzida ou elevada aos valores indicados para utilização.

A geração de energia por meio hidráulico é responsável por cerca de 40% da oferta interna no Brasil (percentual ligeiramente superior ao do petróleo e do gás natural, cuja soma chega aos 37%).

Somente 25% do total do potencial hidrelétrico brasileiro, que é de aproximadamente 261 mil **MW** (**megawatt**), correspondem às usinas em operação. Isso indica que a participação da energia hidráulica na matriz energética brasileira deverá aumentar. Isso se deve ao fato de o potencial da Amazônia existente, considerado uma das melhores soluções para assegurar o suprimento da demanda de energia elétrica no período até ano de 2020.

Dados obtidos, neste novo século, confirmam que o país possui 403 usinas em operação e 25 em construção, além de mais de 3.500 unidades registradas no **Sistema de Informação do Potencial Hidrelétrico Brasileiro** (instrumento desenvolvido pela divisão de Recursos Hídricos e Inventário da Eletrobrás), em fase de avaliação.

No rio Paraná está situada a maior usina do mundo, a **Itaipu Binacional**, empreendimento,entre Brasil e Paraguai, com potência instalada de 12.600 **MW**. As bacias brasileiras com maior potencial hidrelétrico são a do Paraná (59.183 **MW**) e a do Amazonas (105.440 **MW**).

No Brasil, as condições de fornecimento de energia elétrica são regidas pela **Resolução de nº 456/2000 da Agência Nacional de Energia Elétrica (ANEEL)** que define as formas de contrato entre as concessionárias e empresas. O contrato existente entre usuários e a concessionária é denominado Contrato de Fornecimento. Portanto, profissionais de engenharia precisam conhecer as principais características de forma a garantir o melhor uso da energia elétrica de parte do maquinário, utilidades e demais instalações.

O contrato de fornecimento define, para ambas as partes, além das condições técnicas, também as comerciais. As indústrias, de um modo geral, obedecem ao conjunto de tarifas que constituem os preços aplicáveis ao consumo elétrico.

2.1 Breve Histórico das Hidrelétricas no Brasil

A primeira exploração de energia hidráulica no Brasil realizou-se em 1889, quando foi instalada a **Usina Marmelos** no rio Paraibuna, no Estado de Minas Gerais. A empresa **Light** foi o primeiro grande grupo estrangeiro a se constituir no país, instalou em 1911 no rio Tietê, São Paulo, a **Usina Hidrelétrica Parnaíba**, e foi responsável pelo projeto e instalação de grande parte das usinas hidrelétricas do país na fase inicial do setor.

Na década de 1930, o governo adotou uma série de medidas para deter o processo de concentração do setor elétrico, então dominado pela **Light** e pelo grupo **American & Foreign Power Company (Amforp)**, que se instalou no Brasil em 1927. Com a promulgação do Código de Águas, em 1934, consagrou-se o regime das autorizações e concessões para os aproveitamentos hidrelétricos, e foram incorporadas ao patrimônio da União todas as fontes de energia hidráulica situadas em águas públicas de uso comum e dominiais. Pelo código existente na época, as empresas estrangeiras não mais podiam ser concessionárias, mas estavam resguardados os direitos daquelas já instaladas no País.

Em 1964, o governo brasileiro comprou as concessionárias do grupo **Amforp** que operavam no Brasil, e que passaram a ser subsidiárias da **Eletrobrás.** Em1979, com a aquisição das ações da **Light** à multinacional **Brascan Limited**, foi concluído o processo de nacionalização das concessionárias do setor elétrico.

A primeira empresa de eletricidade do governo federal foi a **Companhia Hidrelétrica do São Francisco (CHESF)**, instituída por decreto-lei de 1945, que marcou o início de uma reorganização do setor, caracterizada pela divisão entre a geração e a distribuição de energia e pela tendência à instalação de centrais de grande porte. A partir de 1950, as empresas brasileiras passaram a participar da construção dos grandes empreendimentos hidrelétricos no País.

Em meados dos anos 90, o governo promoveu uma reestruturação institucional do setor elétrico com a finalidade principal de estimular a participação mais ampla do segmento privado na exploração do potencial hidrelétrico, atividade dominada por empresas de economia mista que tinham como acionistas majoritários os governos federal, estadual ou municipal. Um dos principais instrumentos para atingir esse fim foi a Lei 8.987/95, pela qual se regulamentou o regime de licitação das concessões, anteriormente restritas às concessionárias estaduais ou federais. A Lei 9.074/95, ao permitir aos grandes consumidores a livre aquisição de energia, que antes tinha de ser feita à empresa geradora da região, isentou-os do monopólio comercial das concessionárias. Criada em 1961 para atuar como holding do setor elétrico, a **Eletrobrás** e suas quatro empresas regionais (**CHESF, FURNAS, ELETROSUL e Eletronorte**) foram incluídas no Programa Nacional de Desestatização, regulado pela Lei 9.491/97. Alguns dos produtos das parcerias estabelecidas com o setor privado, em acordo com o programa, foram as usinas hidrelétricas **Serra da Mesa** (1.293 **MW**), no rio Tocantins, que já está em operação, e **ITÁ** (1.450 **MW**), no rio Uruguai, em fase de construção.

O órgão regulador do setor elétrico no Brasil é a **Agência Nacional de Energia Elétrica (ANEEL)**, autarquia vinculada ao Ministério das Minas e Energia criada pela Lei 9.427/96. Entre suas incumbências, incluem-se a regularização e fiscalização da produção, transmissão, distribuição e comercialização de energia elétrica, o controle das tarifas cobradas aos consumidores e a execução de diretrizes governamentais para a exploração da energia elétrica e o aproveitamento do potencial hidráulico.

Hidrelétricas: vantagens e desvantagens

Em comparação com as alternativas economicamente viáveis, as centrais hidrelétricas são consideradas formas mais eficientes, limpas e seguras de geração de energia. Suas atividades provocam emissão incomparavelmente menor de gases causadores do efeito estufa do que as das termelétricas movidas a combustíveis fósseis, além de não envolverem os riscos implicados, por exemplo, na operação das usinas nucleares (vazamento, contaminação de trabalhadores e da população com material radioativo etc.). Uma descoberta mais recente em favor das usinas hidrelétricas é o método para aproveitamento da madeira inundada, que já vem sendo adotado na **Usina de Tucuruí**, no rio Tocantins.

Por outro lado, a construção e utilização de usinas podem causar uma série de consequências negativas, que abrangem desde alterações nas características climáticas, hidrológicas e geomorfológicas locais até a morte de espécies que vivem nas áreas de inundação e nas proximidades. A construção da **Usina de Porto Primavera**, por exemplo, reduziu uma planície à quase metade dos 809 quilômetros, mediante a inundação do alto rio Paraná. O desajuste das condições hidrológicas afeta a biodiversidade da planície e pode acarretar a interrupção do ciclo de vida de muitas espécies (mais comumente de peixes de grande porte e migratórios) e a multiplicação de espécies sedentárias (de menor valor), o que, consequentemente, afeta as populações ribeirinhas que vivem da pesca. Além disso, o represamento do rio e a formação do reservatório, aliado às modificações no ambiente decorrentes da presença do homem (principalmente pelas migrações relacionadas à obra) provocam o desequilíbrio do ecossistema e favorecem a propagação de endemias como a esquistossomose, a malária e o tracoma. Ao expulsar comunidades de seus locais de origem, a inundação das represas também provoca impactos socioeconômicos de difícil superação, especialmente no caso de populações de baixa renda e que apresentam condições precárias de educação, saúde e alimentação.

2.2 Pequenas Centrais Elétricas – PCH

Este termo é utilizado para centrais que fornecem até 30 MW de potência. É uma opção importante de fornecimento de eletricidade complementar à grande malha energética do Brasil.

Uma das vantagens se dá pela redução do impacto ambiental, ficando restrito à mudança de velocidade da correnteza. São necessários pequenos investimentos para implantação, pois o objetivo é atender aos usuários de baixo consumo elétrico, num raio de aproximadamente 50 quilômetros distantes da unidade. Para o seu funcionamento, parte da vazão (15% a 25% do total) do rio é direcionada para a Pequena Central hidrelétrica (também conhecida como PCH).

As Pequenas Centrais Hidrelétricas (PCH) são usinas hidrelétricas de tamanho e potência relativamente reduzidos, conforme classificação feita pela Agência Nacional de Energia Elétrica (ANEEL) em 1997, quando foi extinto o monopólio do Estado no setor elétrico e centenas de empresas empenharam recursos na elaboração de estudos e projetos de geração de energia renovável. Neste mesmo ano iniciou a exploração desse potencial e atualmente são responsáveis por ~3,5% de toda a capacidade instalada (MW) do sistema interligado no Brasil.

Os investimentos superam o valor de R$ 1 bilhão em sua maioria, por investidores privados na elaboração e no licenciamento ambiental de cerca de 1000 projetos de PCH, totalizando mais de 9.000 MW em empreendimentos protocolados na ANEEL – parte destes projetos ainda aguarda análise e aprovação dos órgãos reguladores.

Em relação aos modelos ou tipos das PCH, elas são definidas pela Capacidade de Regularização de Reservatório:

- A Fio D'água;
- De Acumulação, com regularização Diária do Reservatório; e
- De Acumulação com regularização Mensal do Reservatório.

A Fio D'água

Esse modelo é empregado quando as vazões de estiagem do rio são iguais ou maiores que a descarga necessária à potência instalada (MW), máxima prevista. Nesse caso, o volume do reservatório, criado pela barragem, é desconsiderado. O sistema de adução deve ser projetado para conduzir a descarga de água. O aproveitamento energético local é parcial e o "vertedouro" opera, praticamente, o tempo todo, extravasando o excesso de água. Esse tipo de PCH apresenta, dentre outras, as seguintes simplificações: dispensa estudos de regularização de vazões; de sazonalidade da carga elétrica do consumidor e facilita os estudos e a concepção da tomada d'água.

De Acumulação, com regularização Diária do Reservatório

São modelos utilizados em situações onde a vazão de estiagem do rio é inferior, ao ponto de permitir uma potência (MW) necessária apenas para suprir a demanda estipulada para um determinado consumo local, ficando restrita a essa área. Portanto, nesse tipo de PCH o reservatório fornece o volume de água adicional necessário de "vazão regularizada" (de projeto).

De Acumulação com Regularização Mensal do Reservatório

Por fim, esse modelo consiste em um projeto que considera dados de vazões médias mensais (no seu dimensionamento energético), considerando as vazões de estiagem médias mensais. Pressupõe-se uma regularização mensal das vazões médias diárias, promovida pelo reservatório.

Os projetos construtivos de PCH, independente do tipo, são considerados como fontes alternativas ao compará-las às grandes hidrelétricas. Caso sejam aprovadas e instaladas, o objetivo é a minimização dos impactos nos âmbitos sociais, ambientais e econômicos.

A partir da figura 2.1 o leitor poderá ter uma ideia de uma PCH. Denominada Senhora do Porto, ela está localizada em Dores de Guanhães (MG). Sua operação comercial iniciou no dia 8 de junho de 2018. Possui capacidade instalada de 12 MW. Essa usina faz parte de um projeto da Cemig e da Light que inclui outras três PCHs: Dores de Guanhães (14 MW) e Jacaré (9 MW), também situadas em Dores de Guanhães, e Fortuna II (9 MW), localizada nas cidades de Virginópolis e Guanhães, no Leste de Minas.

Figura 2.1

PCH Senhora do Porto, MG.

Fonte: https://www.hidroenergia.com.br

Assim como as grandes hidrelétricas, a quantidade de energia elétrica a ser produzida, é proporcional à vazão de água. É importante destacar que as precipitações podem influenciar diretamente na geração das usinas. É construída uma barragem no rio, tendo como objetivo represar a água para formar um reservatório, muito parecido com um lago. Então, a água é captada do reservatório e conduzida através de tubulações para a casa de força, que consiste em uma edificação onde ficam as turbinas e geradores. Ao chegar nessa edificação, a pressão da água da barragem movimenta as turbinas, gerando energia elétrica.

Há outros componentes importantes, estes relacionados ao controle: Sistema de Automação. Os painéis elétricos gerenciam a velocidade e a Tensão (em kV) dos equipamentos, através da medição de entrada de água nas turbinas e da abertura e fechamento das pás. Nas tubulações existem outros componentes, denominados "hidromecânicos" (sua função é conduzir e controlar o fluxo de água), tais como, as válvulas e comportas para fechar e abrir a entrada de água; grades para evitar a passagem de galhos, pedras e outros objetos que podem danificar as turbinas; equipamentos para limpeza dessas grades; enfim, diversos itens que garantem a segurança e manutenção da PCH.

No Brasil, como é sabido, o órgão que determina a legislação para a área de energia elétrica, incluindo a geração de energia, é a Agência Nacional de Energia Elétrica – ANEEL. A Agência publicou no dia 22 de novembro de 2016, a Resolução Normativa n° 745, atualizando as normas para empreendimentos de geração de energia, onde foram incluídas as normativas para uma PCH. Além disso, foram esclarecidos os procedimentos necessários para receber a outorga de Pequena Central Hidrelétrica. De forma resumida, a atualização da resolução considera como PCH todo empreendimento de geração de energia com potência entre 5MW e 30MW e com área de reservatório de até 13km^2 (nos documentos publicados anteriormente, a ANEEL limitava o reservatório da PCH em 3km^2.) Ao ampliar este requisito, facilitou aos investidores em Geração de Energia. Certos empreendimentos eram considerados como Usinas Hidrelétricas (UHE), e agora se enquadram como uma PCH, ou seja, facilita a construção e operação, uma vez que há menos burocracia.

A trajetória da PCH no Brasil, podemos dizer que é recente e iniciou em 1997 com a extinção do monopólio do governo no setor elétrico. Com isso, diversos investimentos ocorreram na execução de estudos e projetos para geração de energia renovável. Os investimentos chegam a mais de R$ 1 bilhão para cerca de mil projetos. É cerca de 9.000 MW de potência protocolados na ANEEL.

Num panorama geral, o aproveitamento hidrelétrico ultrapassou 60% no país. Neste contexto, as Pequenas Centrais Hidrelétricas ocupam quase 4% de toda a energia gerada no sistema interligado nacional, o equivalente a ~5,9 GW de capacidade instalada (distribuída em ~1.124 empreendimentos). O governo tem como meta ultrapassar esse valor até o ano de 2027 – dados obtidos até o final da edição deste livro. A diretriz está exposta no Plano Decenal de Expansão de Energia 2027 (PDE 2027), um documento que indica as perspectivas, sob a ótica do Governo Federal, sobre a expansão do setor de energia elétrica.

2.3 Termos técnicos relacionados ao fornecimento de Eletricidade

Antes de continuarmos, entenda alguns termos usados neste contexto. Desta maneira, você pode entender melhor os termos utilizados em faturas e contratos de fornecimento e evidentemente traçar metas para um melhor uso da energia.

Concessionária ou Permissionária: É o agente titular da concessão ou permissão federal para prestar o serviço público de energia elétrica.

Consumidor: é a pessoa física ou jurídica, ou comunhão de fato ou de direito, legalmente representada, que solicitar a concessionária o fornecimento de energia elétrica e assumir responsabilidade pelo pagamento das faturas e pelas demais obrigações fixadas em normas e regulamento da ANEEL, conforme contratos vigentes.

Fatura de Energia Elétrica: Nota fiscal de cobrança que descreve o consumo, tarifas e quantia a ser paga pela prestação de serviço de fornecimento, referente a um período determinado. Acrescenta-se a tudo isso os impostos, evidentemente aplicados em percentuais também definidos por legislação. Normalmente, nos referimos a este documento como "a conta de luz."

Tarifa Convencional: Estrutura tarifária caracterizada pela aplicação de consumo, independente das horas de utilização do dia e períodos do ano. Esta é a forma de como é cobrada o uso de eletricidade em nossas residências. **Unidade: R$/Kwh total consumidos.**

Tarifa Horo-Sazonal: Estrutura tarifária caracterizada pela aplicação de tarifas diferenciadas de consumo e demanda de potência contratada, considerando horas, dia da semana e período do ano. Desta forma, a composição de consumo de uma indústria deve ter um bom planejamento. **Unidades: R$/Kwh total consumidos e R$/kW demanda registrada.**

Tarifa Azul: aplica tarifas diferenciadas de consumo e demanda de potência contratada, de acordo com as horas de utilização do dia e períodos do ano.

Tarifa Verde: aplica tarifas diferenciadas de consumo de acordo com as horas de utilização do dia e períodos do ano, porém uma única tarifa demanda de potência contratada.

Tarifa de Ultrapassagem: é a tarifa aplicável sobre a diferença positiva entre demanda ou consumo medido e aqueles valores contratados, isto é, quando exceder os limites estabelecidos.

Demanda de Potência Contratada: É medida em **kW**. É o somatório das cargas (potências expressas em **kW**) instaladas numa indústria, levando em conta maquinário, utilidades e demais instalações elétricas. Cada equipamento possui uma indicação de potência, então fica fácil executar um levantamento geral e informar à concessionária, o valor da demanda a ser contratado. Por exemplo, uma empresa tem um parque industrial potencia instalada de 2.500 **kW**. Se o horário de funcionamento for de 12 horas diárias, durante os sete dias da semana, terá aproximadamente um consumo mensal de 900 mil kWh (2.500 kW X 360 h/mês). Portanto, a indústria paga por esta reserva ou demanda em **kW** junto à concessionária, juntamente com o consumo medido em **kWh**. Em contrapartida, as concessionárias se obrigam a disponibilizar continuamente, conforme os valores fixados. Esta, portanto, é a composição considerada nas tarifas azul e verde.

Horário de Ponta (P): período definido pelas concessionárias, sendo composto de 3 (três) horas diárias consecutivas (exceção aos Sábados, Domingos e Feriados Nacionais), podendo ser alterado em razão, conforme o Estado, do "horário de verão". Geralmente este período é definido entre 18 horas e 21 horas. É onde o consumo atinge valores mais altos em razão dos consumidores chegarem em suas residências, após o período de trabalho, ligarem diversos sistemas elétricos como eletrodomésticos, chuveiro e iluminação. Neste intervalo, os valores das tarifas (R$) são mais altos. Este período também é conhecido como "horário de pico".

Horário fora de ponta (FP): Período composto pelas horas restantes (excluindo as três horas do "horário de ponta", visto anteriormente).

Período úmido (U): Período de cinco meses consecutivos, compreendendo os fornecimentos abrangidos nos meses de Dezembro de um ano até Abril do ano seguinte.

Período seco (S): Período de sete meses consecutivos compreendendo os fornecimentos abrangidos entre Maio e Novembro do mesmo ano.

Outro dado importante é a classificação de consumidor a que o usuário deve se enquadrar. Isto é definido de acordo com a capacidade instalada da empresa. Segue então as classificações, também fornecidas pela **ANEEL**, de acordo com resoluções em vigor:

GRUPO "A": Grupamento composto por unidades consumidoras (onde se enquadram grande parte dos seguimentos industriais) com fornecimento em Tensão (**V**) igual ou superior a 2.000 V (**2kV**), ou ainda atendidas em Tensão inferior à 2.300 **V** (2,3 **kV**), subdivididos nos seguintes subgrupos:

a) Subgrupo A1 – Tensão de fornecimento ≥ 230 kV

b) Subgrupo A2 – Tensão de fornecimento de 88 kV a 138 kV

c) Subgrupo A3 – Tensão de fornecimento de 69 kV;

d) Subgrupo A3a – Tensão de fornecimento de 30 kV a 44 kV

e) Subgrupo A4 – Tensão de fornecimento de 2,3 kV a 25 kV

f) Subgrupo AS – Tensão de fornecimento < 2,3 kV

GRUPO "B": Grupamento composto por unidades consumidoras com fornecimento em Tensão (**V**) inferior a 2.300 **V** (2,3 **kV**), subdivididos nos seguintes subgrupos:

a) Subgrupo B1 – residencial;

b) Subgrupo B1 – residencial baixa renda;

c) Subgrupo B2 – rural;

d) Subgrupo B2 – cooperativa de eletrificação rural;

e) Subgrupo B2 – serviço público de irrigação;

f) Subgrupo B3 – demais classes;

g) Subgrupo B4 – iluminação pública;

Existem outros termos relacionados à geração e utilização da energia elétrica. Apresentei alguns e espero possam ajudá-lo.

3. Princípios de Funcionamento dos Equipamentos Elétricos

3.1 Introdução

Para gerar soluções alternativas, quanto ao uso eficiente de energia, também é necessário conhecer o funcionamento elétrico das máquinas de sua organização.

Os motores elétricos industriais de indução, transformadores, lâmpadas, fornos de indução, entre tantos outros são formados por cargas que necessitam de campo eletromagnético para o seu funcionamento. Para a obtenção deste fluxo magnético é necessária a presença da Energia Reativa. Ela não realiza trabalho, mas circula entre a fonte e a carga, ocupando o que podemos denominar "espaço" no sistema elétrico, o qual poderia ser utilizado para fornecer mais energia ativa. Portanto, a redução de consumo da energia reativa resulta em aumento da qualidade do fornecimento, reduzindo quedas de tensão e as perdas elétricas nas instalações da fábrica e concessionária. Economizando a energia reativa, libera-se o sistema para ligação de novas cargas; por exemplo, em razão de uma ampliação fabril. Esta notícia é bem-vinda, pois evita o investimento em novas redes de fornecimento, consequentemente, uma considerável economia financeira.

3.2 Definições dos termos aplicáveis ao funcionamento

Energia ativa: medida em **kW** (kilowatt), sendo a energia que produz as tarefas em motores, transformadores, etc.

Energia reativa: medida em **kVAR** (kilovolt-Ampere-Reativo) e como vimos, não realiza trabalho, mas é necessária na geração do campo eletromagnético e também permite o funcionamento dos motores, transformadores e demais equipamentos similares.

A composição destas duas formas de energia resulta na *Energia Aparente, medida em kVA (kilovolt-Ampere). Outro termo importante é o fator de potência* que é obtida pela expressão:

$$Fator\ \ de\ \ Potência = \frac{Energia\ \ Ativa}{Energia\ \ Aparente\ \ ou\ \ Total}$$

Onde,

Fator de Potência (FP) = Cos φ*

* A atual legislação brasileira 456/2000 da ANEEL determina que o FP seja mantido o mais próximo da unidade "1", porém permite o mínimo de 0,92.

O Fator de Potência demonstra que uma organização industrial consome energia elétrica adequadamente ou não.

Outra forma de obter o FP é:

$$FP = \frac{Energia\ \ Ativa}{\sqrt{(energia\ \ ativa)^2 + (energia\ \ reativa)^2}}$$

Em resumo, a Energia Ativa realiza o trabalho (rotação do eixo de um motor) e a Energia Reativa produz o fluxo magnético necessário ao funcionamento, sendo o fator de potência a relação entre elas.

O uso de maquinário, com elevado Fator de Potência e plano de manutenção adequado em sua instalação elétrica, são fatores decisivos para se obter um fator de potência ideal.

Todos os equipamentos consomem algum tipo de energia para funcionar; industriais, eletrodomésticos, veículos, iluminação das vias e até as centrais que produzem ou distribuem.

Em 2007 foram elaboradas normas mínimas de rotulagem e de desempenho energético para aparelhos ou outros equipamentos consumidores de energia, com base nas diretivas relativas à rotulagem e à concepção ecológica. É de máxima importância dar especial atenção à redução das perdas em modo de vigília (aparelhos que ficam em *stand by*, como por exemplo, televisões apagadas somente no comando). **A Comissão das Comunidades Européias** prevê a adoção de requisitos para 14 grupos prioritários de produtos, com objetivo de torná-los mais eficientes em relação ao consumo. Também, uma revisão em diretivas que regulam o uso de rotulagem classificativa.

4. O Fator de Potência

4.1 Definição e Legislação Atual

O Decreto nº 479, de 20 de março de 1992, reiterou a obrigatoriedade de se manter o fator de potência o mais próximo possível da unidade (1,00), tanto pelas concessionárias quanto pelos consumidores. Recomendando ainda, ao **Departamento Nacional de Águas e Energia Elétrica (DNAEE)**, o estabelecimento de um novo limite de referência para o fator de potência indutivo e capacitivo, bem como a forma de avaliação e de critério de faturamento da energia reativa excedente a esse novo limite.

A legislação pertinente, estabelecida pelo **DNAEE**, introduz uma nova forma de abordagem do ajuste pelo baixo fator de potência, com os seguintes aspectos relevantes:

1. Limite mínimo do Fator de Potência em "0,92".

2. Cobrança de Energia Reativa capacitiva excedente.

3. Redução do período de avaliação do Fator de Potência de mensal para horário, válido desde o ano 1996.

Outra definição importante da legislação atual é:

- **Das 6 às 24 horas** o fator de potência deve ser no mínimo 0,92 para a energia e demanda de potência reativa indutiva fornecida.

- **Das 24 às 6 horas** no mínimo 0,92 para energia e demanda de potência reativa capacitiva recebida.

Portanto, para fornecimento da Energia Reativa é estabelecido um Fator de Potência igual a 0,92 que é verificado de "hora em hora" por instrumentos de monitoramento das concessionárias. A denominação Energia Capacitiva é medida entre a 0 hora (meia noite) e 6 horas. A Energia Indutiva é medida entre 6 horas e 0 hora, perfazendo um total de 24 horas.

Quando o **FP** é inferior a 0,92 (devidamente identificado pelos medidores) é cobrada a utilização de energia e demanda de Potência Reativa, denominados respectivamente Consumo Reativo Excedente e Demanda Reativa Excedente.

A partir destas formas de medição, faz-se necessário o uso correto dos motores elétricos, tendo cuidados especiais para compensação da Energia Reativa existente neste tipo de equipamento. Neste caso especifico, a correção é feita através da instalação de capacitores[1], importantes componentes elétricos que evitam o uso de reativos excedentes pelo maquinário.

[1]Capacitor ou Condensador é um componente que armazena energia num campo elétrico, acumulando um desequilíbrio interno de carga elétrica. Capacitores também são usados na correção de fator de potência, frequentemente vêm com três capacitores conectados (como uma carga trifásica). Geralmente, os valores desses capacitores não são dados pela sua capacitância, mas pela sua potência reativa em "**Var**".

Fonte: http://pt.wikipedia.org/wiki/Capacitor

Veremos a seguir que muitas das razões para um baixo **FP** (menor que 0,92) se deve ao funcionamento indevido de equipamentos. Contudo, não são facilmente identificáveis, como acontece em casos de pane mecânica. Além disso, elevar o fator de potência promove um melhor aproveitamento da energia elétrica por parte do maquinário, utilidades e demais instalações.

Causas de um baixo FP:

1. Transformadores elétricos operando a vazio ou sobrecarregados durante longos períodos.
2. Motores elétricos operando em regime de baixa carga.
3. Uso de um grande quantidade de motores elétricos com baixa potência (kW).
4. Capacitores ligados em instalações de unidades consumidoras horosazonais, durante o período da madrugada (0 as 6 horas).
5. Utilização não planejada das lâmpadas fluorescentes, vapor de mercúrio e vapor de sódio, todas elas denominadas "lâmpadas de descarga".

Principais efeitos danosos em razão de um baixo **FP**:

1. Aumento significativo de perdas elétricas nas instalações.

2. Queda acentuada de tensão (V) nas instalações.

3. Redução do aproveitamento da capacidade nominal dos transformadores.

4. Condutores elétricos apresentam aquecimento acima das especificações construtivas.

Por estas razões, a correção do fator de potência é uma das principais soluções para eliminar ou reduzir as "perdas de energia elétrica". Com isso reduzimos os riscos de acidentes por superaquecimento das instalações e evitamos os acréscimos na fatura de energia.

Como já visto, define-se o Fator de Potência como sendo a divisão de Potência Ativa (**KW**) pela Potência Aparente (**KVA**).

Exemplo: Se uma máquina operatriz está trabalhando com 100 KW (potência ativa) e a energia aparente consumida é 125 KVA, dividindo 100 por 125, você chegará a um fator de potência de 0,80.

4.2 Importância da Correção do Fator de Potência

O baixo Fator de Potência é um dos grandes problemas nas organizações industriais.

A correção do Fator de Potência concentra boa parte de suas ações em:

1. Dimensionamento correto de motores, considerando a capacidade requerida pelo equipamento.

2. Selecionar, instalar e garantir uma operação correta de motores elétricos.

3. Instalação de Capacitores ou Banco de Capacitores.

Após conhecer os principais conceitos, passando pela seleção de motores elétricos, uso de capacitores e até a correção das distorções harmônicas, é possível que ao final você encontre melhores resultados nas suas instalações elétricas, mais precisamente, uma melhor eficiência no uso desta importante energia.

Um fator de potência corrigido e elevado para o índice de "0,92", sua fábrica passa a utilizar a eletricidade de forma mais correta e econômica.

Os benefícios obtidos seriam:

- redução das variações de Tensão(**V**) em sua rede;
- redução dos consumos (**kWh**) dos equipamentos;
- menores índices de manutenção;
- aumento de vida útil dos equipamentos;
- menores perdas térmicas - menor T (**Cº**) em operação);
- melhor aproveitamento dos transformadores;
- redução dos valores cobrados na Fatura;
- evitar aplicação de multas pela Concessionária;

Caso você e sua equipe não consigam obter melhores resultados, há necessidade de contratar serviços de especialistas em "Conservação de Energia" para uma avaliação mais consistente de forma a complementar os estudos já executados, abrangendo a rede elétrica em sua totalidade, desde a entrada (subestações elétricas) até o ponto de uso (equipamentos, tomadas, etc.).

Um detalhe a observar é que boa parte dos trabalhos em eficiência energética é iniciada por ações a partir da "inteligência interna", isto é, usuários ou pessoal de manutenção tem condições de rever a aplicação de motores, instalar capacitores, entre outras ações em maquinário, utilidades e demais instalações.

Independente destas ações internas é recomendável aderir aos programas de eficiência para obter alternativas. Tudo depende do planejamento e das metas definidas em sua organização, sejam por necessidade de redução de custos, atendimento a normas ambientais ou mesmo programas internos da qualidade que incluem atitudes e projetos para uso eficiente e econômico das fontes energéticas.

No item 5. "Os Motores Elétricos" apresento algumas informações úteis sobre motores e espero possam auxiliá-lo em suas atividades relacionadas a este assunto.

5. Os Motores Elétricos

5.1 Introdução

O motor elétrico é uma máquina destinada a transformar energia elétrica em mecânica. É muito utilizado, pois combina as vantagens: da eletricidade (baixo valor tarifário, facilidade de transporte, limpeza e simplicidade de comando) com as facilidades construtivas, grande versatilidade de adaptação às cargas dos mais diversos tipos e donos dos melhores rendimentos operacionais.

A maioria de motores elétricos trabalha pelo eletromagnetismo, mas existem motores baseados em outros fenômenos eletromecânicos, tais como forças eletrostáticas. O princípio fundamental em que os motores eletromagnéticos são baseados é que há uma força mecânica em todo o fio quando está conduzindo a eletricidade contida dentro de um campo magnético. A força é descrita pela **Lei da Força de Lorentz** que é perpendicular ao fio e ao campo magnético. Em um motor giratório, há um elemento girando conhecido como Rotor que gira em razão da fiação e campo magnético arranjados de tal forma a proporcionar um torque que é existente sobre a linha central do rotor.

A maioria de motores magnéticos são giratórios, mas os tipos lineares existem também. Em um motor giratório, a parte que gira (geralmente no interior) é chamada igualmente de rotor e a parte estacionária é chamada estator.

Ao participar de uma palestra sobre motores, promovida por uma grande fabricante, nos foi demonstrado que o maior consumo elétrico numa indústria metal-mecânica se deve em razão da motorização das máquinas operatrizes.

Pensemos desta forma: para cada eixo girante existente na fábrica haverá um motor. Mas será que este motor está adequado a está instalação?

O gráfico abaixo demonstra que o início de um projeto de eficientização energética começa pela análise dos motores elétricos, pois são os grandes consumidores em organizações industriais.

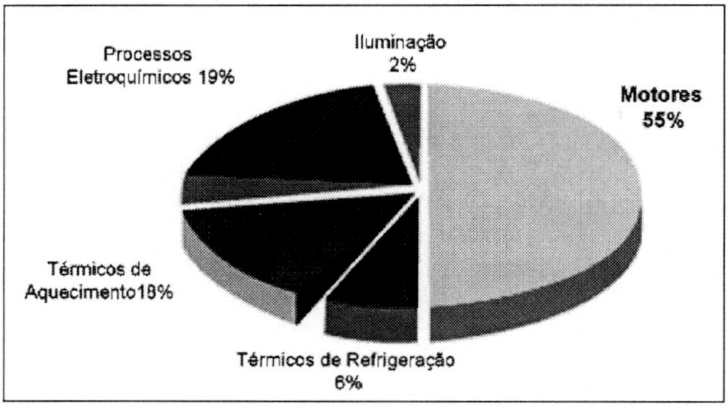

Figura-5.1

Gráfico com a distribuição do consumo elétrico no setor industrial.
Fonte: http://www.procel.com.br

O PROCEL - Programa Nacional de Conservação de Energia é um programa que visa ao uso racional de energia elétrica e foi instituído em 30 de dezembro de 1985 pelos Ministérios de Minas e Energia e da Indústria e Comércio do Brasil, por meio da portaria 1.877. É gerido por uma secretaria executiva ligada à Eletrobrás. Em 18 de julho de 1991, o PROCEL foi transformado em Programa de Governo, em decreto presidencial, tendo assim sua abrangência e responsabilidade ampliadas.

Fonte: http://pt.wikipedia.org/wiki/Procel

A História do Motor Elétrico

Em 1600 o cientista inglês **William Gilbert** publicou, em Londres, a obra intitulada "De Magnete", descrevendo a força de atração magnética. O fenômeno da eletricidade estática já havia sido observado antes pelo grego **Tales**, em 641 A.C.. Ele verificou que ao friccionar uma peça de âmbar com um pano, esta adquiria a propriedade de atrair corpos leves, como pêlo e penas.

A primeira máquina eletrostática foi construída em 1663 pelo alemão **Otto von Guericke** e aperfeiçoada em 1775 pelo suíço **Martin Planta**.

O físico dinamarquês **Hans Christian Oersted**, ao fazer experiências com correntes elétricas, verificou, em 1820, que a agulha magnética de uma bússola era desviada de sua posição norte-sul quando esta passava perto de um condutor no qual circulava corrente elétrica. Esta observação permitiu a Oersted reconhecer a ligação entre o magnetismo e a eletricidade, dando assim, o primeiro passo em direção ao desenvolvimento do motor elétrico.

O inglês **William Sturgeon**, com base na descoberta de Oersted, constatou em 1825 que um núcleo de ferro envolto por um fio condutor elétrico transformava-se em um ímã quando se aplicava uma corrente elétrica. Observou também que a força do ímã cessava tão logo a corrente fosse interrompida. Estava inventado o eletroimã. Essa descoberta seria de fundamental importância na construção de máquinas elétricas girantes.

Em 1832, o cientista italiano **S. Dal Negro** construiu a primeira máquina de corrente alternada. Já no ano de 1833, o inglês **W. Ritchie** inventou o comutador, construindo um pequeno motor elétrico onde, o núcleo de ferro enrolado girava em torno de um ímã permanente. Para dar uma volta completa, a polaridade do eletroimã era alternada a cada meia volta através do comutador. A inversão da polaridade também foi demonstrada pelo mecânico parisiense **H. Pixii** ao construir um gerador com um ímã em forma de ferradura que girava diante de duas bobinas fixas com um núcleo de ferro. A corrente alternada era transformada em corrente contínua pulsante através de um comutador.

Foi grande o sucesso obtido pelo motor eléctrico desenvolvido por um arquiteto e professor de física chamado **Moritz Hermann von Jacobi** – que, em 1838, aplicou-o a um bote. Alimentados por células de baterias, o bote transportou 14 passageiros e navegou a uma velocidade de 4,8 quilômetros por hora.

Então, no ano de 1886 (e pode ser considerado o ano de nascimento da máquina elétrica), o cientista alemão **Werner von Siemens** inventou o primeiro gerador de corrente contínua autoinduzido (sem a utilização de ímã permanente), provando que a tensão necessária para o magnetismo poderia ser retirado do próprio enrolamento do rotor, isto é, que a máquina podia se autoexitar. O primeiro dínamo de **Werner Siemens** possuía uma potência de aproximadamente 30 watts e uma rotação de 1200rpm. Esta máquina não funcionava somente como um gerador de electricidade, mas também operava como um motor, desde que se aplicasse aos seus bornes, uma corrente contínua.

Entre outros pesquisadores, destacaram-se o Iugoslavo **Nikola Tesla**, o italiano **Galileu Ferrarris** e o russo **Michael von Dolivo-Dobrovolski**. Os esforços não se restringiram somente ao aperfeiçoamento do motor de corrente contínua, também se cogitou de sistemas de corrente alternada, cujas vantagens já eram conhecidas em 1881.

Em 1885, o engenheiro eletrotécnico **Galileu Ferraris** construiu um motor de corrente alternada de duas fases. Apesar deste invento, isto é, o motor de campo girante, concluiu erroneamente que os motores construídos segundo este princípio poderiam, no máximo, obter um rendimento de 50% em relação a potência consumida. Então, **Tesla** apresentou, em 1887, um pequeno protótipo de motor de indução bifásico com rotor em curto-circuito. Também esse motor apresentou rendimento insatisfatório, mas impressionou de tal modo a firma norte-americana **Westinghouse**, a qual lhe pagou um milhão de dólares pelo privilégio da patente, além de se comprometer ao pagamento de um dólar para cada HP que viesse a produzir no futuro. O baixo rendimento desse motor inviabilizou economicamente sua produção e três anos mais tarde as pesquisas foram abandonadas.

O engenheiro Eletrotécnico **Dobrowolsky**, da firma **AEG**, de Berlim, entrou em 1889 com o pedido de patente de um motor trifásico com rotor de gaiola. O motor apresentado tinha uma potência de 80 watts, um rendimento aproximado de 80% em relação a potência consumida e um excelente conjugado de partida. As vantagens do motor de corrente alternada para o motor de corrente contínua eram marcantes: construção mais simples, silencioso, menos manutenção e alta segurança em operação. **Dobrowolsky** desenvolveu, em 1891, a primeira fabricação em série de **motores assíncronos**, nas potências de 0,4 a 7,5 kW.

5.2 Características Técnicas dos Motores Elétricos

5.2.1 Nomenclatura aplicada à construção de motores

Regime de Serviço: É o grau de regularidade da carga a que o motor elétrico é submetido. Os motores elétricos normais de linha ou *standard* são projetados para regime contínuo (S1), para casos em que o motor precisa acionar uma carga que não seja de regime contínuo, seria interessante contatar o fabricante, informando numericamente ou através de gráficos o tipo do regime.

Alguns regimes padrão de operação:

- **S1** Regime Contínuo: opera a carga constante de duração, suficiente para que se alcance o equilíbrio térmico. Ex: transportador contínuo, bombas centrífugas, etc.

- **S2** Regime de Tempo Limitado: opera uma carga constante, durante um tempo determinado, porém inferior ao necessário para atingir o equilíbrio térmico. Após, segue outro período de repouso, com duração suficiente para restabelecer a igualdade de temperatura com o meio refrigerante. Ex: sistemas de refrigeração atuando em dias de baixas temperaturas.

- **S3** Regime Intermitente Periódico: sequências de ciclos idênticos, cada qual incluindo um período de funcionamento (a carga constante) e um período de repouso, sendo estes muito curtos para atingir o equilíbrio térmico durante um ciclo de regime no qual a corrente de partida não afeta de modo significativo a elevação de temperatura, p. ex., esmeril de bancada.

Importante: Não havendo definição, considerar o regime S1.

Classes de Isolamento

O material isolante mais utilizado em motores elétrico tem classe de temperatura "B". Isto significa que estes materiais instalados em locais onde a temperatura ambiente é no máximo de 40º C podem trabalhar com uma elevação de temperatura continuamente sem perder suas características isolantes. Quando o Motor Elétrico opera com um Inversor de Frequência, a classe de isolamento deverá ser no mínimo "F". Abaixo estão os valores da temperatura para as classes de isolamentos:

- Classe Isolamento A: temperatura máxima de 105 ºC;

- Classe Isolamento E: temperatura máxima de 120 ºC;

- Classe Isolamento B: temperatura máxima de 130 ºC;

- Classe Isolamento F: temperatura máxima de 155 ºC;

- Classe Isolamento H: temperatura máxima de 180 ºC;

Proteção Elétrica

O fator determinante para alcançar a confiabilidade em serviço, bem como para a vida útil do motor elétrico, recai sobre a escolha do tipo de proteção a ser utilizada.

Existem basicamente dois tipos de proteção, uma dependente da corrente (fusíveis, relés bimetálicos de sobrecarga e relés eletromagnéticos) e outra que depende diretamente da temperatura do enrolamento do motor elétrico (termostatos).

Os fusíveis protegem os motores elétricos contra curto- circuitos, mas não contra sobrecargas. Os relés bimetálicos de sobrecarga oferecem proteção para o motor em serviços contínuos e com poucas ligações (partidas) por hora, aceleração de curta duração e corrente (A), de rotor bloqueado, com baixo valor. Esta proteção para serviços intermitentes não é confiável.

Outro tipo de proteção é a térmica, sendo uma resistência calibrada, do tipo que varia linearmente com a temperatura. Se for necessário, pode ser solicitada ao fabricante de motores.

Grau de proteção do invólucro do motor

A **Norma NBR 6146 "Invólucros de equipamentos elétricos – proteção – especificação"** define os graus de proteção dos equipamentos elétricos por meio de letras características "IP", seguidos por dois algarismos:

O 1º algarismo indica o grau de proteção contra penetração de corpos sólidos estranhos e contato acidental:

"0" : não há proteção;

"1" : proteção contra corpos estranhos de dimensões > 50 mm;

"2" : proteção contra corpos estranhos de dimensões > 12 mm;

"4" : proteção contra corpos estranhos de dimensões > 1 mm;

"5" : proteção contra o acúmulo de poeira;

"6" : proteção total contra a poeira;

Já, o 2º algarismo indica o grau de proteção contra penetração de água no interior do equipamento:

"0" : sem proteção;

"1" : pingos d'água na vertical;

"2" : pingos d'água até a inclinação de 15º com a vertical;

"3" : água da chuva até a inclinação de 60º com a vertical;

"4" : respingos d'água de todas as direções;

"5" : jatos d'água de todas as direções;

"6" : água de vagalhões;

Para a maioria das aplicações é suficiente uma proteção com grau de proteção "IP54" (ambientes muitos empoeirados) ou "IP55" (onde o motor é lavado periodicamente com mangueiras, como nas indústrias de alimentos).

A letra "W" colocada entre as letras "IP" e os algarismos referencia de que é protegido contra intempéries.

Fator de Serviço (FS)

É um multiplicador que, quando aplicado à potência nominal do motor elétrico, indica a carga que pode ser acionada continuamente sob tensão (V) e frequência nominais (Hz) e com limite de elevação de temperatura (°C) do enrolamento, fator de potência (**FP**) e velocidade (rpm). Podem os valores de rendimento diferir dos valores nominais, mas o conjugado e a corrente de rotor bloqueado mais o conjugado máximo (**Cmáx**) permanecem inalterados.

A utilização do "**FS**" implica uma vida útil inferior àquela do motor com carga nominal. O fator de serviço não deve ser confundido com a capacidade de sobrecarga momentânea que o motor pode suportar, geralmente até 60% da carga nominal, durante 15 segundos.

Outras condições críticas em operação:

- Nível de Ruído: observar a NBR 7565 "Maquinas Elétricas Girantes – Limites de Ruído".

- Vibração: observar a NBR 8008 "Balanceamento de Corpos Rígidos Rotativos"

- Tensão de Alimentação (V): Se o motor elétrico for usado partida estrela-triângulo (220/380 V ou 440/760 V) e se o mesmo for alterado para partida série/paralelo, uma tensão deverá ser o dobro da outra (220/440 V ou 380/760 V).

- Forma Construtiva: Definidos na norma NBR 5031. Geralmente o fabricante fornece na forma construtiva "B3", para funcionamento em posição horizontal com "pés" (base). Sob consulta, o fabricante fornece o motor elétrico com flange e eixo com características especiais.

- Motores à Prova de Explosão: Importante característica, para uma operação segura, quando o motor opera em ambientes contendo materiais inflamáveis ou explosivos (indústrias petroquímicas, exploração de gás, etc.). Normas aplicáveis de segurança ou construtivas exigem que o motor seja especialmente construído para estas aplicações. Não se trata propriamente de grau de proteção, pois os requisitos do motor elétrico não se destinam a protegê-lo, mas proteger as instalações contra eventuais acidentes causados pelo motor elétrico, inclusive reduzindo os riscos de danos pessoais.

Outras características do motor à prova de explosão:

- Carcaça, caixa de ligação e tampas em ferro fundido tipo FC 200.

- Caixa de ligação com furos roscados tipo **NPT**.

- Enrolamentos do Estator em fio de cobre esmaltado e classe de isolação "H".

- Ventilador antifaiscante.

- Proteção contra elevação de temperatura (termostato).

- Terminal de aterramento interior(caixa de ligação e carcaça).

- Grau de proteção máximo: IP54 (não poderá ser IPW55).

Ensaios elétricos:

São agrupados em "Ensaios de Rotina" e "Ensaios Especiais".

5.2.2 Em relação à corrente de alimentação

1. *Motores de corrente contínua*: São motores de custo elevado e que, além disso, precisam de uma fonte de corrente contínua, ou de um dispositivo que converta a corrente alternada comum em contínua. Podem funcionar com velocidade ajustável entre amplos limites e se prestam a controles de grande flexibilidade e precisão. Por isso seu uso é restrito a casos especiais em que estas exigências compensam o custo muito mais alto da instalação.

2. *Motores de corrente alternada*: São os mais utilizados, porque a distribuição de energia elétrica é feita normalmente em corrente alternada. Seu princípio de funcionamento é baseado no *campo girante*, que surge quando um sistema de correntes alternadas trifásico é aplicada em pólos defasados fisicamente de 120º. Dessa forma, como as correntes são defasadas 120º elétricos, em cada instante, um par de pólos possui o campo de maior intensidade, causando a associação vetorial desse efeito o campo girante.

5.2.3 Em relação ao modo de operação (mais usuais)

1. *Motor síncrono*: funciona com velocidade estável; utiliza-se de um induzido que possui um campo constante predefinido e, com isso, aumenta a resposta ao processo de arraste criado pelo campo girante. É geralmente utilizado quando se necessita de velocidades estáveis sob a ação de cargas variáveis. Também pode ser utilizado quando se requer grande potência, com torque constante.

2. *Motor de indução*: funciona normalmente com velocidade constante, que varia ligeiramente com a carga mecânica aplicada ao eixo. Devido a sua grande simplicidade, robustez e baixo custo, é o motor mais utilizado de todos, sendo adequado para quase todos os tipos de máquinas acionadas encontradas na prática. Atualmente é possível controlarmos a velocidade dos motores de indução com o auxílio de Inversores de Frequência.

O Inversor de Frequência (Hz) é um equipamento para o controle da velocidade de motores de indução trifásicos. Os inversores proporcionam grande economia de energia. Sua função é variar a velocidade do motor de acordo com uma maior ou menor necessidade de vazão, pressão ou ainda temperatura de cada ambiente que se quer um melhor controle. Assim, quando reduzida a velocidade, o inversor proporciona uma redução consumo elétrico. É ligado em redes monofásica ou trifásica e em sua saída há uma carga que necessita de uma frequência diferente da rede. O inversor tem, como primeiro estágio, um circuito retificador, responsável por transformar a tensão alternada em contínua, após isso, num segundo estágio, é capaz de realizar o inverso, ou seja, de CC para CA (conversor) e com a frequência desejada pela carga. Os Inversores de Frequência podem ser aplicados tanto em indústrias de processo quanto em manufaturas, tais como linhas de montagem, automobilísticas, bebidas e alimentícias, papel e celulose e petroquímicas.

Alguns fabricantes conhecidos são: WEG, Mitsubishi Electric, Siemens, Kolbach e General Electric.

5.3 Tipos de Motores Elétricos

1. Motores CC (corrente contínua)

1.1 Ímã Permanente com ou sem escova (motor CC brushless)

- Série
- Universal
- Shunt ou paralelo
- Composto

2.Motores CA (corrente alternada)

2.1 Assíncrono (de indução)

2.1.1 Polifásico

- Rotor gaiola ou em curto-circuito
- Rotor enrolado ou bobinado

2.2 Monofásico

2.2.1 Rotor gaiola ou em curto-circuito

- Fase dividida
- Capacitor de partida
- Capacitor permanente
- Polos Sombreados
- Dois capacitores

2.2.2 Rotor enrolado ou bobinado

- Repulsão
- Repulsão de partida

2.3 Síncrono

2.3.1 Polifásico

2.3.2 Monofásico

- Ímã permanente
- Histeresse
- Relutância
- De passo: ímã permanente; relutância variável e híbrido.

Esta amostragem, demonstra a grande variedade existente e é proporcional às necessidades de aplicação.

Para sermos mais práticos, veremos a seguir os aspectos que envolvem o dimensionamento de motores elétricos denominados standard, isto é, que não possuem a qualificação "Alto Rendimento".

5.4 Dimensionamento de Motores Elétricos

5.4.1 Requisitos preliminares para o dimensionamento

O dimensionamento com excessiva margem de segurança e pouco conhecimento da carga envolvida são algumas das características que implicam numa grande quantidade de motores instalados, em fábricas brasileiras, com cargas inferiores a 50% da potência nominal do motor e, muitas vezes, operam praticamente sem carga.

Nos acionamentos, utilizando motores superdimensionados, as elevadas correntes (**A**) acabam por introduzir na rede elétrica a potência reativa indutiva. Também implica redução do rendimento dos motores, consequentemente, elevando o consumo de energia.

Condições iniciais para um dimensionamento:

a) Alimentação - Tensão (**V**) Corrente Alternada (CA) trifásica.

b) Frequencia - 60 **Hz** (padrão no Brasil).

c) Especificação de Carga (**kW**).

d) Considerar as condições ambientais da instalação.

Levando em conta os parâmetros existente no dimensionamento, não podemos abordar este assunto sem antes obter informação das normas existentes. Segue algumas das normas brasileiras aplicáveis à motorização.

A **Associação Brasileira de Normas Técnicas – ABNT** possui normas referenciais. Para sua consulta segue:

- NBR 5031 Máquinas Elétricas Girantes - Classificação das formas Construtivas e Montagens.
- NBR 5110 Máquinas Elétricas Girantes – Classificação dos Métodos de Resfriamento.
- NBR 5117 Máquinas Síncronas – Especificação.
- NBR 5383 Máquinas elétricas girantes Partes 1 e 2 : motores de indução trifásicos – Ensaios.
- NBR 5457 Eletrotécnica e eletrônica – Máquinas Girantes.
- NBR 15.626-1 Máquinas elétricas girantes – Motores de indução Parte 1: Trifásico – Especificação (subistitui a NBR 7094, Setembro de 2008).
- NBR 15.626-2 Máquinas elétricas girantes – Motores de indução Parte 1: Monofásico – Especificação (substitui a NBR 7094, Setembro de 2008).

- NBR 11.390 Máquinas elétricas girantes – Medição, avaliação e limites de severidade de vibração mecânica de máquinas de altura de eixo igual ou superior a 56 mm – Especificação.

Acrescento a estas especificações o **"Regulamento Específico para uso da Etiqueta nacional de Conservação de Energia" – ENCE** que trata da Linha: Motores Elétricos de Indução Trifásicos.

Este conjunto de documentos possuem muitas informações, principalmente, definições de termos técnicos, especificações, condições de medição e ensaio,etc.

Após conhecer as normas aplicáveis, elabore uma planilha (*Microsoft Excel*, por exemplo) e registre os dados dos motores existentes em sua planta industrial. Desta forma, obtem-se um mapeamento das informações a qual podemos denominar "Tabela Técnica dos Motores". Estes dados servirão para revisar se as especificações da motorização está em acordo com as características do equipamento a que ele está acoplado. Juntamente com os técnicos em eletricidade, avalie melhor esta condição.

Estes dados se obtem através de uma placa metálica afixada no corpo do motor. Estas informações são conhecidas como "dados de placa do motor". Algumas importantes são:

1) Descrição, Tipo, modelo, fabricante, etc.

2) Potência: em kW, HP ou CV.

3) Velocidade de giro: em rpm (rotações por minuto).

4) Tensão de trabalho (V).

5) Frequência (Hz).

6) Fator de Potência (Cos φ).

7) Corrente (A).

8) Peso (Kg).

9) Fator de serviço (FS).

10) Rendimento (%).

11) Classificação Grau de proteção do invólucro (IP).

12) Regime de serviço (por exemplo S1- regime contínuo)

13) Data fabricação.

14) Tipo de acoplamento (exemplo: Flangeado).

15) Temperatura ambiente de trabalho.

5.4.2 Método de dimensionamento

Os critérios adequados para o dimensionamento levam em conta o uso de métodos. Um deles é conhecido como "Método da Potência Eficaz" ou "Método Equivalente".

Neste método, a Potência Eficaz (**PEF**) do motor de ciclo intermitente e carga variável (regime S1), possui ainda tensão (V) e velocidade (rpm) constantes. Leva ainda em consideração o calor gerado pelas perdas de potência, durante um determinado tempo em operação.

A partir da aplicação das normas, já mencionadas, é determinado que a potência nominal (dado de placa do motor em **kW**, **Hp** ou **CV**) considera a temperatura, ambiente, máxima de 40°**C** e a altitude limitada a **1000** m. Em países de clima tropical, como no Brasil, os motores estão sujeitos a operar em altas temperaturas, portanto os fabricantes determinam coeficientes de correção sobre a Potência Nominal dos motores. Da mesma forma, este coeficiente é aplicado no caso da operação em altas altitudes; neste ambiente, o ar é rarefeito, reduzindo a capacidade de refrigeração do motor.

Portanto, o valor da Potência Nominal (**Pn**) deve ser maior que a Potência Eficaz ou Equivalente Corrigida **P'EF** (uso de coeficiente), conforme as condições vistas no parágrafo anterior.

Sendo,

P'EF = PEF / KTH,

Onde **KTH** (**valor do coeficiente**),conforme tabelas da WEG S/A.

Então,

Pn > P'EF

Veja na tabela a seguir, alguns valores para o coeficiente KTH

T(°C) / h (m)	1.000 m	1.500 m
10 °C	1,05	1,05
40 °C	1,00	0,94
50 °C	0,85	0,80
60 °C	0,71	0,67

Tabela 5.1

Metodologias aplicáveis ao cálculo de dimensionamento motivam aos envolvidos neste processo a adequar melhor a instalação da motores, e neste caso obtendo melhor eficiência energética.

5.4.3 Análise do trabalho: Seleção & Dimensionamento

Se até aqui, a equipe técnica não obteve os resultados esperados apesar da análise, readequação dos motores, fica evidente a necessiadade de investir em outro projeto que é a substituição de parte da motorização por Motores Elétricos de Alto Rendimento, assunto do **item 5.5**.

Antes disso, verifiquemos a condição do modelo de motor, bem conhecido e muito usado nos ambientes industriais. Refiro-me ao motor de Regime Contínuo "S1". Lembre-se de que esta denominação se refere à operação constante, sob determinada carga e por longos períodos

Alguns desses motores são bombas centrífugas, ventiladores, exaustores industriais, compressores, bombas de alimentação de fluídos de água ou óleo.

A seleção de um motor para acionar eixo de máquinas operatrizes, começa pelo conhecimento da potência requerida do equipamento. Como escrevi anteriormente, após obter esta informação, o passo seguinte é a escolha do motor, podendo ser feita consultando os catálogos de fabricantes. Neste documento, identifique a potência do motor, certificando-se de que seja igual ou superior ao da máquina. Quando se tratar de acoplamento direto (acoplado através de um redutor ou multiplicador de velocidades), a potência requerida é acrescida do valor das perdas de energia existentes no acoplamento. Portanto, potência e tipo de acoplamento deste motor, são críticos para um bom dimensionamento.

Existem casos em que a potência padrão, especificada no catálogo, é um pouco menor do que a da máquina. Neste caso, devemos escolher o motor de potência na mesma proporção, porém acima da potência requerida pela máquina. Exceção a isso, seria o motor possuir um Fator de Serviço **(FS)** maior do que "1".

Certamente, levando em conta todos esses critérios, a possibilidade de superaquecimento fica praticamente descartada, pois a elevação de temperatura máxima permitida nunca será ultrapassada se o motor operar em condições normais de operação.

Outra condição de operação importante é quando existe uma grande variação da carga, denominado "regime contínuo com carga variável". Este regime tem como característica o fato de a carga (sobre o eixo do motor) ser contínua, mas variar ao longo de um determinado tempo. Lembrar que a velocidade (rpm), ao longo deste período, é considerada constante.

Para entender melhor esta condição, analise a seguinte situação:

Uma das aplicações de motorização, em regime contínuo e com carga variável é sobre as bombas de alimentação d'água (liquido de arrefecimento industrial) muito aplicado em ambientes industriais.

Em determinados períodos do turno de trabalho, a necessidade da aplicação da carga varia muito, em razão do fluxo dos processos de fabricação que vão desde baixo nível de produção até regimes de máxima. Acrescenta-se ainda, as oscilações próprias de uma fábrica. Para o dimensionamento dos motores (em nossa aplicação é uma moto-bomba de alimentação), não devemos escolher a potência do motor pelo máximo valor de carga, pois haveria superdimensionamento. Ao contrário, um motor com menor valor de carga causaria o efeito inverso, o de um subdimensionamento.

Os efeitos de um superdimensionamento não afetam estruturalmente um motor, mas ele se tornaria antieconômico, isto é, consumiria energia elétrica em excesso para realizar pouco trabalho. Nesta condição as consequências seriam danosas, pois haveria aquecimento excessivo do motor podendo levar à queima, mais precisamente, à destruição de sua isolação.

Para concluir, não poderíamos escolher um motor de média potência, pois não levariamos em consideração as perdas elétricas que poderiam provocar superaquecimento, durante a operação em que ele trabalharia acima de sua carga nominal.

5.5 Motores Elétricos de Alto Rendimento

Motores de Alto Rendimento (ou simplesmente **AR**) são equipamentos que produzem a mesma quantidade de trabalho (Potência Mecânica) na ponta do eixo da máquina, consumindo menor energia elétrica. Possui rendimento (η) superior aos *standard*, opera com menores temperaturas e como consequência, possui maior vida útil.

Por que o Motor de Alto Rendimento é superior ao *Standard*?

1) Maior quantidade de cobre: reduz perdas de potência no estator.

2) Enrolamento especial: resulta em melhor dissipação de calor.

3) Melhor projeto nas ranhuras do motor: possibilita aumento de rendimento.

4) Rotor tratado termicamente: possibilita redução perdas suplementares.

Em razão destes características técnicas, não é possivel converter motores *standard* para Alto Rendimento.

Vantagens dos Motores de Alto Rendimento

A partir dos dados construtivos diferenciados, vamos comparar algumas destas características técnicas.

Consideremos uma situação em que o usuário precisa definir, se estiver em dúvida sobre qual modelo:

1. Potência: 20 CV.

2. Velocidade ou rotação de trabalho: 1.800 rpm.

A partir desta configuração, teríamos a seguinte situação a analisar, como nos mostra a tabela comparativa entre motor standard e de alto rendimento.

(fonte dos dados: PROCOBRE – Instituto Brasileiro do Cobre)

Descrição	Motor Standard	Motor A.R.
R$ (Valor Aquisição)	**-**	**+ 31 % (mais caro!)**
Atende às normas técnicas	**Sim**	**Sim**
Eficiência	**89.8%**	**92,4 %**
Economia Anual em Consumo	**0**	**3.703 kWh**
Retorno do Investimento	**0**	**11,7 Meses**

Benefícios do motor de alto rendimento:

a) alta economia de energia elétrica;

b) melhor desempenho;

c) baixo aquecimento;

d) menores índices de manutenção;

e) redução do uso de fonte energética não renovável.

Os dados acima, geralmente, são divulgados pelos fabricantes mediante estudos estatísticos sobre o desempenho de motores em suas diversas aplicações. Portanto, possivelmente em sua fábrica os valores podem ter alguma variação. Encare-os como valores de referência.

Levando em conta somente a comparação, a opção pelo motor de Alto Rendimento nos parece a melhor opção. Tecnicamente se torna a melhor escolha, porém o alto valor de aquisição pode interferir negativamente na decisão.

Outra opção de análise é recorrer a *internet* e consultar os catálogos eletrônicos disponibilizados pelos fabricantes em seus sites.

Não se esqueça de contatar os serviços de assistência técnica, pois sem dúvida poderão fornecer informações adicionais para concluir sua avaliação.

Durante a avaliação do projeto para utilização de Motores AR, inclua o investimento do projeto mecânico, detalhando a substituição do motor, isto é, a necessidade ou não sobre alterações no sistema de acoplamento.

Ao final, apresente à gerência um estudo completo do investimento e retorno deste.

A seguir, veja um exemplo básico de uma "Análise de Retorno do Investimento":

Cálculo do retorno, em anos:

ΔR$ / 0,736 x CV X Nºh X R$kWh X (100 / η – 100/ηAR)

Onde,

ΔR$ – Diferença de custos entre o motor *standard* e o A.R.

CV – Potência do Motor em "CV".

Nºh – Número de horas em operação do motor, por "1" ano.

R$kWh – Custo médio do kWh (valores obtidos na fatura)

η – Rendimento: motor *standard* (%)

ηAR – Rendimento: de alto rendimento (%)

Neste exemplo, foi considerado um motor operando a plena carga, isto é, a 100% de sua Potência Nominal e em regime contínuio (S1).

5.6 Considerações finais sobre Motores Elétricos

O Artigo 1º do anexo I do Decreto Federal nº 4.508 de 11 de Dezembro de

2002 define os níveis mínimos de eficiência energética dos motores de indução, e a Lei nº 10.295 de 17 de Outubro de 2001 dispõe sobre a Política Nacional de Conservação e Uso Racional de Energia.

Alguns esclarecimentos adicionais para caracterizar os motores abrangidos pela regulamentação deste decreto, são:

1. Motores que possam ser conectados a uma máquina de fluxo.
2. Motores conectados a um acionador mecânico ou sistema de engrenagens, por intermédio de acoplamento direto, correias ou outro meio.
3. Motores cuja aplicação exige rolamentos para carga axial ou rolamentos de rolos.
4. Motores com várias velocidades nominais e motores usando inversores de frequência embutidos não são abrangidos por este decreto. (Exceto motores com uma única velocidade nominal, porque possuem inversores para obter velocidade variável sendo esta uma característica adicional).

A avaliação da conformidade para verificação dos níveis mínimos de eficiência dos motores elétricos trifásicos é de responsabilidade do **INMETRO (Instituto Nacional de Metrologia)**, através do **PBE - Programa Brasileiro de Etiquetagem, ENCE** (Regulamento Específico para uso da Etiqueta Nacional de Conservação de Energia que trata da Linha de Motores Elétricos de Indução Trifásicos). Este programa visa fornecer informações ao usuários que lhes permitam avaliar o consumo elétrico de seu equipamento. A adesão a este programa é voluntária, e os testes são feitos em produtos, cujos fabricantes pretendem aderir ao **PBE**. A partir dos resultados, cria-se uma escala onde estes serão classificados.

Existem regulamentos especificos de etiquetagem para diversos produtos manufaturados.

Alguns exemplos de Rendimentos Nominais Mínimos (μ %) para Motores de Indução Trifásicos (uso de rotor "gaiola de esquilo")

A partir da Tabela I – Decreto 4.508/2002

Potência Motores Standard Motores Alto Rendimento

CV = kW	4 polos 1.800 rpm / 60 Hz	6 polos 1.200 rpm / 60 Hz	4 polos 1.800 rpm / 60 Hz	6 polos 1.200 rpm / 60 Hz
1,0 CV ou 0,75 kW	78,0	73,0	80,5	80,0
3,0 CV ou 2,20 kW	83,0	78,5	85,0	83,0
5,0 CV ou 3,70 kW	85,0	83,5	87,5	87,5
7,5 CV ou 3,50 kW	87,0	85,0	89,5	88,0
10,0 CV ou 7,50 kW	87,5	86,0	89,5	88,5
15,0 CV ou 11,0 kW	88,5	89,0	91,0	90,2
25,0 CV ou 18,5 kW	90,5	90,2	92,4	91,7
50,0 CV ou 37,0 kW	92,4	91,7	93,0	93,0
75,0 CV ou 55,0 kW	93,0	92,1	94,1	93,6
150,0 CV ou 110,0 kW	93,5	94,1	95,0	95,0
200,0 CV ou 150,0 kW	94,5	94,1	95,0	95,0

Tabela 5.2

Fontes : http//www.weg.com.br, PROCEL – Programa Nacional de Conservação de Energia Elétrica, PROCROBRE – Instituto Brasileiro do Cobre e COPPER Connects Life

Opinião do autor

Motor Elétrico e os Serviços de Rebobinagem

Uma das questões polêmicas é sobre os motores recondicionados após uma pane elétrica. As organizações industriais não descartam equipamentos sem antes verificar se os mesmos têm ou não condições de serem reparados. Como já visto anteriormente, o motor elétrico faz o processo de conversão de energia elétrica em energia mecânica e é aplicado em diversos equipamentos, muitas vezes em regime contínuo. Sendo assim, ocorre a falha interna (em geral o curto-circuito) deixando de funcionar por total. Uma solução, sem ser a substituição por um novo motor, são os serviços de "Rebobinamento de Motores Elétricos". Esta manutenção consiste basicamente em restituir em quase 100% a performance original de fabricação a partir de um invólucro novo de bobinas (rebobinamento ou rebobinagem), de isolação e vedação elétrica, avaliação do conjunto eixo/rolamento e finalizando com uma avaliação de performance.

Para tanto, há empresas especializadas que executam este serviço. Contudo, é importante que os departamentos de manutenção definam critérios extremos de escolha, não só em relação aos custos, mas à qualidade requerida. Quanto mais próximo da condição definida pelo fabricante, melhor. Estes motores, após retornarem do conserto, deveriam retornar ao equipamento original, contudo nem sempre isso é possível, dada a grande ocorrência de "motores queimados". Então, muitos destes acabam sendo reinstalados em outras máquinas, muitas vezes não seguindo os padrões de dimensionamento previstos nas especificações dos fabricantes e normas existentes. Caso a pane em motores, seja uma característica frequente, aplique a Análise de Falhas, obtenha as causas das "queimas" e reduza este índice. Leve em consideração todas estas situações ocorridas no dia a dia. Quando, ao longo de um determinado tempo, o maquinário começa a funcionar com motorização fora de especificação, passa a consumir mais energia elétrica e, é claro, crescem os gastos de manutenção. Sendo assim, a fábrica passa a ter baixa eficiência energética. Agradeço aos técnicos ou engenheiros eletricistas, se lhes convier, enviarem correções, soluções e até maiores esclarecimentos sobre assuntos relacionados ao dimensionamento de motores, aplicação e condições operacionais.

Para saber mais sobre Serviço de rebobinamento de motores elétricos, acesse: https://www.sincronics.com.br/servico-rebobinamento-motores-eletricos

6. Os Capacitores

Outra ação importante para a correção do Fator de Potência é a aplicação de capacitores ou banco de capacitores, podendo ser instalado próximo ao maquinário ou em subestação elétrica. É uma forma econômica e racional de se obter a **energia reativa**.

É um dispositivo que produz fluxo de energia elétrica reativa capacitiva oposta à energia reativa, reduzindo os valores de perda e queda de tensão no sistema elétrico.

Veja como é calculado o valor do consumo reativo excedente. A base de calculo considera o índice de referência do Fator de Potência definido por legislação:

Valor (R$) = Consumo (kWh) x Tarifa (R$/kWh) x (0,92/FP – 1)

Onde,

Valor = resultado obtido em R$ do consumo reativo excedente.

Consumo = valor dos kWh consumidos.

Tarifa = valor tarifário estabelecido pela concessionária.

Note que se o Fator de Potência, medido em sua instalação, for igual a "0,92", não haverá a cobrança do consumo reativo excedente. A parcela torna-se negativa, sendo desprezada para fins de faturamento.

Figura 6.1

Foto ilustrativa de Capacitores. Fonte: http://www.mfcapacitores.com.br

6.1 Tipos e aplicação de Capacitores

Existem três tipos de banco de capacitores: Automáticos, Fixos e Programáveis.

6.1.1 Banco de Capacitor Automático

Equipamento composto de módulos ou capacitores trifásicos garantindo maior segurança contra contatos acidentais. São formados por controladores automáticos de 6 e 12 estágios de última geração, com parametrização simples e baixíssima taxa de retrabalho.

6.1.2 Banco de Capacitor Fixo

Indicados para a "compensação do reativo de transformadores". Para a sua utilização, observe os cuidados especiais conforme as especificações do fabricante, de forma a não provocar um baixo fator de potência no período capacitivo.

Portanto, a potência máxima do capacitor fixo dependerá da potência do transformador. Exemplos:

- Transformador de 75 kVA → Capacitor = 7,5 kVAr
- Transformador de 150 kVA → Capacitor = 12,5 kVAr
- Transformador de 300 kVA → Capacitor = 20,0 kVAr
- Transformador de 500 kVA → Capacitor = 25,0 kVAr

6.1.3 Banco de Capacitor Programável

São ideais para pequenos e médios centros de carga (**kW**) com curvas de demanda tendo um perfil estável. Atuam na ligação de sistemas elétricos no horário indutivo e desligando-os no período capacitivo.

6.1.4 Formas de aplicação dos Capacitores

A correção do **FP**, com a aplicação de Capacitores, pode ser feita, instalando-os de maneiras distintas tais como:

1) *Correção na entrada da energia de alta tensão*: corrige o fator de potência visualizado pela Concessionária. No entanto, permanece internamente todos os inconvenientes citados pelo baixo fator de potência.

2) *Correção na entrada de energia de baixa tensão*: permite uma correção significativa, normalmente com bancos automáticos de capacitores. Utiliza-se este tipo em instalações elétricas com elevado número de cargas (**kW**) com potências diferentes e regimes de utilização pouco uniformes. A principal desvantagem consiste em não haver alívio sensível dos alimentadores de cada equipamento.

3) *Correção por grupos de cargas*: o capacitor é instalado de forma a corrigir um setor ou um conjunto de pequenas máquinas (menor do que 10 **CV**). É instalado junto ao quadro de distribuição que alimenta esses equipamentos. Tem como desvantagem não diminuir a corrente (**A**) nas alimentadoras de cada equipamento.

4) *Correção localizada*: é obtida instalando os capacitores junto ao equipamento requerido para corrigir o fator de potência. Representa, do ponto de vista técnico, a melhor solução,tendo como vantagens:

a) Reduzir as perdas energéticas em toda a instalação.

b) Diminuir a carga nos circuitos de alimentação.

c) Permitir um único sistema de acionamento para a carga e o capacitor, reduzindo manobras.

d) Gerar potência reativa somente onde é necessário.

5) Correção Mista: é a melhor solução do ponto de vista da "Conservação de Energia", portanto melhor eficiência se considerarmos os aspectos técnicos e financeiros. Os critérios para utilização da correção mista são:

a) Instala-se um capacitor fixo, diretamente no lado secundário do transformador.

b) Motores de 10 **CV** ou mais, corrige-se localmente. Cuidado com os motores de alta inércia, pois não se deve dispensar o uso de corrente para manobra dos capacitores sempre que a corrente nominal dos mesmos for superior a 90% da corrente de excitação do motor.

c) Motores com menos de 10 **CV** corrige-se por grupos.

d) Sedes próprias para iluminação com lâmpadas de descarga, usando-se reatores de baixo fator de potência. A correção é feita na da entrada da rede.

e) Na entrada, instala-se um banco automático de pequena potência para equalização final.

Quando conseguimos corrigir o Fator de Potência de uma instalação, obtemos aumento da Potência Aparente disponível, e também uma queda significativa de corrente (**A**).

Por exemplo: uma determinada empresa tem como objetivo corrigir o seu FP para 0,92. Sua carga atual é de 930 kW, tensão de 380 V e FP igual a 0,65.

Como a Potência Aparente (KVA) = FP X Potência Ativa (kW)

Temos as seguintes situações a considerar:

*Situação 1 - **sem** a correção do FP:* Potência Aparente Inicial= 1431 KVA,

*Situação 2 - **com** a Correção de FP para 0,92; a partir da instalação de capacitores::* Potência Aparente Final = 1010 KVA

Conclusão: na situação 2, a empresa poderá aumentar em ~41% de sua carga (KVA) instalada.

6) Correção na Média Tensão: não é considerado uma boa solução, analisando aspectos técnicos e financeiros. Portanto, apresenta diversas desvantagens tais como:

a) Inviabilidade econômica de instalar banco de capacitores automáticos.

b) Maior probabilidade de a instalação se tornar capacitiva (capacitores fixos).

c) Aumento de tensão (**V**) fornecida pela concessionária.

d) Aumento da capacidade de curto-circuito na rede da concessionária.

e) Maior investimento em cabos e equipamentos de baixa tensão.

f) Maior dificuldade em realizar os reparos no sistema.

g) Não se obtém benefícios relacionados com a redução das correntes reativas nos cabos, transformadores, etc.

Para maiores informações, veja algumas das normas aplicáveis ao projeto e instalação de banco de capacitores:

- NBR 5060 – Guia para Instalação e Operação de Capacitores de Potência – Procedimento.

- NBR 5410 – Instalação Elétrica em Baixa Tensão – procedimento.

6.2 Capacitores e as Distorções Harmônicas

Esta situação também é conhecida por "ambientes com carga não-linear e não-senoidal".

Até bem pouco tempo, todas as cargas eram lineares com a corrente acompanhando a curva senoidal de tensão. Ultimamente, o número de cargas não lineares que utilizam pulsos de corrente, numa frequência diferente de 60 HZ, tem aumentado significativamente.

Em circuitos com tensão (V) e corrente alternada (CA), o efeito do fator de potência cresce somente com a diferença de fase entre ambas. Isso é conhecido como "fator de potência de deslocamento". Este conceito pode ser generalizado para fatores de potência reais onde a potência aparente inclui componentes de distorção harmônica. Isso possui uma importância prática em sistemas de potência que contém cargas não-lineares tais como Retificadores de Tensão, algumas formas de iluminação elétrica, Fornos à Arco, equipamentos de solda, fontes chaveadas, entre outros.

Exemplos de equipamentos lineares

1) Motores elétricos.

2) Lâmpadas incandescentes.

3) Cargas resistivas, aplicadas para aquecimento.

Exemplos de equipamentos não-lineares

1) Acionamentos que necessitam de Corrente Contínua (**CC**).

2) Acionamentos com Inversores de Frequência.

3) Controladores Programáveis (CLP), Fornos de Indução, Solda à Arco, Computadores, *no-breaks*/estabilizadores de energia, *etc*.

O aumento das "cargas não lineares" provoca distorções harmônicas nos sistemas de distribuição elétrica. Embora os capacitores não sejam geradores de harmônicas, eles podem agravar o problema. A existência de correntes harmônicas é um problema específico de cada instalação. Ela resulta de relações complexas entre todos os equipamentos eletro-eletrônicos da instalação e, portanto é muito difícil prever e modelar.

Uma discussão sobre Acionamentos de Frequência Variável (**AFV**) poderá ajudar a explicar o problema das harmônicas. Um AFV utiliza uma fonte chaveada para controlar a saída de potência. Em AFV de seis pulsos, o controle liga seis vezes por ciclo tentando simular uma onda senoidal. À medida que o tempo entre pulsos muda, o motor recebe uma frequência aparente variável, alterando a sua velocidade.

Essas mudanças na frequência aparente levam a dois problemas: formação de grandes picos de tensão e formas de onda de corrente distorcidas. Os picos de tensão são geralmente muito rápidos e não afetam equipamentos que não utilizam a passagem por zero (0) da tensão para sincronismo. Já a onda senoidal distorcida é "geradora de harmônicas".

As harmônicas causam um ruído adicional na linha, este por sua vez gera calor. O aumento de temperatura pode provocar falhas nos disjuntores. Consequentemente, também os capacitores de potência acabam tendo o mesmo problema. A sobrecarga térmica faz queimar os fusíveis dos capacitores. Sendo assim as harmônicas se tornam um grande risco para a instalação, após a 7ª ordem.

Bancos de Capacitores instalados em subestações (local de entrada da energia elétrica) podem criar a condição para a criação do fenômeno denominado Ressonância. Nessas condições, as harmônicas geradas por equipamentos não lineares podem ser amplificadas para valores absurdos.

Observação: Também os transformadores podem apresentar ressonância.

Os capacitores instalados, em tensão acima da nominal à rede, amenizam as harmônicas, melhorando sensivelmente todas as instalações, além de contribuir para a correção do Fator de Potência.

7. Eficiência Energética

7.1 Introdução

Os Estudos de eficiência em empresas comerciais, serviços ou seguimento industrial, são considerados fundamentais para redução de custos fixos. Além disso, são ações que auxiliam as campanhas iniciadas pelos órgãos governamentais e outras entidades, de preservação ambiental.

Mas qual a diferença ente Economia de Energia e Eficiência Energética?

Economizar energia significa, literalmente, reduzir o consumo. As atividades para esta redução são constituídas por avaliar a forma como realiza seus processos, fazer adaptações de horário de trabalho etc. sendo o objetivo final obter um consumo menor de kWh. Já em relação à Eficiência Energética, o conceito bem mais que poupar energia. Nesse caso, há ações que envolvem a obter a máxima eficiência dos equipamentos, com o mínimo possível de gastos. Necessita de alterações significativas no funcionamento de equipamentos, melhoria nas instalações e programas internos de conscientização para todos os colaboradores na busca de uso dos recursos, preservando o meio ambiente, isto é, um planejamento para alterar o modo como a organização opera.

Concluindo, existe uma análise macro que é o "Ranking dos países com melhores políticas de eficiência energética". Trata-se de um estudo conduzido pelo ACEEE (American Council for an Energy-Efficient Economy), o qual é composto por 36 métricas diferentes para avaliar o compromisso nacional de cada país em economizar energia e implementar políticas de eficiência em energia. No estudo de 2018, o Brasil ocupou a 20ª posição entre os 25 países estudados. Nas primeiras colocações estavam Itália, Alemanha, França, Reino Unido e Japão. Ainda que o nosso país não ocupe uma posição de destaque, no próximo item seguem várias ações para um trabalho em indústria, mas adaptável a outros seguimentos empresariais.

Seguindo os conceitos sobre eficiência energética, podemos observar exemplos existentes em locais como os centros comerciais (shopping centers), hotéis, etc. Já repararam, por exemplo, como funcionam as instalações nos banheiros? As torneiras são do tipo que você pressiona, e ela permanece aberta, por alguns segundos, após os sensores detectam que suas mãos não estão à frente, e a torneira cessa o fornecimento de água. Os mictórios masculinos possuem sistemas similares e ao final você terá opções para secar as mãos, seja pelo sistema de "ar quente" ou papel. Isso é uma forma de eficiência, pois ao economizar o uso de água potável, obtemos a redução de gastos e preservação do meio ambiente.

Nos hotéis, em geral, temos bem mais exemplos de economia a começar pelo quarto onde ficamos. Na entrada, você insere o cartão para abrir a porta e ao posicioná-lo, "libera" a eletricidade para o interior do quarto. Portanto, se por acaso deixarmos a luz acesa ou algum equipamento ligado, ao sair tudo se apaga! A água para o banho é aquecida mediante uso de caldeiras a gás ou outro sistema similar. Os corredores e demais ambientes, onde há apenas circulação de pessoas, existem os "sensores de presença" (componentes elétricos que "acendem as luzes" por um tempo, ao identificar a passagem de pessoas). Essas são algumas das várias formas de eficiência existentes, as quais podem ser remetidas para as indústrias e até para as nossas residências.

7.2 Eficiência Energética na Indústria

De acordo com os estudos divulgados pela FIRJAN (Federação das Indústrias do Estado do Rio de Janeiro), a energia elétrica é insumo estratégico, podendo representar mais de 40% de seus custos de produção. Esse percentual pode variar entre os estados do Brasil, mas não deve ser muito diferente. É sem dúvida um custo fixo relevante, sendo necessárias rígidas ações de contingência para reduzir esse gasto. Essas ações causam impacto na mudança de cultura e dessa forma, aumentam a receita e melhor gestão das organizações. Portanto, tudo se inicia por um plano de Eficiência Energética para gerir os recursos de forma estratégica.

Obter a eficiência significa utilizar processos e equipamentos em condições que promova a redução do desperdício no consumo de energia elétrica, tanto na produção de bens como na prestação de serviços, sem prejuízo à qualidade.

É necessário conservar e estimular o uso eficiente da energia elétrica em todos os setores socioeconômicos do Brasil. Neste cenário destaco a indústria, não só pelo elevado potencial e conservação de energia do seu parque, como também pela sua capacidade produtiva como fornecedora de produtos e serviços para o setor elétrico. Por esta razão, buscar qualificação dos envolvidos neste processo, o qual tem como objetivo capacitar agentes industriais para identificar, propor e implementar oportunidades de redução de perdas nas instalações industriais de sistemas motrizes.

Na área industrial, a eficiência elétrica deverá trazer uma significativa redução dos custos operacionais fixos, bem como aumento no rendimento de equipamentos, utilidades e instalações. Contudo, para obter este resultado se faz necessário investir, por exemplo, na troca da motorização por modelos de alto rendimento. Este investimento em conservação de energia elétrica poderá ser viabilizado em função da adequada utilização de energia elétrica, tendo em vista as condições gerais de fornecimento em vigência – Resolução ANEEL nº 456 de 29/11/2000 (obter atualização, se aplicável).

Todo processo de transformação e uso de energia tem como consequência algum tipo de perda energética para o ambiente.

Vejamos este exemplo, bem simples: *Uma lâmpada incandescente transforma apenas 8% da energia que consome para produzir luz, o restante é gasto gerando calor o qual é perdido para o ambiente*. Este raciocínio pode ser aplicado a todo e qualquer aparelho ou equipamento que utilize energia elétrica, quanto maior for a perda, menor será a sua eficiência energética. Espero que o leitor tenha entendido o conceito de eficiência energética, isto é, a capacidade que um componente, aparelho, máquina ou equipamento tem de realizar uma determinada quantidade de trabalho, com o mínimo de gasto energético.

Imagine isso numa escala de consumo em uma empresa de grande porte? Mas, isso não importa. Sejam elas micros, médias ou grandes e não importando o ramo de atividade, os custos com energia elétrica é um item importante nas planilhas de gastos mensais das empresas, já que podem influenciar nos preços finais de Produtos & Serviços, tornando-os menos competitivos.

Fases para Obter a Eficiência Energética Elétrica

7.2.1 Fase 1: Levantamento de Dados Gerais

A fase inicial é caracterizada pelo trabalho de reunir a maior quantidade. Informações sobre o sistema elétrico da organização industrial. O objetivo gastar menos energia, mantendo os mesmos níveis de produtividade.

O ponto de partida é a Fatura de Energia Elétrica (comumente chamada por "conta de luz") e obter o máximo de informação sobre o desempenho elétrico, tais como demanda contratada (kW), consumo (kWh), tarifas etc. Por exemplo, qual o valor gasto em consumo? Resposta: multiplica-se a quantidade (Consumo em kWh) pelo Custo Unitário (R$/kWh). Se o parque industrial possuir equipamentos que utilizam força motriz (Motor Elétrico, Bombas Centrífugas etc.), a fase de identificação terá uma amplitude proporcional a esta diversidade.

O levantamento parte de certos questionamentos, tais como, tempo de utilização da energia elétrica e aplicação, para iluminação ou acionamento de máquina. Além dos equipamentos operacionais e utilidades, devemos incluir sistemas de ventilação, condicionadores de ar etc.

Obviamente, está bem resumida a descrição das atividades no seu parque industrial. Entenda apenas como um direcionamento. Este levantamento de Carga Instalada X Horas em Operação, Tarifas etc. exigirá um trabalho árduo. Há empresas prestadoras de serviço que utilizam instrumentação específica para executar este levantamento, bem como fornecimento de planilhas e gráficos facilitando a análise e definição das ações necessárias.

Uma análise da Fatura de Fornecimento possui informações bem relevantes que por vezes não são percebidas, mas em grande parte das empresas tem em seu quadro de funcionários pessoal qualificado que recebe e a monitora mensalmente. Em geral, é o Setor de Manutenção quem fica responsável por este documento: Recebimento, Análise, Encaminhamento de Ações Corretivas e Arquivamento.

Se sua empresa não se dá ao trabalho de verificar o que isso representa, está mais que na hora de mudar a postura, pois é extremamente importante e até estratégico para companhia conhecer sua planta em termos de consumo e gastos com eletricidade.

Estes são alguns dos termos utilizados e que influenciam no valor final da Fatura de Energia:

- **Demanda (kW):** é toda a potência que está sendo requerida instantaneamente da rede elétrica. Isso significa dizer que se um chuveiro com potência de 3,5 kW está ligado, ele necessita desta medida para funcionar. O valor de demanda é cobrado através da média das potências ativas (kW) solicitadas durante um intervalo de tempo de 15 min;

- **Energia Consumida (kWh):** é a potência utilizada em um determinado tempo, isto é, a potência que está sendo utilizada, multiplicada pelo tempo de utilização (kw x h). Por exemplo, se uma lâmpada de 100 Watts permanecer ligada por 10 horas ela consumirá a energia igual a 1.000 Watt-hora, isto é, 1 kWh;

- **Horário de consumo (Ponta e Fora da Ponta):** é um fator importante, uma vez que implica significativamente no valor final. Por exemplo, as tarifas no horário de ponta (18h às 21h) são elevadas e por esta razão, as operações na fábrica devem ser a mínimas e se possível implementar uma parada total.

- **Fator de potência (FP):** é a relação entre a potência aparente e a potência ativa. (Mais informações no Item "4" deste Livro, na pág. 17).

Outro detalhe se refere às diferenças entre uma conta para consumidores da classe Baixa Tensão (BT), onde estão incluídos: residências, comércio e até indústrias de pequeno porte, os quais pagam apenas o consumo de energia elétrica (kWh). Já para Classe Alta Tensão (AT), a relação com a concessionária, é bem diferente. Estes consumidores, em sua maioria, são constituídos pelas grandes indústrias, seguidos pelos consumidores comerciais, como os grandes shopping centers, por exemplo. Possuem características funcionais e técnicas específicas, tais como a obrigatoriamente de transformadores na entrada de fornecimento elétrico. Nesse tipo de instalação, além do medidor de consumo, existe um medidor de demanda e um medidor de fator de potência. Para emitir a fatura de fornecimento, a concessionária considera esses três dados: Consumo, Demanda e Fator de Potência. Com esses três dados, constrói-se a tarifa de alta tensão que existe em duas modalidades:

- Convencional:
- Horo-sazonal:

Na tarifa horo-sazonal existe uma série de variáveis a serem consideradas, pois cada consumidor possui suas particularidades, o qual deve se enquadrar em uma das várias modalidades existentes de contrato tarifário. Em geral, durante os dias úteis, nos horários de ponta, que é um período de três horas, determinado por concessionária de energia elétrica, a tarifa sofre um aumento significativo, tanto na cobrança de consumo como na cobrança de demanda, enquanto no restante do dia a tarifa é cobrada normalmente.

As tarifas de energia elétrica diferem entre si, pois dependem da região onde está localizada a concessionária e legislação vigente. Além disso, algumas empresas adotam tarifas diferenciadas para cada época do ano, que são o período seco e o período úmido, ambos especificados no Item 2 deste livro.

Para saber com mais detalhes sobre como é cobrada a tarifa de energia elétrica, é necessário consultar a empresa concessionária de seu Estado.

7.2.2 Fase 2: Identificação das Oportunidades de Economia

Concluída a Fase 1, sabendo sobre a condição tarifária e dados gerais sobre a planta, segue o trabalho de identificação das oportunidades para redução de desperdício (melhor seria eliminar!) e num momento posterior, implementar medidas para aumento de eficiência energética.

Muitas das ações se obtêm aproveitando as condições fornecidas pelo ambiente, tais como, uso de telhas translúcidas, ventilação natural, adequação do layout etc. ambientais. Outra linha de atuação é manutenção dos equipamentos, utilidades e instalações. Ajustes, reformas e se for necessário, substituição por equipamentos mais modernos e com características funcionais com foco em eficiência. Obviamente, há ações que não requerem investimento, tais como, campanhas para apagar a luz ao deixar a sala, solicitar para que todos saiam no mesmo horário de intervalo de almoço, desligar computadores quando não utilizados, redução de turnos em Horário de Ponta, etc. Portanto, o trabalho inicial deve começar por medidas de intervenção que ajudem a modificar o modo de agir do usuário em relação ao seu local de trabalho.

Em relação às grandes organizações, a avalição do valor de Demanda Contratada junto à Concessionária, pode ser um grande aliado. Por exemplo, rever os valores Potência Instalada (kW) no Horário de Ponta (18h – 21h) e em conjunto com uma adequação dos horários e turnos de trabalho na fábrica, irá reduzir sensivelmente o valor da fatura, uma vez que parte da planta não vai estar operando neste período. Evidentemente, há necessidade de rever o contrato, há também um período a ser cumprido até que os valores passem a valer. Mas, no final das contas o esforço é recompensado.

Ações operacionais para reduzir os custos com energia, fora do Horário de Ponta, também deve ocorrer, por exemplo: em uma Metalúrgica há um equipamento de grande porte (portanto, possui alta potência instalada e tem alto consumo elétrico) permanece ligado durante todo o período de trabalho. Quando não há peças, ele permanece ligado (operando "a vazio"). Uma utilização mais racional seria juntar todas as peças ao longo do dia, compondo uma grande carga para que ele opere em um só período, desligando-o, quando não está sendo utilizado.

7.2.3 Fase 3: Ações para Obter a Eficiência Energética

Além das ações administrativas, isto é, avaliação de tarifas e adequação de horário e melhoria no processo de fabricação, a companhia deve concentrar o foco das intervenções no parque produtivo instalado, ou seja, em todos os seus ativos. Isso envolve os aspectos abordados a seguir:

Em relação à Manutenção:

- Implementar avalição periódica dos planos de manutenção preventiva e auditorias dos processos de manutenção dos equipamentos e desta forma, avaliar a qualidade do serviço realizado em relação ao modo de operação, isto é, de forma que funcione sem defeitos e de forma eficiente (baixo consumo elétrico, sem desperdício de ar comprimido, livre de vazamentos de óleo etc.);
- Avaliar se a tecnologia dos equipamentos é atual e voltada para um menor consumo de energia ou ainda se opera com sobrecarga o que ocasiona perda de eficiência;
- Avaliar se há ou não necessidade de investimentos em reforma, modernização ou substituição por modelo mais eficiente, sem deixar de observar se há vantagem em relação ao custo X benefício;
- Verificar se no processo de fabricação, há vantagem em implementar au-

tomação, com objetivos de reduzir desperdícios e aumento de eficiência energética.

Em relação à busca por processos alternativos:

Esta ação deve ser considerada somente depois que todas foram esgotadas, isto é, ações de baixo investimento. A otimização do fornecimento de energia geralmente deve ser estudada por especialistas e, como envolve altíssimos investimentos, sua aplicação em geral, é feita em organizações de grande porte e não se restringe à indústria, mas estão inseridos os grandes centros de compra e algumas categorias de hotéis. No item 8.1.7 deste livro, descrevo um caso sobre processo alternativo implementado em indústria do seguimento automotivo, neste caso, foi energia elétrica substituída por gás natural.

Exemplos de soluções alternativa de fornecimento de energia:

1. Recuperação de calor? Uso de água de refrigeração de grandes sistemas condicionadores de ar, condicionado para pré-aquecer a água utilizada em cozinhas industriais, por exemplo.

2. Fontes alternativas mais rentáveis? Utilização de gás, gerado a partir esterco, para alimentar um biodigestor.

3. Geração de Energia Elétrica? Utilização do bagaço de cana de açúcar para gerar energia termoelétrica, como é aplicado em usinas de produção de açúcar e álcool

Em relação aos equipamentos e/ou componentes elétricos da planta:

1. <u>Motores Elétricos, Exaustores e Bombas de Alimentação</u>: Avaliar se estão projetadas corretamente; a carga, vazão, tubulação e altura do sistema; se existe um plano de manutenção preventiva e se o mesmo está sendo realizado adequadamente (por exemplo, se há tarefa de medição de isolação da carcaça, termografia etc.); Outros.

2. <u>Compressores, Secadores e Rede de Distribuição</u>: Avaliar se estão instalados em locais limpos e arejados e próximos aos locais de utilização; se existe um plano de manutenção preventiva e se o mesmo está sendo realizado adequadamente e conforme instruções do fabricante; eliminar vazamentos de ar; Outros.

3. Correias Transportadoras: Avaliar se os planos preventivos incluem exames periódicos, além do estado da esteira, rolamentos, redutores, sistema elétrico (motores, acionamentos etc.), correias; Outros.

4. Equipamentos para Lavar e Secar peças Produtivas: Avaliar se o plano de manutenção inclui termografia, além das tradicionais tarefas mecânicas e elétricas; eliminar vazamentos e substituir resistências elétricas com baixa eficiência; observar horários de operação em relação à utilização eficiente, isto é, não deixar em "operar a vazio"; Outros.

5. Máquinas Operatrizes de Usinagem: Otimizar o plano de manutenção em relação à implementação de técnicas que busquem aumentar a eficiência, tais como, Análise Termográfica e de Vibração (Rolamentos); avaliar a necessidade de implementação de melhorias funcionais, por exemplo, modernização por sistemas elétricos com tecnologia atual; Outros.

Obviamente, cada organização tem em sua planta equipamentos e instalações não citadas. Contudo, creio, serve como parâmetro para os demais seguimentos industriais. Se aplicável, no processo de aquisição de novos equipamentos, observe a eficiência e desempenho através do selo PROCEL (Programa de Conservação de Energia Elétrica do Inmetro), o qual indica seu nível de consumo (kWh).

Em relação à Iluminação:

1. Executar um levantamento de dados sobre iluminação em relação aos seguintes itens: Potência Consumida (as potências de cada lâmpada e de cada ambiente, incluindo dados dos reatores para o caso das lâmpadas de descarga: fluorescentes, vapor de mercúrio, vapor de sódio etc. Executar estudo Custo X Benefício para substituição por lâmpadas mais eficientes, tais como, com tecnologia LED que possuem um consumo até 60% mais baixo do que o das lâmpadas incandescentes. Outra forma efetiva de melhorar a iluminação é avaliar o espaço disponível nos ambientes e estruturá-lo para captar a luz solar. Observar ambientes com divisórias ou estantes altas, ou ainda cores escuras nas instalações, pois ambas as situações dificultam a entrada de luz e geram dependência única do sistema elétrico.

2. Horário de trabalho: registrar a quantidade de horas durante as quais estas lâmpadas permanecem ligadas, para poder calcular qual é a contribuição delas no consumo geral da empresa. Isso irá revelar o quanto as lâmpadas

colaboram na demanda global da empresa. A partir dos dados coletados, é possível implementar ações para reduzir o consumo, sem afetar a qualidade de iluminação dos ambientes; Outros.

7.2.4 Fase 4: Uso da "Inteligência Interna":

Através de ações efetivas com base em comportamento e tendo a maior amplitude possível, será possível verificar o quanto a empresa economizou, já que diminuirá tanto a demanda, quanto o consumo de energia elétrica. O uso da "Inteligência Interna" se caracteriza por ações simples, mas que somadas na planta, podem gerar uma economia significativa. A seguir, uma sequência de trabalho para sua apreciação e referência:

a. Horário de almoço único, evitando que um colega apenas utilize toda a iluminação do setor.

b. Desligar, ao sair, o monitor do PC.

c. Solicite à Manutenção, individualizar ao máximo o conjunto de luminárias do setor.

d. Aos departamentos de produção, verificar a necessidade de manter equipamentos ligados durante grandes intervalos. O mesmo critério para a iluminação.

e. Aos setores de logística e materiais, assegura que a iluminação não seja exagerada, pois itens em estoque não precisam de iluminação.

f. Estudar a possibilidade de instalar dispositivos como "sensores de presença" em corredores e locais onde não há circulação de pessoal constante.

g. Implementar células fotoelétricas, onde for aplicável, para as instalações de iluminação noturna. Ao amanhecer, elas se desligam automaticamente, sem correr o risco de esquecimento.

h. Individualizar ao máximo, iluminação em banheiros e vestiários. Coloque cartazes de aviso e/ou conscientização, do tipo: "Ao sair desligue a luz".

i. Indicar a organização para criar campanhas de redução, colando cartazes e criando prêmios para áreas que apresentam disciplina no uso da energia elétrica.

Exemplo de um "Plano de Ações" para redução de consumo elétrico, tendo como base o uso da Inteligência Interna:

O modelo de Plano de Ação segue o conhecido 5W1H: Plano de Ação do Setor de Usinagem de Componentes de uma indústria metal-mecânica. São ações simples, mas de grande impacto se somadas as de outros departamentos. Este é um modelo que pode ser aplicado a outras fontes de energia.

PLANO DE AÇÃO PARA REDUÇÃO DO CONSUMO DE ENERGIA – USINAGEM					
DESCRIÇÃO DO PROBLEMA	**ONDE**	**AÇÃO**	**Quando**	**Responsável**	**Obs**
Horário de Almoço alternado, gerando lâmpadas acesas no departamento.	Administração da Usinagem	Trocar horário de Almoço (Todos em um mesmo horário das 13h às 14h). Desligar as Lâmpadas no horário do Almoço	Imediato	Supervisor	
Lâmpadas acesas nas linhas de produção nos intervalos	Linhas de produção Usinagem	Desligar as Lâmpadas durante o horário de Almoço	Imediato	Lideres	
Monitores ligados sem estarem sendo utilizados	Administração da Usinagem	Sempre que sair do departamento, desligar o seu monitor	Imediato	Cada usuário	
Lâmpadas ligadas em apenas um Interruptor	Administração da Usinagem	Colocar nas lâmpadas de uso esporádico acendimento individual	Até Jul/2007	Supervisor	Contatar Manutenção
Excesso de luminárias acesas e monitor ligado.	Sala dos Lubrificadores	Indicar responsável, por semana, para desligar lâmpadas e monitor.	Imediato	Supervisor	
Falta do mapeamento dos Quadros de Disjuntores.	Toda a área da Usinagem	Identificar que seqüência de Lâmpadas pertence a cada disjuntor	Até Nov/2007	Supervisor	Solicitar a Manutenção
Quadros de Disjuntores sem identificação externa	Toda a área da usinagem	Colocar em cada porta dos quadros, a descrição e diagramas.	Até Jul/2007	Líder em cada turno	
Máquinas ligadas durante horários de Almoço e Janta.	Linhas de produção de Usinagem	Durante o horário de almoço e janta desligar as Máquinas que podem ser desligadas.	Imediato	Líder em cada turno	
Ar condicionado ligado durante grandes intervalos.	Administração da Usinagem	Desligar o Ar condicionado no horário de almoço e ao final de cada turno. (Quando a sala ficar por longos períodos sem ninguém)	Imediato	Supervisor	

Figura 7.1

Outro exemplo de uso da "inteligência interna", foi a implementação do "Programa Ideias", o qual permitia que os funcionários pudessem participar, através de soluções de baixo investimento, de melhoria do processo de produção e/ou contribuir para a redução de gastos. A seguir um caso ocorrido numa das companhias em que trabalhei e fui protagonista.

Atuei em uma empresa do seguimento automotivo, na época como engenheiro de manutenção.

Obtivemos sucesso significativo em relação ao uso eficiente de eletricidade, bem como aumento de produtividade em linha de fabricação. Este caso foi registrado no "Programa Ideias" da companhia.

O problema: O primeiro turno de trabalho iniciava às 6horas da manhã. Então, ao chegar, o operador ligava o equipamento e aguardava cerca de 40 minutos para que as resistências elétricas aquecessem a água até sua temperatura de trabalho (60º C – 70ºC). Portanto, a operação iniciava após 6h 40 min.

A solução: após análise da situação, nossa equipe analisou a possibilidade de aplicação de um *timer*. Desta forma, este controlador programável temporizado permitiria que equipamento ligasse, automaticamente, 40 minutos antes do turno (5h 20 min.), possibilitando à operação iniciar a atividade já a partir do início do turno, às 6 horas.

Benefícios: uso racional da energia elétrica, pois não houve aumento de consumo, mas descolamento de horário em funcionamento. Outro benefício foi o aumento de produção, pois neste tempo "perdido" conseguiram aumentar o número de peças lavadas, bem como os ganhos econômicos.

Simples, não é? É por intermédio dessas soluções e recursos modestos que as organizações alcançam alguns dos melhores resultados.

7.3 Aspectos Gerais sobre Eficiência Energética na Indústria

Um dos desperdícios mais comuns em ambientes fabris é o do ar comprimido. É bem notório ao percorrermos a fábrica durante intervalos de refeição, escutarmos os "chiados", isto é, diversos pontos de vazamento. Isso acarreta maior consumo energia elétrica e desgastes dos Compressores de Ar, em razão do regime para compensar essas perdas. Ainda relacionado a ar comprimido, é o uso indiscriminado para limpeza de maquinário e até do próprio uniforme, aliás práticas não recomendadas. Este uso, digamos não convencional, ocasiona quedas de pressão na rede e novamente os compressores entram em alto regime para compensar. Os programas de melhorias contínuas como TPM, 5Ss ou KAIZEN são excelentes ferramentas para "atacar" os vazamentos existentes nos maquinários, seja de água ou óleo lubrificante. De qualquer forma, é necessário identificar a melhor forma de combater estes desperdícios.

É sabido que o "horário de ponta", normalmente entre 18 e 21 horas, é crítico para as concessionárias. Para o usuário se torna mais caro, uma vez que as tarifas são maiores e consequentemente as multas, por ultrapassagem de valores contratuais, são mais pesadas. Os departamentos de produção podem estudar formas de selecionar determinadas áreas que devem interromper, neste intervalo, as suas operações. Equipamentos de alto consumo elétrico, também podem ter seu horário alterado. Atuei em indústrias que optavam em evitar operar maquinário com sistema de aquecimento por resistências elétricas, as quais eram desligadas mediante chaveamento do painel de comando. Este é só um exemplo, pois cada organização deve identificar seus maiores consumos e adequar seu uso a sua matriz energética.

Outra forma de controle da energia elétrica é por intermédio dos *softwares* de gerenciamento que controlam os valores de cargas instaladas e consumos. São sistemas ligados em paralelo aos da concessionária, sendo conectados a módulos e barramentos condutores de eletricidade. As telas fornecem informações em tempo real. Este sistema, geralmente, é gerido pelo Departamento de Manutenção, podendo desta forma monitorar o consumo fabril e compará-lo aos valores contratados com a concessionária. Ao menor sinal de ultrapassagem, ações são tomadas manualmente ou automaticamente, uma delas é o descarte de cargas (kW) de menor importância. Se houver maior interesse, acesse *sites* sobre este assunto e você identificará diversos fabricantes. Um dado importante é sobre o alto investimento na implantação, então a sua necessidade deve estar bem identificada e justificada.

Uma boa opção para controle de energia elétrica, mas de menor custo, é a instalação de um dispositivo elétrico denominado temporizador, também conhecido como *timer*, componente eletroeletrônico que permite ao equipamento, o controle de liga-desliga automático. A programação é bem simples, pois o usuário precisa indicar dias e horários para que o equipamento entre em operação ou deixe de operar, conforme a real necessidade. O modelo interruptor-horário seria um exemplo a ser aplicado para a situação descrita. Existem diversos fabricantes e modelos destinados as mais variadas circunstâncias.

Muitas das organizações industriais monitoram os consumos e demais valores energéticos. Os dados são registrados e graficamente são compartilhados com as áreas usuárias. Estes controles devem conter as ações corretivas (de contenção) e preventivas. Desta forma mantêm-se os desperdícios em menor escala e os custos são pequenos. Portanto, integrantes de comitês energéticos deverão saber treinar e orientar diariamente os demais colegas para o uso eficiente das energias.

Para sua apreciação segue lista de ações em relação ao consumo de água potável:

a. Sugerir melhor sistema para abastecimento de água para uso humano, adequando qualidade, saúde e economia.

b. Vestiários e banheiros, se aplicável, "torneiras minuteiras". Aquelas em que você a aciona e ela fornece água por alguns instantes.

c. Oriente os funcionários, mediante campanhas e palestras, para tomarem banhos curtos, e ao fazerem a barba não deixarem as torneiras abertas.

d. Adote circuitos fechados para a água de uso industrial.

e. Tenha planos de contenção efetivos para os grandes vazamentos nos circuitos de fornecimento d'água. Mantenha revisões constantes.

f. Adote monitoramento do consumo industrial e adote metas de redução, quando aplicável.

Importante: Elabore controles para o monitoramento de consumos energéticos além de eletricidade, tais como, óleo diesel, água, vapor, gás natural, etc. Procure implantar sistemas eficientes de abastecimento e adote monitoramentos para os consumos.

Todos os conceitos e ações descritos para obter Eficiência Energética têm uma base através de experiência própria atuando nas indústrias ao longo da carreira. É um conjunto de informações bem interessantes para que o Leitor possa utilizar em seu trabalho, seja ele universitário ou em atividade profissional onde tenha necessidade de atuar em economia ou eficiência em energia.

Contudo, as alternativas em energia elétrica se somam a outros compromissos da organização. Nos dias atuais e os que estão por vir, há adições importantes tais como, o de preservar o meio ambiente. Reduzir os desperdícios, mitigar agressões à flora e fauna, entre outras que atendem à necessidade de melhorar a qualidade de vida da população. A produção nas indústrias deve sempre considerar se sua operação impacta positivamente no espaço em que vivemos.

Finalmente, existe outra importante ação a ser adicionada ao planejamento, cito a adesão ao **Mercado Livre de Energia**. Calcula-se que nos últimos anos tenha gerado uma economia de R$83 bilhões para seus consumidores. Por essa razão, tem atraído cada vez mais empresas de médio e grande porte, como indústrias, varejos, redes de supermercados, shoppings e edifícios comerciais. Com a contratação de energia no Mercado Livre de Energia, o consumidor pode negociar diretamente os preços e contratos de energia seja com as Distribuidoras, ou mesmo junto às Concessionárias de eletricidade. Além disso, tem a opção por migrar para as fontes renováveis (sendo o caso da Energia Solar que tem sido adotada em grande escala). Isso permite economia, eficiência energética, mas considerando a preservação do meio ambiente.

Mais informações sobre o Mercado Livre de Energia, seguem os seguintes links:

https://solucao.engie.com.br e https://www.mercadolivredeenergia.com.br/

7.4 Eficiência Energética Residencial – Dicas de Economia

Ao pensarmos em economia residencial, nos vem à cabeça os eletrodomésticos.

Contudo, não esqueçamos de que a água também é uma fonte a ser economizada.

No Brasil, utilizamos para ingerir e com esta mesma qualidade a usamos em sanitários, lavamos a calçada e regamos as plantas. Pense nisso!

A seguir, para sua apreciação, algumas orientações importantes para aplicação residencial.

Chuveiro Elétrico:

a. No banho, procure ser breve.
b. Se for lavar o banheiro com água do chuveiro, desligue o disjuntor.
c. Não reaproveite a resistência após queimar.
d. Em dias quentes, mude para posição "verão".
e. Lembre-se, na posição "inverno" o consumo é 30% superior ao "verão".
f. Conserte: fiação derretida, conexões inadequadas, pequenas faíscas, etc. Além de aumentar o consumo, estas condições são inseguras.

Máquinas de Lava-roupas e Lava-louças:

a. Leia o Manual de Operação. Aproveite os benefícios do equipamento.
b. Lave de uma só vez observando a quantidade máxima permitida.
c. Limpe o filtro com a frequência determinada pelo fabricante.
d. Utilize a quantidade de produtos corretos, evitando repetir operações de enxágue.

Ferro de Passar Roupas:

a. Regule a temperatura, seguindo as instruções do manual.
b. Se possível, acumule a maior quantidade de roupas e passe de uma vez só.
c. Reserve algumas roupas leves (nylon, lingerie, etc.) para serem passadas ao final, com o ferro já desligado, pois ainda estará aquecido.

Geladeiras e Freezer:

a. Adquira um equipamento compatível com as suas necessidades.
b. Verifique selo de economia de energia, declarado pelo fabricante.
c. Leia o Manual de Operação.
d. Instale o equipamento afastado de aquecedores, fogão ou luz solar. Mantenha certa distância de paredes e móveis.
e. Não abra a porta, nem a deixe aberta por muito tempo.
f. Evite formação exagerada de camada de gelo. Faça o degelo periodicamente.
g. Evite forrar as prateleiras internas, pois dificultam a circulação interna do ar gelado.
h. Verifique as condições de vedação da borracha da porta.
i. Não utilize a parte traseira da geladeira como secador de roupas.
j. Não guarde alimentos e líquidos quentes. Aguarde alguns instantes.
k. Quando se ausentar, por tempo prolongado (viagem de férias), desligue o
l. equipamento da tomada.

m. Regule a temperatura interna através do termostato. Consulte o Manual.

Iluminação:

a. A iluminação do ambiente deve ser adequada à atividade.
b. Aproveite, sempre que possível, a claridade ou iluminação natural.
c. Use cores claras no teto e paredes internas, pois refletem melhor a luz.
d. Iluminação de locais utilizados com pouca frequência (corredores) instale fotocélulas para ligar e desligar a tempos predeterminados.
e. Prefira lâmpadas fluorescentes compactas ou circulares para a cozinha, área de serviço, garagem ou outro local que permaneça mais tempo com iluminação (acima de 4 horas por dia). Estes modelos duram mais vezes que as lâmpadas incandescentes (em forma de bulbo), além é claro, consomem menos energia.
f. Ao sair do ambiente, apague as luzes, exceto aquelas que contribuam com a sua segurança.

Condicionadores de ar:

a. Adquira o equipamento em acordo com o ambiente que pretende climatizar.
b. Antes de utilizar, consulte o manual de fabricante.
c. Se possível, utilize quando o conforto térmico for extremamente necessário.
d. Antes de ligar, verifique se é possível usar os recursos naturais para refrigerar o ambiente, como o simples abrir de uma janela.
e. No inverno, use agasalhos antes de recorrer ao condicionador.
f. Ligue e posicione os controles na condição mais econômica possível. Se for se ausentar por pouco tempo, não desligue o aparelho.
g. Lembre-se: Este equipamento é para seu conforto térmico. Economize, mas não deixe de usufruir seus benefícios. Caso contrário, melhor não comprar.

Dicas de Segurança – Geral

1. Jamais entre numa subestação elétrica, sem que esteja qualificada e com proteção adequada.
2. Não ligue muitos aparelhos numa mesma tomada.
3. Evite utilizar ligações, normalmente provisórias, sem uso de pinos conectores, fios desencapados, etc.
4. Evite contato com componentes internos dos eletrodomésticos. Muitos possuem capacitores que armazenam energia, podendo ocasionar choque elétrico.
5. Isole bem os fios. Fios desencapados geram desperdícios de energia elétrica, provocam princípios de incêndio e choque elétrico.
6. Ao substituir um fusível, recomponha com a mesma capacidade. Não utilize objetos como arame ou fio de cobre.
7. Sempre desligue as chaves de proteção, quando for fazer algum reparo.
8. A queima de componente fusível, por exemplo, indica mau funcionamento de seu equipamento. Investigue a causa.
9. Proteja sua instalação para evitar acidentes com familiares que desconheçam a instalação, principalmente as crianças.
10. Não execute a poda em árvore próxima a rede elétrica.
11. Não ligue aparelhos elétricos com o corpo molhado.
12. Evite o uso de eletrodoméstico em ambiente onde há água em excesso (banheira ou piscina).
13. As instalações residencias devem seguir as normas existentes. Procure informar- se sobre este assunto, antes de comprar, construir ou reparar seu imóvel.

7.5 ISO 50001 – Sistemas de Gestão de Energia

A "**ABNT NBR ISO 50001 Sistemas de Gestão de Energia**" segue a versão internacional "**ISO 50001 Energy Management**" e tem como objetivo definir parâmetros para que as organizações estabeleçam os seus sistemas e processos necessários para qualificar o desempenho em relação a energia, incluindo a eficiência tanto no modo, quanto em relação ao consumo. Também destina-se possibilitar a redução nas emissões de gases de efeito estufa, bem como outros impactos ambientais. Aplica-se a qualquer organização, independentemente de sua dimensão ou condição geográfica, cultural ou social.

Esta Norma especifica os requisitos do Sistema de Gestão de Energia, sobre os quais uma organização pode desenvolver e implementar uma política energética e estabelecer objetivos, metas e planos de ação que levem em conta os requisitos legais e informações relativas ao uso significativo de energia.

Uma característica importante a salientar é que a ISO 50001 é baseada em modelo (de preferência já existente) de gestão com base em sistemas de melhoria contínua, assim como é amplamente utilizado para outros padrões bem conhecidos, como ISO 9001 e ISO 14001. Isto facilita para as organizações integrarem o gerenciamento de energia em seus esforços a fim de melhorar a qualidade e gestão ambiental.

Principais exigências da Norma ISO 50001:

a. Desenvolver uma política para o uso mais eficiente da energia;

b. Fixar metas e objetivos para atender a essa política;

c. Usar dados para melhor compreender e tomar decisões sobre o uso de energia;

d. Medir os resultados e analisar possíveis ações corretivas e/ou preventivas;

e. Revisão da Política e Missão da Organização;

f. Implementar e sedimentar uma sistemática de melhoraria contínua em relação aos processos inserido na gestão da energia.

Importante citar que esta certificação não é obrigatória.

A ISO 50001 no Brasil

Até o final de 2015, cerca de ~30 companhias já haviam obtido a certificação. Nesta mesma época, outras organizações se mostraram interessadas, sendo em sua maioria do seguimento industrial. Isso se deve a crise econômica que assola diversos países, e no Brasil a situação não é diferente. Soma-se a isso, mudanças abruptas das condições macroeconômicas ao longo do ano, afetando a todos os seguimentos. Obter padrões em gestão de energia é um fator que agrega a todos os esforços das empresas em reduzir seus custos operacionais.

Uma das premissas para implementar essa Norma, é a de avaliar as condições organizacionais, como o ritmo de atividade produtiva, e desta forma obter uma previsão e o alinhamento dos objetivos em relação à certificação, ou não. Inclui também, neste contexto, a capacitação dos funcionários internos que irão participar deste processo.

Fonte para este item do livro: **ISO 50001 – Energy Management**, **Sistemas de gestão de energia – Requisitos com orientações para uso**.

A ISO 50001 foi preparada pelo **Projeto Comitê ISO / PC 242**, Gestão de Energia.

A Norma ISO 50001 foi desenvolvida pelo Projeto Comitê ISO/PC 242 – Gestão de Energia.

Fica evidente sobre o fato do consumo energético se torne prioridade no setor da economia. Já faz um bom tempo que e as organizações se preocupam com eficiência energética, e mais recentemente com o Consumo Sustentável. A ISO 50001 vem de encontro a essa necessidade. Portanto, implementar uma gestão de energia é estratégia no contexto redução de custos operacionais e respeito ao meio ambiente. O termo mais correto seria uso racional dos recursos naturais, isto é, consumir com a máxima eficiência, mitigando os desperdícios. Outro fator a considerar são os altos preços vinculados a sua produção em um mercado instável, adotar uma gestão de energia tem sido uma boa solução para o empreendedorismo. Os avanços tecnológicos induzem o consumidor residencial a utilizar cada vez mais a eletricidade e nas organizações não é diferente. Portanto, um Sistema de Gestão de Energia (SGE) irá garantir o aproveitamento da energia, mas com uma política voltada ao uso sustentável.

A Norma ISO 50001 tem como objetivo desenvolver uma política para induzir o uso mais eficiente da energia, mas depende do comprometimento de cada colaborador, e principalmente, da alta administração. A implementação, por vezes, não gera tantos conflitos, mantê-la atuante é que se torna o grande desafio. Estabelecidos os padrões, é necessário disciplina para dar seguimento ao processo para que os resultados (metas) sejam alcançados e/ou superados. Sem dúvida, adotar a norma traz benefícios à organização, contribuindo para uso racional de eletricidade, maior segurança, aumento da rentabilidade, entre outros decorrentes.

7.6 Programa de Eficiência Energética - ANEEL

Introdução

A definição básica de Eficiência Energética é ***"Fazer mais com menos energia"***. Consiste em usar, de modo mais eficiente possível, a energia para obter um determinado resultado. Por definição, a eficiência energética consiste na *"relação entre a quantidade de energia empregada em uma atividade e aquela disponibilizada para sua realização"*.

Para melhor entendimento, segue dois exemplos eficiência energética a partir de sistemas com os quais convivemos diariamente:

1. Uma lâmpada do tipo LED de 7W tem o mesmo nível de iluminamento que uma lâmpada incandescente de 60 W. Isso significa obter uma economia de 53 Watts por hora. Além disto, a vida útil das lâmpadas LED é cerca de 50 vezes maior e o calor que é transferido para o ambiente é menor, e neste contribui para uma melhor eficiência em locais climatizados.

2. Em relação aos equipamentos condicionadores de ar, novas soluções e sistemas são apresentados ao mercado a frequência bem reduzidas. A substituição por modelos mais eficientes de um sistema com mais de 15 anos em operação, irá gerar uma economia de 30 até 50% no custo da energia elétrica, além disso contribui com a redução nos gastos de manutenção (mão de obra e peças de reposição).

Para obter mais informações, acesse o site da *"Associações Brasileira das Empresas de Serviços de Conservação de Energia"* no site: http://www.abesco.com.br/pt/

O Programa de Eficiência Energética, proposto pela ANEEL, tem como objetivo promover o uso eficiente da energia elétrica em todos os setores da economia por meio de projetos que demonstrem a importância e a viabilidade econômica de melhoria da eficiência energética de equipamentos, processos e usos finais de energia. Busca-se maximizar os benefícios públicos da energia economizada e da demanda evitada, promovendo a transformação do mercado de eficiência energética, estimulando o desenvolvimento de novas tecnologias e a criação de hábitos e práticas racionais de uso da energia elétrica.

Uma das novidades é o "Observatório do Programa de Eficiência Energética" – OPEE que está em atividade desde fevereiro de 2022. Funciona como uma plataforma em nuvem que auxilia: a ANEEL, as empresas distribuidoras de energia e demais interessados na gestão do Programa de Eficiência Energética (também conhecido pela sigla PEE). Essa ferramenta reúne diversas funcionalidades: envio de projetos; planos de gestão; movimentação financeira; informações que permitam a geração de indicadores; e ainda os índices relativos aos investimentos realizados no âmbito do PEE.

Entre suas principais funções podemos citar a possibilidade da inserção e cadastro de projetos mais detalhados, também dos diversos indicadores, os quais servem como suporte na tomada de decisões pela ANEEL. Proporciona às distribuidoras de energia elétrica o aprimoramento na elaboração de propostas, maior eficiência na interação com a ANEEL. Desta forma, garante maior transparência de informações e prestação de contas do programa à sociedade.

O **OPEE** é oriundo do módulo específico do projeto Sistema de Inteligência Analítica do Setor Elétrico (P&D SIASE) e foi desenvolvido para suprir uma lacuna diante da ausência de um sistema dedicado à gestão do Programa de Eficiência Energética.

O link para acesso do **OPEE** é: https://www.siase.org.br/webOpee/

Pesquisa e Desenvolvimento em Eficiência Energética

Compete à **ANEEL (Agência Nacional de Energia Elétrica)** regulamentar os investimentos em **Pesquisa e Desenvolvimento (P&D)** e **Eficiência Energética (EE)**. Também que seja incentivando a busca, constante, por inovações necessárias para enfrentar os desafios tecnológicos do setor elétrico, seja promovendo o uso eficiente e racional da energia elétrica, associado às ações de combate ao desperdício.

Ainda de acordo com o Site da ANEEL, *"Em conformidade com a Lei nº 9.991, de 24 de julho de 2000 (alterada pelas Leis nº 10.438, de 26 de abril de 2002, nº 10.848, de 15 de março de 2004, nº 11.465, de 28 de março de 2007, nº 12.111, de 09 de dezembro de 2009, e nº 12.212, de 20 de janeiro de 2010), as concessionárias de serviços públicos de distribuição, transmissão ou geração de energia elétrica, as permissionárias de serviços públicos de distribuição de energia elétrica e as autorizadas à produção independente de energia elétrica – excluindo-se aquelas que geram energia exclusivamente a partir de instalações eólica, solar, biomassa, cogeração qualificada e pequenas centrais hidrelétricas –, devem aplicar, anualmente, um percentual mínimo de sua Receita Operacional Líquida (ROL) em projetos de Pesquisa e Desenvolvimento Tecnológico do Setor de Energia Elétrica (P&D), segundo regulamentos estabelecidos pela ANEEL".* Neste ponto quero acrescentar sobre importância de estar atualizado com as leis vigentes e demais normas regulatórias. Portanto, sempre esteja atento e informe-se sobre as atualizações para que o seu projeto esteja de acordo com a legislação vigente.

7.7 Edifícios Verdes: Certificação LEED

A LEED (Leadership in Energy and Environmental Design) é uma certificação para construções sustentáveis, concebida e concedida pela Organização não governamental-ONG americana U.S. Green Building Council (**USGBC**), de acordo com os critérios de racionalização de recursos (energia, água etc.) atendidos por um edifício.

Os termos em referência a LEED é "Edifício Verde", do idioma Inglês "*Green Building*" (ou ainda "Construção Sustentável") são termos mais usuais.

É importante estar por dentro de conceitos relacionados a edificações sustentáveis que conforme a *World Commission on Environment and Development* descreve Sustentabilidade como "*um determinado modelo de desenvolvimento econômico e social que atenda às necessidades da geração atual sem comprometer a habilidade das gerações futuras atenderem as suas próprias necessidades*". No entanto, cuidado com os equívocos em relação a este assunto, pois há vários exageros, por exemplo, tudo deve se resumir em utilizar tons de verde e terra, plantar um jardim e chamar o lugar de "sustentável".

Para aumentar a credibilidade de produtos que utilizam práticas sustentáveis levando em consideração processos que promovem desenvolvimento econômico e social dessa geração e sem comprometer as futuras gerações, muitos institutos independentes foram criados para avaliar empresas, produtos e serviços. No setor de construção civil, uma dessas instituições é o U.S. Green Building Council (**USGBC**) que tem foco em sustentabilidade de edificações e empreendimentos imobiliários.

O **USGBC** tem um selo de certificação para projetos que atendam uma série de requisitos sustentáveis, e é este o selo chamado de **LEED**. A primeira versão foi lançada em janeiro de 1999, onde se definiram critérios para acumulação de pontos para certificação com base em consenso dos membros fundadores deste Conselho.

O **GBC Brasil** divulga e aplica a certificação americana **LEED**, aqui no Brasil. Ele também promove atividades de capacitação, compilação e divulgação das "melhores práticas" sobre esse tema. Portanto, um empreendimento certificado com LEED é garantia de um **projeto de alta performance**, sustentável e com reconhecimento internacional.

Além da redução dos custos operacionais, há ganhos em termos de **competitividade,** os quais são mais evidenciados para as edificações comerciais (Escritórios, Shopping Centers, Hotéis etc.) uma vez evita **obsolescência** se comparados com empreendimentos não certificados. Isso se traduz em valorização o ativo, bem acima do valor médio de mercado.

Do ponto de vista social, a **Certificação LEED** representa mais **conscientização, segurança e saúde** dos trabalhadores e usuários da edificação. Presume-se que há um incremento em relação ao senso de comunidade, isto é, de estar no caminho da preservação dos recursos naturais e de eficiência energética.

Finalmente, uma construção certificada pode utilizar isso a seu favor seja como estratégia de marketing, mas alinhada com a sua política ambiental da organização. Sem dúvida, vai de encontro às demais certificações, mais voltadas à Qualidade Total, tais como as com base nas normas: **ISO 9001** e **ISO 14001**.

Todas essas questões abordadas precisam ser avaliadas na concepção do projeto que visa a certificação, entre elas a de confirmar a viabilidade financeira e operacional. A adoção do LEED é tem um valor significativo isso demanda um investimento cujo valor agregado precisa estar bem identificado para que não haja equívocos. São diversas alterações no projeto conceitual da edificação se comparada com uma construção convencional. Um erro de avaliação pode causar atrasos na obra, justamente por conta do desconhecimento das práticas, por parte dos profissionais inseridos no processo de certificação. Saiba que aproveitamento das vantagens da LEED depende da localização da edificação, perfil dos usuários, capacitação da mão de obra, engenheiros e técnicos envolvidos.

As Certificações LEED estão divididas em quatro modalidades:

1. **LEED BD+C** – Certificação indicada para "Projeto e Construção de Edifícios". Aplica-se à construção de edificações, cuja sustentabilidade seja abrangente. Podemos citar instalações, tais como:

   Hospedagem: Hotéis, Pousadas etc.
   Ensino: Universidades, Escolas, Prédios em Centros Acadêmicos etc.
   Centros de Saúde: Hospitais, Clínicas 24 horas etc.

2. **LEED ID+C** – Certificação indicada às instalações internas de edificações (também denominado por "design de interior"). Principais exemplos são os grandes centros de compras (shopping centers, grandes lojas comerciais etc.). Aspectos de sustentabilidade aliados à qualidade e bem-estar dos usuários e trabalhadores que atuam localmente.

3. **LEED O+M** – Certificação indicada aos serviços de "Operação e Manutenção de Edificações" já existentes (também conhecida pelo termo Facilities). Tem como objetivo atuar em instalações mais antigas, onde há utilização de energia com eficiência reduzida, muito em razão dos materiais construtivos, os quais não são modernos, isto é, menos sustentáveis – em geral há descontrole de consumo de eletricidade e água, além dos fatores de segurança não serem adequados. Podemos citar como exemplo, os prédios históricos, edificações com décadas de existência utilizadas para fins comerciais, bibliotecas, eventos artísticos, museus, centros de distribuição, galpões etc. Podemos incluir ainda neste contexto, as grandes construções para armazenagem de materiais, produtos manufaturados, matéria-prima etc.

4. **LEED ND** – Certificação indicada para o desenvolvimento de bairros e/ou comunidades. Tende a promover a integração entre Inovação e Sustentabilidade. Essas melhorias promovem bem-estar social aos moradores locais, transeuntes e usuários, por exemplo, de praças ou centros de esporte ao ar livre. Uma das ações bem características usuais são empresas que investem nas imediações de sua localização, por meio de melhorias na infraestrutura: iluminação de rua (lâmpadas LED – melhor luminosidade, mas com baixo consumo energético, além de ter maior vida útil). Há outros investimentos em praças do bairro, a exemplo das empresas de construção civil que comercializam imóveis e para atrair clientes, tornam

o envolto da edificação mais agradável e saudável. Outras iniciativas ocorrem por meio individual (morador com melhor poder aquisitivo) o qual contrata empreiteiros para executar obras civis. Órgãos públicos contribuem com melhorias, previstas em projetos e orçamentos governamentais, na distribuição de água e rede de esgoto, por exemplo. Há locais com dificuldades e não podemos deixar de citar. Mas, tenhamos esperança de grandes mudanças ou mitigação destas, num futuro próximo e que a LEED ND possa contribuir para isso.

Existem ainda outros níveis de certificação, os quais estão em acordo com uma Pontuação Final. Ela leva em conta alguns pré-requisitos, tais como: Localização e Transporte; Lotes Sustentáveis; Eficiência na distribuição e utilização da Água; Energia e Atmosfera; Materiais e Recursos; Qualidade Interna dos Ambientes; Inovação e Prioridades Regionais. Estes são os níveis de pontuação existentes:

- "Empreendimento Certificado" (40 a 19 pontos);
- "Silver" (50 a 59 pontos);
- "Gold" (60 a 79 pontos);
- "Platina" (80 ou mais pontos).

Até a edição final do livro, informo existirem cerca de 601 empreendimentos com Certificação LEED no mundo. O Brasil ocupa a quarta posição. Eis alguns exemplos de edifícios certificados no Brasil:

a. <u>EDIFÍCIO VISTA GUANABARA</u>

Localizado no Rio de Janeiro, possui a certificação **"LEED CS Gold"**. O edifício com sistemas de eficiência, sendo destaque o de reaproveitamento de água da chuva. Há também um processo para a manutenção das áreas externas. Fonte: https://www.sienge.com.br.

b. <u>EMPREENDIMENTO WILLINGDON BUSINESS PARK</u>

O empreendimento Willingdon Business Park está situado no Canadá, na cidade de Vancouver. Levou 25 anos para seu desenvolvimento e receber a certificação **"LEED Gold"**. Ao total são ~190.000 m², sendo a maioria destes escritórios comerciais. Seu diferencial se concentra nas áreas de transporte, energia, água, e resíduos materiais. Fonte: https://www.sienge.com.br.

c. EFIFÍCIO OFFICE GREEN

Figura 7.1

O edifício Office Green foi projetado com o objetivo de ser uma proposta urbanística de bairro sustentável e atende à demanda de comércio e serviços da Cidade Criativa Pedra Branca, em Santa Catarina Foto/Imagem:Vicente Schmitt

Imagem retirada do site Galeria da Arquitetura, https://m.galeriadaarquitetura.com.br/projeto/dealternativo-arquitetura-e-urbanismo_/office-green/1588

O Edifício Office Green é um prédio comercial, localizado na cidade de Palhoça – SC, e recebeu o selo de certificação "**LEED Gold**". Além de toda a eficiência de controle de resíduos nos quatro anos de construção, conta ainda com uma extensa área verde e para bicicletas, reutilização de água, dentre inúmeros outros benefícios para a comunidade.

Fonte: https://www.sienge.com.br

Para obter o selo LEED, além do investimento em infraestrutura, há os custos de registro no Órgão Certificador, Análise do Projeto e da Certificação – em geral, a organização interessada contrata uma consultoria, tendo em vista, a necessidade de conhecimento e qualificação para atuar junto aos órgãos específicos. Portanto, primeiro é necessário que a organização se registre junto ao **USGBC** (o GBC Brasil adapta a certificação de acordo com a realidade brasileira). Essa questão de adaptar à realidade do país é fundamental para o sucesso do projeto. Há aspectos como clima, cultura e o mais importante, a legislação aplicável. As exigências necessárias para a certificação precisam considerar estas particularidades, entre outras, para que a edificação esteja em acordo com os requisitos.

Para que o leitor tenha noção de grandeza dos custos envolvidos nesse processo, cito valores dos investimentos junto ao USGBC (fonte: www.sienge.com.br):

- Registro do Projeto – entre US$ 900.00 até US$ 1,200;
- Custo para Análise do Projeto – entre US$ 2,000 até US$ 20,000. Esse custo é calculado por metro quadrado, e ainda considera o total de área construída;
- Custo para Certificação da Obra – entre US$ 750 e US$ 5,000. O cálculo é similar ao custo de análise de projeto, isto é, depende da dimensão da obra;
- Custos com Consultoria Especializada – O valor pode varia entre 0,5 a 1% do custo total da obra.

Há oportunidades de trabalho bem interessante neste cenário. No Brasil há cursos específicos para ser um **LEED AP** (LEED Acredited Professional) que é a denominação do profissional que atua neste seguimento. Os cursos funcionam como uma orientação e linha de trabalho até obter a certificação junto ao **GBCI** (Green Business Certification Inc.), o qual está presente em mais de 150 países e gera reconhecimento na carreira de engenheiros ou arquitetos que atuam na construção civil.

Para mais informações sobre a Certificação LEED, investimento e qualificação profissional, selecionei dois sites, caso o leitor tenha interesse em ampliar seus conhecimentos:

https://www.sienge.com.br/blog/o-que-e-certificacao-leed/

https://www.gbcbrasil.org.br/certificacao/certificacao-leed/

Parte II

Tecnologias Energéticas Renováveis

8. Fontes Alternativas de Energia

Este item é dedicado ao profissional que trabalha com inspiração, sempre em busca de novas idéias; arrojado e principalmente disposto a "vender" sua idéia com entusiasmo. Sem isto, não se consegue obter melhores resultados, tendo em vista ser desafiante o assunto sobre fontes alternativas. Geralmente, muitos facilmente dizem "isso não vai dar certo...".

Por outro lado, é importante avaliar bem a oportunidade de implantar projetos. Os técnicos e engenheiros responsáveis, em suas organizações, por uso de fontes energéticas podem trazer para si a avaliação da viabilidade técnica e econômica. Basta iniciar estudos e definir equipes multidiciplinares de apoio, uma vez que testes preliminares são necessários numa fase embrionária. Caso seja viável, leve sua idéia adiante. Registre os dados, elabore uma apresentação e siga em frente! Ao contrário, não desanime e aguarde nova oportunidade.

Possivelmente, nem todos os sistemas alternativos para gerar energia são aplicáveis à sua companhia. Meu objetivo é compartilhar alguns conceitos e conhecimentos básicos sobre seus processos operacionais.

A tabela a seguir nos dá uma idéia sobre as fontes energéticas, vantagens e desvantagens. Algumas não foram citadas, como o carvão. É uma explanação resumida e você poderá avaliar numa primeira etapa, antes de seguir a leitura.

Tabela comparativa de algumas fontes de energia alternativas

Fonte	Vantagens	Desvantagens
Gás	• Sistema de distribuição confiável • Fácil obtenção • Melhor fonte de energia para o aquecimento	• Disponibilidade muito limitada, por faltas durante o inverno nos países frios • Poderia ser o contribuinte principal do aquecimento global • Há grande oscilação dos preços conforme a oferta e a demanda

Ventos (Eólica)	• Fonte disponível na natureza • Boa fonte para suprir a demanda de bombeamento periódico de água nas fazendas, como já visto em vários países no início do século	• Necessita 3 vezes mais a quantidade de geração instalada para atingir à demanda • Limitado a poucas áreas . • O equipamento é caro de se manter • Necessita de armazenamento de energia de alto custo • Altamente dependente do clima - o vento pode danificá-lo durante fortes ventanias ou não girar durante dias, conforme a estação do ano. • Pode afetar pássaros e colocá-los em perigo.
Solar	• Fonte disponível na natureza	• Sucesso limitado às áreas ensolaradas • Requer materiais especiais para espelhos/painéis que podem afetar o meio ambiente • A tecnologia atual requer grandes áreas, no entanto a geração de energia é reduzida.
Nuclear	• O combustível é barato • É a fonte a mais concentrada de geração de energia • O resíduo é mais o compacto de todas as fontes • Base científica extensiva para todo o ciclo • Fácil de transportar como novo combustível • Nenhum efeito estufa ou chuva ácida	• É a fonte de maior custo por causa dos sistemas de emergência, de contenção, de resíduo radioativo e de armazenamento • Requer uma solução , a longo prazo, para os resíduos armazenados em alto nível (na maioria dos países) • Proliferação nuclear potencial

Combustível a partir de resíduos	• O combustível pode ter baixo custo • Pode gerar mais empregos • Emissões baixas de dióxido de enxofre	• Ineficiente se forem usadas plantas pequenas • Poderia ser um contribuinte significativo para o aquecimento global, pois o combustível tem baixo índice de contenção de calor • As cinzas podem conter metais como o cádmio e chumbo • Libera no ar e nas cinzas substâncias tóxicas como as dioxinas.

Tabela 8.1

Fonte: http://www.comciencia.br/reportagens/nuclear/nuclear

8.1 O Gás Natural (GN)

Tenho a grata satisfação em comentar sobre o gás natural em especial, pois atuo em seguimento, cujos equipamentos, utilizam esta fonte. Nos sistemas de cogeração, de alta eficiência energética, este combustível tem um ótimo desempenho em razão de suas propriedades químicas.

As notícias veiculadas pela mídia são polêmicas, em razão de certas divergências políticas entre Brasil e Bolívia, e desta maneira retraindo investimentos nesta área. Até que seja anunciada total auto-suficiência na gestão sobre este combustível, poderemos, eventualmente, ter problemas de abastecimento. Espero sinceramente que as dificuldades políticas sejam solucionadas, dando lugar a um apoio incondicional à geração e uso ilimitado deste recurso abundante na América do Sul.

Outra meta é fazê-lo entender a importância de diversificar o uso de energias numa organização. Essa diversificação possibilita a alta administração, alternativas de escolha sobre qual seria mais adequada para um determinado processo operacional.

Algumas das vantagens do uso do Gás Natural são:

a) Baixo impacto ambiental.

b) Facilidade de transporte e manuseio.

c) Reduz gastos com estocagem.

d) Menor índice de manutenção.

e) Reduz gastos com filtros especiais.

f) Melhor qualidade final dos produtos.

g) Maior índice de segurança operacional.

Situações consideradas como desvantagens

a) Por se tratar de um combustível fóssil, ele é uma energia não renovável, portanto finita.

b) O gás natural apresenta riscos de asfixia, incêndio e explosão. Por ser mais leve que o ar, o Gás Natural tende a se acumular nas partes mais elevadas quando em ambientes fechados.

c) Em caso de fogo em locais com insuficiência de oxigênio, poderá ser gerado monóxido de carbono (CO), altamente tóxico.

8.1.1 A Origem

O Gás Natural é uma mistura de hidrocarbonetos leves encontrada no subsolo, na qual o metano tem uma participação superior a 70% (em volume). A composição pode variar bastante dependendo de fatores relativos ao local de produção, condicionamento, processamento e transporte. Encontra-se no subsolo devido a acumulações em rochas porosas, isoladas do exterior por rochas impermeáveis, associadas ou não a depósitos petrolíferos. É o resultado da degradação da matéria orgânica oriunda de quantidades extraordinárias de microorganismos que, em eras pré-históricas, se acumulavam nas águas litorâneas dos mares da época. Essa matéria orgânica foi soterrada a grandes profundidades e, por isto, sua degradação se deu fora do contato com o ar, a grandes temperaturas e sob fortes pressões.

8.1.2 Características e Composição Química

Pela Lei número 9.478/97 (ou Lei do Petróleo), o Gás Natural é definido como:

"Porção do petróleo que existe na fase gasosa ou em solução no óleo, nas condições originais de reservatório, e que permanece no estado gasoso nas condições atmosféricas de pressão e temperatura."

A composição pode variar muito. De uma maneira geral, apresenta teor de metano superiores a 70% de sua composição, densidade menor que "1" (mais leve que o ar) e poder calorífico superior entre 8 mil e 10 mil kcal / m³, dependendo dos teores de pesados (Etano e Propano, principalmente) e inertes (Nitrogênio e Gás Carbônico). No Brasil, a composição para comercialização é determinada pela **Portaria de nº 104 da 8/7/2002 da Agência Nacional do Petróleo (ANP).**

8.1.3 Formas de Utilização

O Gás Natural é empregado diretamente como combustível, tanto em indústrias, residências e veículos, sendo considerado uma fonte de energia mais limpa que os derivados do petróleo e o carvão. Alguns dos gases de sua composição são eliminados porque não possuem capacidade energética (Nitrogênio ou CO2) ou porque podem deixar resíduos nos condutores devido ao seu alto peso molecular em comparação ao metano (butano e mais pesados).

Tendo uma combustão mais limpa, possibilita uma vida útil mais longa aos equipamentos e menor gasto com manutenção. No ramo automotivo pode ser utilizado como combustível para motores de ônibus, automóveis e caminhões, substituindo a gasolina e o álcool. Outro ponto importante é o custo em relação aos outros combustíveis, em alguns casos podendo ser até 70% mais barato. Já, no ramo industrial, é usado para a produção de metanol, amônia e uréia e também para aquecimento de água quente em caldeiras e geração de vapor.

Existe uma desvantagem do Gás Natural em relação ao Butano que é a grande dificuldade de ser transportado, em razão do maior volume, mesmo pressurizado. Também é mais difícil torná-lo liquefeito, requerendo temperaturas que chegam à temperatura negativa de -160°C.

8.1.4 O Gasoduto Brasil-Bolívia

É uma via de transporte de Gás Natural entre a Bolívia e o Brasil, com 3.150 km de extensão, sendo 2.593 km em território brasileiro (trecho administrado pela **TBG – Transportadora Brasileira Gasoduto Bolívia-Brasil S.A.** e 557 km em território boliviano, pela **GTB**.

Começou a ser construído em 1997, iniciando sua operação no ano de 1999. O gasoduto tem seu início na cidade boliviana de Santa Cruz de la Sierra e seu fim na cidade Canoas, no Rio Grande do Sul. Atravessa também os estados de Mato Grosso do Sul, São Paulo, Paraná, Santa Catarina, passando por cerca de 4 mil propriedades em 135 municípios.

Em São Paulo, o traçado acompanha o rio Tietê, chegando a Campinas, onde se encontram as indústrias que em 1999, foram as empresas pioneiras na utilização do Gás Natural boliviano. O trajeto é estratégico, pois passa por uma área responsável por 71% do consumo energético brasileiro, 82% da produção industrial do país e 75% do **PIB (Produto Interno Bruto).**

Até 1997, predominou o modelo de "monopólio estatal" pela Petrobrás na produção e transporte de Gás Natural. As distribuidoras estatais comercializavam para consumidores residenciais e industriais. Havia casos, nos quais a própria Petrobras fornecia, geralmente para grandes consumidores.

Com a nova Lei do Petróleo ou "lei do livre acesso", a Petrobrás perdeu este monopólio e criou uma empresa para operar seus gasodutos - **A Transpetro.**

8.1.5 Produção do Gás Natural

O gás é classificado em função do teor de petróleo bruto e de gás livre, quanto ao seu estado de origem no Gás Associado e Gás não-Associado.

- *Gás associado:* quando em reservatório está dissolvido no óleo ou sob a forma de "capa de gás". Neste caso, a extração de gás é determinada, basicamente, pela produção de óleo. Boa parte do gás é aproveitada pelo próprio sistema de produção, isto é, utilizada em processos conhecidos como Reinjeção e Gás ***Lift*** com a finalidade de aumentar a recuperação de petróleo do reservatório, sendo útil também na geração de energia para a própria unidade de produção, quando em locais isolados. Ex: Campo de Urucu, no Estado do Amazonas.

- *Gás não-associado:* quando em reservatório, está livre ou em presença de quantidades muito pequenas de óleo. Nesse caso, é exclusivamente para fins de venda para consumo. Ex: Campo de San Alberto na Bolívia.

Tendo como base os mapas dos reservatórios de gás, é definida a curva de produção e a infraestrutura necessárias para a extração. Boa parte do gás é utilizado pela própria unidade de produção, o excedente é analisado em termos de viabilidade para comercialização. Caso não seja viavel, este volume é queimado.

Condicionamento

É o conjunto de processos físicos ou químicos, aos quais o gás natural é submetido, com o objetivo de remover ou reduzir os teores de contaminantes para atender às especificações legais do mercado, condições de transporte, segurança e processamentos posteriores.

O Gás Natural pode ser armazenado na forma líquida à pressão atmosférica. Para tanto, os tanques devem ser dotados de bom isolamento térmico e mantidos à temperatura inferior ao ponto de condensação do gás natural. Neste caso, recebe a denominação de GNL (Gás Natural Liquefeito).

Formas de Processamento

a) Refrigeração simples.

b) Absorção refrigerada.

c) Turbo-Expansão.

d) Expansão Joule-Thompson (JT).

Maneiras de Transporte

a) Gás Natural Comprimido (GNC).

b) Gasodutos.

c) Gás Natural Liquefeito.

8.1.6 Algumas Informações Técnicas do Gás Natural

Fonte: Companhia de Gás do Estado do Rio Grande do Sul – SULGÁS

Fonte: http://www.sulgas.rs.gov

1.Identificação e Nomenclatura

Nome Comercial: GÁS NATURAL

Família Química: mistura de hidrocarbonetos

Sinônimos: GÁS COMBUSTÍVEL

Número ONU: 1971

Registro Petrobrás: PB0001

2.Composição Química

METANO: 70 – 95% (vol)

ETANO: 5 – 13% (vol)

PROPANO: 0,2 – 9,0% (vol)

BUTANO (e mais pesados) 0 – 7% (vol)

N2 + CO2: máx. 6% (vol)

H2S : máx. 20 mg/m^3

ENXOFRE (total):máx.80 mg/m^3

Observação importante:são valores considerados típicos

3.Propriedades Físico – Químicas

3.1 Aspecto

- Estado Físico: gás.
- Cor: incolor.

- Odor: odorizado artificialmente ou inodoro.

3.2 Propriedades Críticas

- Ponto de Fusão: -182,6ºC (para o metano puro).
- Ponto de Ebulição: -161,4ºC, a 760 mmHg (para o metano puro).
- Ponto de autoignição: 482 a 632ºC.

4.Combate a incêndio

4.1 Riscos de incêndio e explosão:

4.1.1 Classificação de inflamabilidade:

- Ponto de auto-ignição: 482 a 632ºC;
- Limite inferior de inflamabilidade: 6,5%;
- Limite superior de inflamabilidade: 17%;

4.1.2 Extintores recomendados

- Água neblina;
- CO2;
- Pó químico;

4.1.3 Recomendações especiais:

- Combater o incêndio a favor do vento e extinguir com o bloqueio do fluxo de gás;
- Remover os recipientes da área de fogo, se isso puder ser feito sem risco;
- Em caso de fogo intenso em áreas de carga, usar mangueiras com suporte manejadas à distância ou canhão monitor;
- Se isso não for possível, abandonar a área e deixar queimar;
- Resfriar o recipiente com água utilizando dispositivo manejado à distância, mesmo após a extinção do fogo;

5.Meio ambiente

5.1 Impactos Ambientais:

- Ar: Sendo um gás de baixo peso molecular, se dissipa facilmente;
- Água: Não é considerado passível de causar danos à vida aquática;
- Sol: Não é passível de causar danos ao solo;

5.2 Medidas de proteção (Primeiras medidas):

- Eliminar fontes de ignição; impedir fagulhas, chamas e não fumar na área de risco;

Informações adicionais

- Os dados dessa ficha de informações referem-se a um produto específico e podem não ser válidos onde este produto estiver sendo usado em combinação com outros;
- A SULGÁS esclarece que os dados, por ela coletados, são transferidos sem alterar seu conteúdo ou significado;

8.1.7 Caso "Conversão de Equipamento: Fonte energia elétrica para Gás Natural"

Este projeto ocorreu no período entre os anos 2001 a 2003. Num primeiro momento, a idéia era aproveitar a matriz energética Gás Natural em razão da proximidade, desta indústria, a um city gate gerenciado pela SULGÁS. A denominação deste trabalho foi "O Projeto Gás Natural".

Logo após esta primeira avaliação, identificamos o quanto seria importante converter equipamentos elétricos que pudessem utilizar Gás Natural. Este estudo se iniciou na Engenharia de Manutenção, sendo eu o principal responsável pelo projeto. Os equipamentos escolhidos eram os de maior impacto, em termos de consumo elétrico e potência instalada.

Então, optamos pelo maquinário que utilizava resistências elétricas para aquecimento d'água:

a) Um boiler com potência instalada de 120 kW, utilizado como reservatório de água aquecida fornecida aos chuveiros do vestiário e necessária para o banho dos funcionários.

b) Três lavadoras, sendo uma com potência instalada de 336 kW e as outras duas de 54 kW, de componentes fabricados em aço e que depois dos processos de usinagem eram lavados e armazenados para serem enviados às áreas de montagem final do produto.

c) Uma Estufa com potência instalada de 157 kW, utilizada para secagem de componentes, logo após o processo de pintura.

Como observado, é considerável a potência instalada destes equipamentos a qual chega a 721 kW e respectivamente, um alto consumo elétrico.

Antes de retomar o assunto, quero lembrar ao leitor que os bons exemplos iniciam em nossas residências. O conforto térmico de um banho em chuveiro a gás é bem maior do que em um aquecido por resistência elétrica, principalmente em dias mais frios. Outra questão se referem ao fato, no qual é altamente oneroso utilizar apenas aquecimento elétrico para cozinhar; sendo assim, o fogão a gás ainda será útil por longos anos. Então, transportar a idéia destes recursos para as indústrias, independente do seguimento, torna-se altamente rentável.

Retornando ao Caso.

O valor de 721 kW era bem significativo no contexto Demanda Contratada (kW), na fatura de energia elétrica mensal.

Como todo o grande projeto, precisávamos de um "piloto", isto é, converter primeiramente um equipamento que não afetasse as áreas de produção. Então, o Boiler foi escolhido para receber o sistema que lhe permitisse operar sem o uso de resistências elétricas.

Para esta conversão, buscamos no mercado empresas que atuam em sistemas térmicos. Precisávamos de projeto e instalação de tubulações necessárias para condução, distribuição de gás e equipamentos de aquecimento, adaptáveis ao maquinário.

Tivemos um período de análise das propostas comerciais até a definição da empresa que lideraria, juntamente comigo todo o escopo do projeto, desde a instalação de uma estação de controle e distribuição de gás natural, passando por rede de tubos condutores até os equipamentos que fariam a queima do combustível e fornecimento de água aquecida ao maquinário, já adequado para esta nova matriz energética.

O complexo de entrada do gás na indústria foi fornecido pela própria concessionária SULGÁS, distribuidora do Estado do Rio Grande do Sul.

Os dados a seguir formaram a base dos estudos iniciais para viabilizar a ideia de conversão.

Importante: Para todos os cálculos financeiros contidos neste item 8.17, considere a cotação do dólar: US$ 1,00 = R$ 5,27.

Boiler Elétrico
Sistema Atual - Elétrico

Potência instalada: 120 kW

Consumo mensal: ~ 20.723 kWh (levando em consideração as horas em funcionamento necessárias para fornecimento de água para o vestiário).

Valor médio tarifa R$/kWh: 0,12

Valor do consumo mensal: R$ 2.486,80

Valor de demanda contratada para 120 kW: R$ 1.906,00

Valor total com gasto elétrico: R$ 4.392,00

(não consideramos, mas pode ser incluído os gastos com manutenção).

Boiler Elétrico e a Gás
Sistema Proposto – Gás Natural

Potência instalada: 120 kcal

Consumo mensal: ~ 2.772 m^3/mês (levando em consideração as horas em funcionamento necessárias para fornecimento de água para o vestiário)

Valor médio tarifa R$/$m^3$: 0,43

Valor do consumo mensal: R$ 1.191,96

Valor de demanda: Não aplicável

Valor total com gasto com gás natural: R$ 1.191,96

(não consideramos, mas pode ser incluído os gastos com manutenção).

Sem considerar o valor de investimento e retorno, a indústria teria uma redução mensal de seus gastos fixos em energia de ~ R$ 3.200 (R$ 4392 – R$1192).

Um detalhe importante sobre este projeto de conversão foi o de não eliminar o sistema elétrico, isto é, se houvesse uma falha no sistema de fornecimento de gás, era possível retornar a energia elétrica. Nesta condição, se necessário, a eletricidade ainda poderia ser utilizada como complemento no processo para elevar a temperatura da água, por ser bem mais rápida neste caso especifico.

Análise de Investimento e Retorno

A distribuição de Gás Natural precisa de uma rede interna com alta qualidade e segura, pois o transporte é sempre de alto risco. Felizmente, os materiais construtivos dos tubos, válvulas e demais instrumentos são compatíveis com a necessidade requerida para estes casos, salvo, é claro, se ocorrer uma falha ou manutenção inadequada.

A instalação da estação de entrada do gás e conversão do Boiler ("equipamento piloto") foi denominada Fase "1". A conversão dos demais equipamentos de Fase "2" que somente ocorreria caso a primeira fosse devidamente testada e aprovada pelas equipes dos departamentos técnicos e usuários.

Investimento Fase "1":

1. Rede de Fornecimento de Gás Natural: R$ 136.230,00.

A rede seria construída levando em conta os **cinco** equipamentos previstos, perfazendo um total de 60% da capacidade da linha. Os restantes 40%, seriam deixados para ampliações futuras (como acabou ocorrendo no ano de 2004). Para efeito de cálculo, R$ 27.246,00 (1/5 parte deste investimento) seria acrescido ao valor de conversão do Boiler.

2. Conversão do Boiler elétrico para GN: R$ 31.380,00.

Retorno (ou também conhecido como *pay back*) da Fase "1":

Observação: cada empresa adota os seus parâmetros, considerando os padrões estabelecidos pelos setores de controladoria.

Convertendo os valores de "mensal" para "anual", teríamos:

valor gasto com eletricidade: ~ R$ 52.704,00 por ano.

valor gasto com gás natural: ~ R$ 14.303,00 por ano.

Economia anual prevista de aproximadamente R$ 38.401,00.

Investimento para conversão do Boiler:

R$ 31.380,00 + 27.246,00 = R$ 58.626,00

Retorno do investimento a partir de:

R$ 58.626,00 / 38.401,00 = 1,5 anos. (aproximadamente 1 ano e 6 meses).

Funcionamento do Aquecedor de Água para Boiler

As características do projeto inicial foram mantidas, permanecendo as resistências elétricas, em regime *stand-by*. Portanto, tivemos que executar um projeto que permitisse o uso de ambas as fontes energéticas.

O Aquecedor funciona similar ao de uma de caldeira, porém sem pressão interna. É constituído de um queimador cuja chama se propaga para dentro da estrutura aquecendo a água que circula por dutos. Foi construído e adaptado para este fim. O fluido aquecido é enviado para o Boiler, através de uma motobomba. Este equipamento possui um painel de comando que permite operar, automaticamente, mediante *set point* de temperatura e outros ajustes. Desta forma, quando a temperatura dentro do boiler baixava, se reduz, o aquecedor entra em operação, enviando água quente. Assim, pelo efeito da troca térmica, eleva-se a temperatura da água dentro Boiler. Os dutos foram revestidos com mantas térmicas para que não houvesse perda de calor para o ambiente. As tubulações de interligação Boiler-Aquecedor foram revestidas, igualmente, contribuindo para evitar perdas térmicas

Figura 8.1

Modelo de Aquecedor para aquecimento de água do Boiler com potência de 120 kW.

Fonte: Equipamento fabricado por ARAUTERM Equipamentos Termo Metalúrgicos Ltda.

Algumas correções e melhorias foram necessárias implantar dias após o start up do sistema. Uma delas, muito significativa foi a de instalar um controlador de tempo programável (*TIMER*), para permitir que o sistema permaneça em módulo "de espera" *(stand by)* em determinados horários ao longo das 24 horas do dia, incluindo finais de semana.

Análise Crítica do Projeto

Existe uma variedade de critérios para o cálculo de *pay back*. Para sua melhor compreensão, adotei a divisão pura e simples: Investimento/Economia. Outro critério importante é fixar um tempo máximo para se obter o retorno do investimento. Se ultrapassado, o investimento poderá ser deixado de lado.

Ao longo da implantação da Fase "1" (e também na seguinte), instituímos uma ATA de reuniões, com registros das ações e responsáveis. Desta forma, todos os envolvidos tinham acesso às informações do andamento do projeto, bem como citar comentários para que os ajustes ou correções fossem feitos. Neste período muitas dúvidas foram geradas, uma vez que implantar uma matriz energética como Gás Natural assusta, de certa forma, tendo em vista os relatos de ocorrências dos acidentes com o gás similar, o GLP (gás de cozinha). Evidentemente, muitos fazem uma comparação equivocada, pois em instalações industriais, as empresas construtoras de redes possuem larga experiência. As normas de construção e de segurança que cercam o uso de Gás Natural são bem criteriosas. Um exemplo disso é o processo de soldagem, no qual somente é executado por profissional altamente qualificado para este trabalho. Ao final, este serviço recebe uma certificação sendo depois anexada aos demais documentos. Igualmente, há um processo de calibração e atestados funcionais para toda a instrumentação do controle, válvulas de segurança e sistemas de alarme, etc. Quando uma determinada indústria decide utilizar Gás Natural, o investimento é acrescido, justamente pelos fatores ligados à segurança de operadores, técnicos de manutenção e para pessoas que circulam em torno destes locais.

Após alguns meses e tendo em vista o sucesso do Boiler à GN, demos seguimento à conversão dos outros quatro equipamentos. Também foram instalados aquecedores similares ao primeiro e, igualmente, permitindo a todos que mantivessem seu aquecimento por meio elétrico. O investimento da Fase "2" chegou a aproximadamente a R$ 127.815,00, perfazendo um total de todo o "Projeto Gás Natural" na ordem de R$ 235.935,00 e desta maneira ultrapassando um pouco o valor previsto. O cálculo de retorno deste investimento chegou há pouco mais de três anos. Pode-se pensar que não foi um bom investimento, mas sempre defendi a idéia de que o ganho real estava no fato de poder optar por outra matriz energética e liberar a potência instalada (kW) para a ampliação de maquinário, os quais dependem somente de uma matriz energética para funcionarem, como é caso de máquinas acionadas por motores elétricos.

Figura 8.2

Modelo de Aquecedor para aquecimento de água para Lavadora com Potência de 54 kW.

Fonte: Equipamento fabricado por ARAUTERM Equipamentos Termometalúrgicos Ltda.

E realmente foi isso que aconteceu. Ao liberar, praticamente, 700 kW, a indústria pôde ampliar as linhas de montagens, sem necessidade de solicitar à concessionária aumento no valor de demanda contratada (kW). Ao contrário, conseguimos reduzir e adaptar os valores à nova matriz energética, reduzindo ainda mais o os gastos fixos mensais em eletricidade. Aqui, vale ressaltar o acréscimo sobre os gastos com a utilização de Gás Natural. Contudo, ainda era vantagem, pois os valores tabelados pela concessionária fornecedora de gás decrescem na mesma razão que o consumo é acrescido (não sei ao certo se esse benefício ainda é usual e aplicado a todas as regiões brasileiras abastecidas).

Alguns gestores não entenderam por que, ao longo de um período de um ano, após o final do projeto, o consumo subiu novamente. Evidentemente, esqueceram de novas implantações de linhas de fabricação, e pelo fato de a empresa ter adquirido outros equipamentos de grande porte, movidos exclusivamente por eletricidade. Apesar dos resultados favoráveis, alguns discordaram sobre o êxito deste projeto.

Veja abaixo, para sua apreciação, o gráfico comparativo do comportamento elétrico do condutor elétrico (ou barramento) quando o Boiler foi alimentado por eletricidade (curvas superiores) e quando passou a usar Gás Natural (curvas inferiores). Note que a redução foi significativa do consumo, denotando que o projeto atingiu o seu objetivo, isto é, redução na potência instalada (kW) e consumo (kWh).

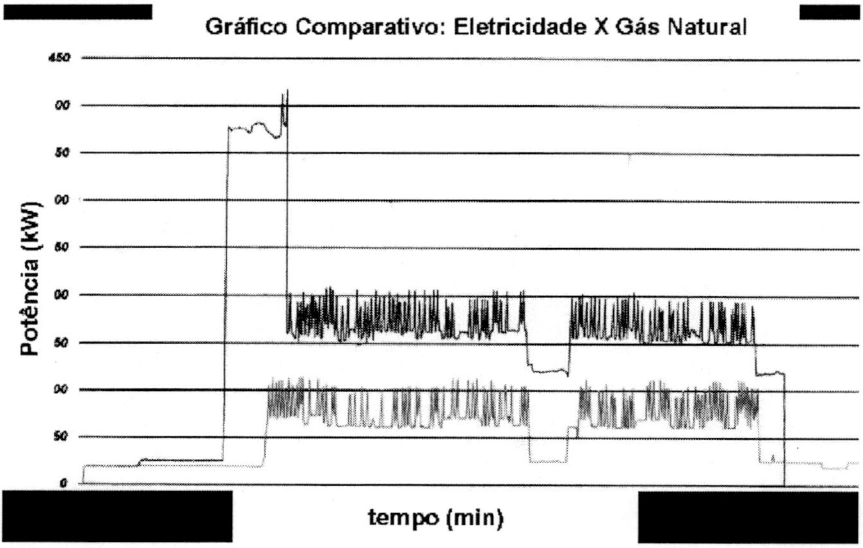

Figura 8.3

Gráfico comparativo do comportamento elétrico na situação "sem" e "com" uso de gás Natural

Fonte: APS Engenharia de Energia (instalação do instrumento registrador de dados e emissão do gráfico)

Informações Relevantes para a Conservação do Sistema

É importante que toda a instrumentação de controle faça parte de um plano de calibração. Os valores medidos e controlados devem ter uma precisão aceitável, permitindo que o sistema funcione dentro dos parâmetros de projeto. Uma das medições de maior criticidade são as pressões de trabalho, tanto da rede de tubos quanto nos aquecedores. Manômetros mal aferidos ou "quebrados" são fontes certas de possíveis sinistros, sendo um risco para os usuários. Portanto, mantenha um rígido monitoramento das condições de fornecimento e uso do Gás Natural.

Próximo do período de *start up* do equipamento "piloto", o setor de manutenção deve se preocupar com as peças de reposição, isto é, componentes e materiais sujeitos a desgaste e que precisam ser substituídos emergencialmente. Em nosso projeto, tínhamos a opção de retorno à matriz elétrica até que o reparo no sistema de gás fosse executado. No entanto, esta autorização passava pela gerencia, pois antes disso, era avaliado se esse procedimento de carga (kW) ao sistema não resultaria em sobrecarga ou multa por ultrapassagem de demanda com a concessionária. A Engenharia de Manutenção fazia parte desta avaliação, tendo como ferramenta um software de controle de cargas e consumo elétrico que permitia acesso *on line* as informações necessárias para as principais esta decisão.

Elaborei apresentações do projeto, desde o início, passando pelos equipamentos e benefícios do uso de GN. Providenciamos também treinamentos técnicos para operadores, mantenedores e encarregados sobre os aquecedores, sendo, este, ministrado pelos próprios fabricantes. Estes eventos se dividiram em duas partes: teoria e prática. Uma boa parte das pessoas reduziu seus temores ao uso de GN. Com propriedade, sempre orientávamos os usuários sobre os cuidados com a instalação, principalmente o de evitar colisões nas tubulações transportadoras de gás e instrumentos de controle. Outro investimento, não previsto, foi justamente a instalação de estruturas "guarda-corpo" (na cor amarela) para a proteção do Aquecedor. Uma das situações possíveis seria a colisão por uso de empilhadeira, veículo muito usado para movimentação de cargas.

Nesta indústria, existia implantado o programa de melhoria contínua, o **TPM,** do qual eu era o coordenador. Portanto, tivemos que incluir os aquecedores no escopo de limpeza e pequenos reparos. Orientamos os operadores para que não alterassem ajustes feitos para o funcionamento do queimador. Incluímos limpeza e troca dos dois filtros instalados nas tubulações de abastecimento e retorno de água (neste fluxo, muitas vezes continha detritos provenientes dos processos de limpeza das peças, como no caso de uma lavadora industrial, já citada anteriormente).

Estes aquecedores foram construídos especialmente para este projeto de conversão. Existiam, na época, similares usados para aquecer água em motéis e hotéis. A estrutura externa foi alterada para material aço inox e o dimensionamento em acordo com a vazão necessária para manter a água aquecida dentro do equipamento. Estes equipamentos possuem tecnologia de alta confiabilidade, em termos de segurança e funcionabilidade. Ao longo do período em que iniciamos a sua utilização, os aquecedores apresentavam necessidade de pequenos ajustes e substituições de componentes elétricos, porém sem trazer maiores problemas afetar ao seu rendimento. Entendíamos que faziam parte do processo de adaptação, pois o projeto foi ambicioso e era inevitável que tivéssemos algumas surpresas em relação a durabilidade ou dimensionamento de algum item.

Sendo um equipamento de aquecimento, gera vapor. Ele possui um duto ou chaminé que ia até o telhado. Segundo o fabricante, tínhamos de acrescentar esta saída de gases para que este não ficasse no ambiente e pudesse causar algum transtorno para os usuários.

O nome da indústria citada neste estudo de caso não foi divulgado, obviamente de forma a preservar a integridade de seus colaboradores. Porém, para referência, trata-se de uma multinacional do ramo automotivo, que tinha suas operações município de Canoas, no Rio Grande do Sul, mas que encerrou sua operação no início de 2016.

8.1.8 Cenário atual do Gás Natural – Brasil

O Brasil tem avançado bastante nas discussões sobre o mercado de energia alternativa, incluindo essa importante matriz energética. Em 2020, um novo marco legal foi sancionado pelo governo federal para trazer segurança jurídica para o mercado e fomentar a entrada de novos agentes e de investimentos em todos os segmentos, promovendo a competitividade do setor. A expectativa para os próximos anos é a de dar seguimento ao mercado livre de Gás Natural.

Em junho de 2016, teve o lançamento do **Programa "Gás para Crescer"** que contou com a participação da indústria do Gás Natural, órgãos governamentais, sociedade civil e universidades. Nesse âmbito, foi publicada a Resolução CNPE nº 10/2016, estabelecendo as diretrizes estratégicas para o desenho de um novo mercado de gás natural, visando a formação de um mercado mais competitivo. Essa Resolução criou também o Comitê Técnico para o Desenvolvimento da Indústria do Gás Natural no Brasil (CT-GN), com o objetivo de propor medidas que garantissem a transição gradual e segura para a manutenção do adequado funcionamento e aceleração deste seguimento.

Em 2018, foi publicado o Decreto nº 9.616/2018, adotando medidas de iniciativa ao Programa **"Gás para Crescer"**. Outras alterações foram feitas no Decreto nº 7.382/2010, o qual regulamenta a Lei do Gás (Lei nº 14.134, de 8 de abril de 2021: a Nova Lei do Gás Decreto nº 10.712, de 2 de junho de 2021: regulamentação da Nova Lei do Gás).

Já em junho de 2019, ocorreu o lançamento do Programa "Novo Mercado de Gás" que somado ao "Gás para Crescer", trouxeram segurança para suportar as mudanças necessárias para este mercado. De acordo com o Ministério de

Minas e Energia, Secretaria de Petróleo, Gás Natural e Biocombustíveis, este programa visa à formação de um mercado para a utilização do Gás Natural mais dinâmico e competitivo, promovendo condições para redução de tarifas e, com isso, contribuir para o desenvolvimento econômico do País. Abrange medidas para todos os elos da cadeia de valor, desde o escoamento da produção até a distribuição, respeitando a competência dos estados para a regulação dos serviços locais de gás canalizado. Outros objetivos atendem à necessidade de eficiência das infraestruturas existentes, à atração de novos investimentos e à promoção da concorrência no mercado de Gás Natural.

Portanto, todas essas diretrizes (decretos, resoluções e criação de programas) tendem a fortalecer o mercado de Gás Natural, principalmente aos que fazem opção dessa importante energia no contexto Matriz Energética Brasileira. Cito os exemplos já detalhados anteriormente neste capítulo, como alternativa para aquecimento de água ou geração de vapor. Sempre que for possível a utilização, em relação à eletricidade, terá grande impacto nos custos fixos da organização.

Outro aperfeiçoamento de políticas energéticas, é que são voltadas à promoção da "livre concorrência no mercado de gás natural", definindo como deve ser a transição para um mercado concorrencial e até estabelecendo como de interesse da Política Energética Nacional medidas estruturais e comportamentais para serem observadas pelo agente que ocupe posição dominante no setor de gás natural. (Acessar para mais detalhes a *"Resolução CNPE nº 3, de 7 de abril de 2022: estabelece as diretrizes estratégicas para o desenho do novo mercado de gás natural, os aperfeiçoamentos de políticas energéticas voltadas à promoção da livre concorrência nesse mercado e os fundamentos do período de transição"*).

O Mercado Livre de Gás Natural

Em 2021 foi publicada a Lei nº 14.134, nova "Lei do Gás Natural no Brasil". Esta Lei federal visa o estabelecimento de bases legais para a consolidação de um mercado livre de gás, nos moldes do Ambiente de Contratação Livre (ACL) de Energia.

Sobre a **Lei Nº 14.134, DE 8 DE ABRIL DE 2021**, *"Dispõe sobre as atividades relativas ao transporte de gás natural, de que trata o art. 177 da Constituição Federal, e sobre as atividades de escoamento, tratamento, processamento, estocagem subterrânea, acondicionamento, liquefação, regaseificação e comercialização de* *gás natural; altera as Leis nº 9.478, de 6 de agosto de 1997, e 9.847, de 26 de outubro de 1999; e revoga a Lei nº 11.909, de 4 de março de 2009, e dispositivo da Lei nº 10.438, de 26 de abril de 2002"*

Então, a regulação do mercado livre de gás natural tem duas competências. Um no âmbito federal e outro no estadual. Como a distribuição está na alçada dos estados, a responsabilidade pela publicação das regras sobre o mercado livre é de responsabilidade das agências reguladoras estaduais ou outro órgão estadual competente. Também no mês abril de 2021, o **Comitê de Monitoramento da Abertura do Mercado de Gás Natural (CMGN)** aprovou o Manual de Boas Práticas Regulatórias, o qual tem como objetivo *"orientar e incentivar práticas adotadas em nível federal, no âmbito estadual"*.

A função do governo federal, neste contexto, é a de manter o mercado atual ativo, de diversificar a oferta: propondo medidas para estimular a participação de novos agentes e ainda fomentar a construção de novos gasodutos.

Já os estados devem atuar na consolidação da demanda, com ações para efetivar maior liberdade para os usuários escolherem seus fornecedores de gás. Isso inclui dispor sobre regras que assegurem aos usuários o acesso do gás, por meio da uma infraestrutura construída pela distribuidora ou pelo próprio consumidor ou por qualquer outro meio viabilizado por serviço ofertado no mercado de gás.

O objetivo final de ambos os governos é obter tarifas mais atrativas e, com isso, maior acesso ao serviço de distribuição e maior competitividade do gás como insumo para os processos produtivos. Portanto, envolve obter equilíbrio entre os segmentos do setor e consumidores e distribuidores, com a delimitação das competências tanto estaduais, quanto do governo federal. Este por sua vez, tem a competência de ofertar os serviços de gás à coletividade, inclusive mediante concessão de serviço público. Entretanto, se a competência é bastante clara em alguns pontos, em outros nem tanto. Por exemplo, que os estados permitam aos usuários, poderem escolher seus próprios fornecedores de gás.

Em resumo, o "Mercado Livre de Gás" faz uso (benchmarking) da legislação vigente no mercado de energia elétrica. Portanto, muito do que está previsto ou discutido para o gás, tem similaridade entre ambas.

O Mercado Livre de Gás Natural nos Estados

Diversos estados já se mobilizaram, ou estão no processo, sobre as regras do mercado livre alinhadas ao Novo Mercado de Gás. Essas regras definem um modelo de contratação, no qual, o usuário possui a liberdade de negociar a compra com os fornecedores, a exemplo do mercado livre da energia elétrica. Com isso ele obtém uma melhor gestão de seu portfólio de suprimento. Entre os estados, podemos destacar: São Paulo, Rio de Janeiro, Santa Catarina, Sergipe, Minas Gerais, Espírito Santo e Bahia.

Mas isso não quer dizer que o vínculo com a Distribuidora esteja encerrado. O usuário, no mercado livre, tem que firmar pelo menos dois contratos: o de Compra e Venda da Molécula com o Comercializador e com a Distribuidora, por meio do Contrato de Uso do Sistema de Distribuição (CUSD), pois o usuário depende de sua infraestrutura (tubulação, registros, medidores de vazão etc.) para receber o produto.

Os estados do Espírito Santo e Bahia são destaques neste cenário do Mercado Livre de Gás.

O estado do Espírito Santo tem realizado movimentos importantes, tais como a criação da ESGás – Companhia de Gás do Espírito Santo (e a assinatura de um contrato de concessão já nos moldes e princípios do "Novo Mercado de Gás". Em paralelo, implementaram melhorias nos processos para a concessão da distribuição de gás no estado. Essas ações conferem ao Espírito Santo uma posição de destaque em relação a este ambiente regulatório – a Resolução ARSP 46/2021, substitui a do ano de 2011, trazendo mudanças significativas. Entre elas, a redução do volume mínimo para a migração e do prazo do aviso prévio a ser feito à distribuidora.

Na Bahia, foi publicada uma atualização da regulação do Mercado Livre de Gás, a Resolução AGERBA 14/2021 – *"Autoriza a instituição e regulamenta a modalidade de serviço de Distribuição de Gás intitulada Serviço de Movimentação de Gás Canalizado (SMGC), assim como estabelece as condições gerais da sua prestação no Estado da Bahia"*. https://www.bahiagas.com.br. AGERBA – Agência Estadual de Regulação de Serviços Públicos de Energia, Transportes e Comunicações da Bahia.

Além da Resolução 14/2021, a AGERBA publicou outros documentos "infralegais" (resoluções acessórias, isto é, complementares) que auxiliam a plena operacionalização do Mercado Livre do Gás na Bahia, tais como:

- Resolução AGERBA nº 02/2020 *"aprova os modelos dos Contratos de Fornecimentos de Gás Canalizado – Cliente Industrial Pequeno Porte; Cliente Industrial Médio Porte e Cogeração; e Cliente Industrial Grande Porte"*;

- Resolução AGERBA nº 23/2020 *"autoriza a instituição e regulamenta a modalidade de serviço de Distribuição de Gás intitulada Serviço de Movimentação de Gás Canalizado (SMGC), assim como estabelece as condições gerais da sua prestação no Estado da Bahia"*;

- Resolução AGERBA nº 15/2021 *"estabelece as Condições Gerais para formalização dos Contratos do Serviço de Movimentação de Gás Canalizado no Estado da Bahia (SGMC)"*;

- Resolução AGERBA nº 16/2021 *"aprova o modelo de Termo de Comercializador para ser utilizado no Serviço de Movimentação de Gás canalizado do estado da Bahia (SMGC)"*.

O "Mercado Livre do Gás", na Bahia, foi um dos primeiros a ter uma regulação que já considera as principais mudanças e direcionamentos do novo mercado de gás natural do Brasil. Tanto nas resoluções existentes na Bahia, quanto no Espírito Santo, estão previstas a figura do "usuário parcialmente livre" – ele pode contratar o fornecimento de gás no modo tradicional e livre mercado, ambos ao mesmo tempo. Essa possibilidade de contratação é interessante, não somente no estágio inicial de desenvolvimento do mercado, onde haverá uma baixa diversidade de ofertas, mas principalmente por favorecer aos usuários uma melhor gestão de riscos e portfólio.

8.2 A Energia Eólica

8.2.1 Introdução

A Energia Eólica é obtida através de movimentos em velocidade do ar, mais precisamente, dos ventos. Numa forma mais acadêmica, definimos como sendo a Energia Cinética, contida nas massas de ar em movimento, que possibilita a movimentação das hélices.

A origem da energia eólica é muito mais remota. Desde a antiguidade que se percebeu a força do vento. O vento era aproveitado nos barcos que se moviam impulsionados por este através de velas. Os próprios moinhos trabalhavam graças à força do vento. Bombear água ou moer grãos, no processo de obtenção da farinha era obtido por meio da energia gerada pelos ventos. Portanto, esta fonte energética pode ser aproveitada tanto quanto geração de eletricidade, mas igualmente energia mecânica.

A transformação desta fonte energética em eletricidade é feita mediante a utilização de turbinas eólicas denominadas por Aerogeradores (também conhecidos por "moinhos de ventos e em pequenas estruturas como cata-vento"). Por esta particularidade, estes equipamentos são instalados em regiões ventosas, isto é, a velocidade do vento é suficiente para ser aproveitada.

Os aspectos funcionais são considerados simples. O vento atinge, a uma determinada velocidade, as pás do Aerogerador, colocando em movimento, no sentido rotacional, o qual se comunica com um eixo central e este, por sua vez, é acoplado a uma caixa multiplicadora (em inglês, a *gearbox*) onde a velocidade de rotação é incrementada, segundo características específicas de cada fabricante. O transporte da eletricidade produzida é feito por meio de rede com cabos subterrâneos, até uma subestação coletora que por sua vez está interligada com a rede elétrica de uma determinada concessionária. A partir deste sistema, a energia elétrica produzida pelos Aerogeradores pode ser consumida por residências, indústrias etc.

Uma concentração ou aglomerado de Aerogeradores denomina-se de "parque eólico", sendo utilizados para produzir energia elétrica, geralmente para alimentar localidades remotas e distantes da rede de transmissão.

Existem dois tipos de parques eólicos: <u>Onshore</u> (instalados em terra ou ao longo da costa marinha) e <u>Offshore</u> (sua instalação é no mar).

Um dos grandes inconveniente a apontar à energia eólica é a poluição sonora. As turbinas não são silenciosas e o desconforto é sentido, mesmo a grandes distâncias. Mas até esta desvantagem está a ser minimizada pela tecnologia, com uma diminuição do ruído provocado pelos aerogeradores de última geração. A poluição visual é outra desvantagem apontada apenas por alguns, não sendo, portanto, uma unanimidade.

Perante as metas ambientais traçadas para cada país são cada vez mais os países que apostam em energias renováveis, sendo a eólica alvo de grande atenção. Esta forma de energia renovável apresenta um crescimento superior a 25% por ano, a nível global.

8.2.2 Detalhes Técnicos do Aerogerador

Principais componentes de um Aerogerador:

- Um rotor, ao qual estão acopladas as hélices ou pás (podem medir mais do que 30 m);
- Torre de suporte, que tem entre 50 a 80 metros de altura;
- Cabine na qual se encontra o gerador e outros dispositivos.

Além destes, possuem ainda sensor de direção, forçando as hélices girarem no sentido de coletar o vento pela frente e obter o máximo rendimento. Para que sensor funcione corretamente, é necessária a presença de dois dispositivos: um anemômetro e um medidor de direção de vento, os quais servem, respectivamente, para medir a velocidade e a direção do vento.

Já dentro da cabine, é possível encontrar dois eixos (o principal e do gerador), existindo entre eles um conjunto de engrenagens cujo nome de multiplicador. O eixo do gerador, tal como o seu nome indica, está acoplado ao gerador, sendo este o componente responsável pela conversão da energia mecânica em energia elétrica.

Além disso, ainda existe um sistema aerodinâmico, designado por freixo, junto ao eixo principal que tem como função controlar a velocidade de movimento das pás. Em tempo de tempestade o freixo é normalmente acionado, impedindo que as hélices girem a velocidades superiores, isto é, acima dos padrões determinados.

Por fim, ainda existe um computador no interior de cada cabine, designado por controlador eletrônico, responsável pelo funcionamento do gerador, pelo sistema aerodinâmico, entre outros dispositivos.

Como funciona um aerogerador:

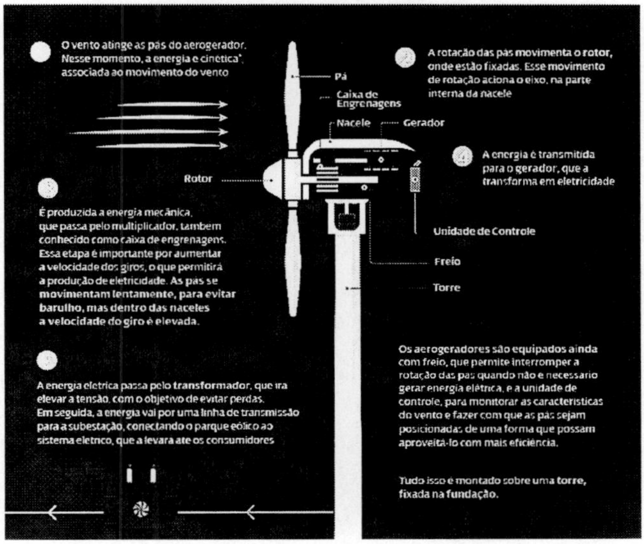

Figura 8.4

Detalhe interno de um Aerogerador

Fonte: https://apenergiasrenovaveis.wordpress.com/eolica/componentes-de-um-aerogerador/

Principais Componentes do Aerogerador de Eixo Horizontal (Figura 8.4)

Pás: captam o vento, convertendo sua potência ao centro do rotor. São construídas a partir de materiais poliéster, resina epóxi e fibra de vidro. A tecnologia construtiva utiliza as mesmas soluções técnicas da Aeronáutica, mais precisamente modelos matemáticos para projeto e construção das asas dos aviões;

Rotor: elemento de fixação das pás, o qual transmite o movimento de rotação para o eixo de movimento. Um de seus principais componentes é o sistema hidráulico que movimenta as pás em distintas posições, aproveita melhor a força do vento ou na ação de parada total da turbina;

Sistema de YAW: motores elétricos que giram a turbina em um eixo vertical de forma a apontar sua face em direção ao vento. Basicamente, é utilizado para otimizar a absorção da energia dos ventos, através do posicionamento da turbina na direção do fluxo de vento. Faz parte do componente Nacele;

Nacele (ou Nacela): compartimento instalado no alto da torre. Sistema de fixação composto por Caixa Multiplicadora, Gerador, Chassi, Sistema de YAW, Sistema de Controle eletrônico e Sistema Hidráulico. É o componente mais pesado do conjunto. Dependendo do fabricante do Aerogerador, pode ultrapassar até 72 toneladas;

Torre: elemento que sustenta o Rotor e Nacele, mantendo-os na altura apropriada para operar corretamente. Embora a maioria das torres seja fabricada a partir do aço, como foram originalmente construídas, atualmente há modelos construídos com materiais alternativos, por exemplo, como o concreto;

Gearbox (caixa multiplicadora): tem a função de alterar as rotações que as pás transmitem ao "eixo de baixa rotação" (19 rpm até 30 rpm). A Gearbox entra em operação para entregar "ao eixo de alta velocidade", rotações que o gerador precisa para operar apropriadamente (~1.500 rpm);

Gerador: componente que converte a energia mecânica do eixo em energia elétrica;

Anemômetro: mede a intensidade, a velocidade e a direção do vento. Esses dados são lidos pelo sistema de controle, que garante o posicionamento mais adequado para a turbina. O anemômetro mede em diferentes unidades: m/s, km/h, nós, mph e ft/min. Nominalmente serve para medir a velocidade de um fluido.

8.2.3 Cenário Atual da Energia Eólica – Brasil

Até Outubro de 2022 a Energia Eólica no Brasil tinha capacidade instalada de 23,3 GW, dados do Brazil Wind Power, www.brazilwindpower.org. Até 2021, o Brasil era o 7° país do mundo em termos de potência instalada de energia eólica (21 GW) e o 4º país que mais produzia energia eólica (72 TWh), atrás apenas de China, EUA e Alemanha. E ao final de 2021, havia mais de 750 parques eólicos – equivalente a 10,95% da potência energética instalada no país.

Outra grande notícia, para este setor, é sobre a parceria firmada entre a Petrobras e a Equinor (Estatal norueguesa) que vai permitir a instalação de novos parques eólicos nos estados do Rio de Janeiro, Espírito Santo, Piauí, Ceará, Rio Grande do Norte e Rio Grande do Sul. Juntos o projeto terá uma geração de 14,5 Gigawatts (GW). Essa nova ampliação irá contar com mais cinco projetos, totalizando sete parques, em outras regiões, principalmente no Nordeste, com a entrega prevista até 2028. O plano considera a ambição da Petrobras de neutralizar emissões de gases de efeito estufa até 2050. Essas parcerias incrementam o avanço tecnológico em nosso país, trazendo mais investimentos e oportunidades de negócios.

Importante salientar esse crescimento em uma das mais importantes alternativas energéticas, pois o Brasil tem grande potencial, se considerarmos as condições geográficas, climáticas e o grande potencial eólico "offshore". A tecnologia de geração eólica por meio da força dos ventos no mar para a produção de energia renovável tem como principais vantagens a elevada velocidade e estabilidade dos ventos em alto-mar, livres de interferência de barreiras como rugosidade do solo, florestas, montanhas e construções, entre outros fatores favoráveis.

A Equinor atua no Brasil há mais de 20 anos no setor de óleo e gás, tem confiança na parceria firmada com a companhia brasileira e afirma: *"Essa parceria com a Petrobras irá expandir a utilização de energias renováveis para que se desenvolva de maneira sustentável"*.Principais complexos e parques eólicos no Brasil (Potência em MW, megawatt):

- Complexo Eólico do Chuí – localizado na cidade de Santa Vitória do Palmar (RS), sendo formado por outros complexos eólicos, construído e operado pela Eletrosul, foi vendido em 2020 para a empresa Omega Energia. Capacidade instalada de ~582,8 MW;
- Complexo Eólico do Alto do Sertão I e II – localizado nos municípios de Caetité, Guanambi e Igaporã (BA) e com capacidade instalada de ~680,5 MW;
- Parque Eólico de Osório – localizado no munícipio de Osório (RS) com capacidade instalada de ~300 MW;
- Complexo Eólico Calango – localizado em Bodó (RN) e com capacidade instalada de ~234 MW;
- Complexo Eólico de Mangue Seco (UEE Mangue Seco) – conjunto de usinas de produção de energia eólica localizada no município de Guamaré – RN e com capacidade instalada de ~104 MW;
- Parque Eólico de Praia Formosa – localizado em Camocim (CE) e com

capacidade instalada de ~104,4 MW;

- Parque Eólico de Rio do Fogo – localizado na cidade de Rio do Fogo (distante 81 km de Natal) – RN, capacidade instalada de ~49,6 MW.

Em última análise, o Brasil continua sendo um enorme potencial. De acordo com a Empresa de Pesquisa e Energia (EPE), a Energia Eólica corresponde a ~8,6% da matriz elétrica brasileira, ficando atrás somente das Hidrelétricas e da energia gerada pelo processo de aproveitamento da Biomassa. Em função de fatores como o relevo e as condições atmosféricas que condicionam a geração de ventos intensos o suficiente para movimentação das pás, o maior potencial eólico do Brasil ainda está concentrado na região Nordeste e na faixa litorânea. Em 2020, os estados do Nordeste foram os responsáveis por 85,6% de toda a energia eólica gerada no Brasil (o Estado da Bahia foi o maior produtor. Também se destacam os Estados do Rio Grande do Norte e do Ceará). Já em relação à região Sul, segue como a segunda maior produtora, correspondendo a ~11,5% da produção nacional.

Em relação à Energia Eólica utilizada em outros países, o Brasil representa ainda uma parcela pequena da matriz energética mundial, na ordem de ~0,9% (conforme dados disponíveis na IEA – Agência Internacional de Energia). Importante salientar que a cada ano os percentuais tendem a variar, ou mesmo permanecer, visto que os investimentos nesta matriz podem passar por um aumento seguido de estagnação. Tanto no Brasil, quanto em outros países, investir na Energia Eólica depende de seus governos, bem como prioridades. Contudo, o maior produtor mundial ainda é a China, com capacidade instalada de ~278.324 MW. Além dos parques situados no próprio país, a produção chinesa inclui grandes instalações Offshore. Os Estados Unidos da América e a Alemanha são, respectivamente, o segundo e o terceiro principais geradores de energia eólica no mundo. O Brasil figura na lista na sétima colocação.

Veja mais sobre "Energia Eólica" em:

https://brasilescola.uol.com.br/fisica/energia-eolica.htm

Figura 8.5

Vista aérea parcial do Parque Eólico localizado em Osório, município localizado a cerca de 100km da capital Porto Alegre, RS.

Fonte: http://technique.eng.br/novosite/noticia

8.2.4 Vantagens e Desvantagens

O Parque Eólico de Osório contribui para diversificar a matriz energética do Rio Grande do Sul, e é um dos primeiros complexos no Brasil, contribuindo para um país menos dependente de recursos não renováveis como a água e o carvão, por exemplo. Este projeto equivale a mais da metade da capacidade instalada de sistemas eólicos do Brasil. A energia eólica gerada, anualmente, equivale ao consumo residencial de 650 mil pessoas.

A energia eólica não é bem compreendida pela população, em sua maioria. Isso ocorre pelo desconhecimento, primeiramente pelo contexto operacional, isto, seu modo de funcionar e produzir eletricidade. Soma-se a isso, o fato das pessoas, principalmente pelas mais próximas aos parques eólicos, pelo impacto visual. Embora, nesta perspectiva seja diferente para os visitantes ou aqueles que apenas passam pelo local, o qual fascinados pelo tamanho dos aerogeradores funcionando. Contudo, a energia eólica possui inúmeras vantagens para a sociedade em geral, desde a redução da dependência dos combustíveis fósseis, mas principalmente pela geração de emprego, sendo esta uma das principais, pelo menos na minha opinião.

Ao contrário, apesar das vantagens, este tipo de aproveitamento energético apresenta também desvantagens e impactos significativos, principalmente no uso de grandes aerogeradores, parques e usinas eólicas.

O aproveitamento do vento demanda de épocas passadas quando era utilizada para O para encher as velas dos barcos o que possibilito as conquistas e início das grandes civilizações e, marcou, substancialmente, a diferença entre elas. Desde os Fenícios, Gregos, Romanos, e mais a diante os portugueses, todos utilizaram-no para mover, total ou parcialmente, os seus barcos, visando o comércio, conquistando novos domínios ou explorando mares desconhecidos.

Mas foi a partir do Século V que a utilização desta forma de energia se estendeu a terra firme e, mais concretamente, nos séculos XII e XIII com a aparição dos primeiros moinhos hidráulicos e de vento (que tanto caracterizaram a paisagem).

Posteriormente, desempenhou um papel fundamental no sistema industrial do século XVI. O vento convertia-se, assim, numa das principais fontes de energia, não animal, da humanidade, até à aparição dos primeiros motores a vapor e de combustão no início do século XIX.

Nos dias de hoje, é considerada uma das mais importantes alternativas para geração de eletricidade. A tecnologia inserida neste processo, bem como a ser considerada uma energia limpa, contribui para o crescimento de sua utilização pela população em todo o mundo.

Principais Vantagens da Energia Eólica:

- Fonte Renovável e Inesgotável de energia;
- Não emite poluentes
- Contribui para a redução dos gases de efeito estufa;
- Geração de novos empregos, contribuindo com a economia local;
- De certa forma, reduz a dependência da eletricidade gerada pelas hidrelétricas e usinas térmicas;
- A rentabilidade da Energia Eólica é significativa em relação a outras fontes;
- O sistema é confiável em relação a outras tecnologias para geração de energia, com baixo índice de parada por falha técnica.

Principais Desvantagens da Energia Eólica:

- Há intermitência na geração de eletricidade, ou seja, há períodos sem ventos o que torna difícil a integração seja com outras fontes, ou na produção que depende da energia eólica;
- Não é considerado um inconveniente por todos, mas certa parte da população entende ser um impacto visual considerável, principalmente para os moradores locais, a instalação dos parques eólicos gera uma grande modificação da paisagem;
- Há certo impacto ambiental, principalmente sobre as aves locas: principalmente pelo choque destas nas pás, efeitos desconhecidos sobre a modificação de seus comportamentos habituais de migração;
- Há o impacto sonoro: o som do vento bate nas pás produzindo um ruído constante (~43dB). Portanto, as habitações mais próximas deverão estar, obrigatoriamente, no mínimo, a 200 m de distância.r

8.3 A Energia Solar

8.3.1 Introdução

O Sol irradia, no período de um ano, o equivalente a 10 mil vezes a energia consumida pela população mundial, neste mesmo período. Parte desta energia não é aproveitada em razão de o sol emitir em várias direções.

Uma parte do milionésimo de energia solar que o Brasil recebe durante o período de um ano poderia suprir em energia o equivalente a:

- 54% do petróleo nacional;
- 2 vezes a energia obtida com o carvão mineral;
- 4 vezes a energia gerada no mesmo período por uma usina hidrelétrica.

Portanto, a quantidade de energia que o Sol fornece a Terra, a cada 20 dias, é maior do que aquela estocada em todas as reservas de petróleo, carvão e gás natural.

Apesar dos valores atrativos, a dificuldade reside em armazenar esta energia à noite ou em dias nublados, principalmente em regiões onde a "janela" de aparição do sol é reduzida. O calor, ao contrário da corrente elétrica, pode ser estocado.

Motivada pela crise do petróleo nos anos 1970, teve início os primeiros projetos de aquecimento solar residencial. Como ainda era embrionário, não havia profissionais com qualificação para implementação de um sistema completo para aquecimento de água.

Na década de 80, foram realizados testes para a qualificação dos equipamentos para aquecimento água, por meio da energia solar. Nesta mesma época, surgiram as primeiras normas da ABNT, bem como a profissionalização em projeto e instalação.

Com o tempo, fatores como qualidade técnica, juntamente com custos de investimento reduzido, tornaram o aquecimento de água por meio solar cada vez mais conhecido e alavancaram de vez esta tecnologia, com base em energia renovável.

Atualmente, sabe-se que aquecer água com energia solar é uma opção bem econômica em relação à por meio elétrico (resistências). E o mais importante, é que aquecimento ocorre por meio do calor do sol, que é uma fonte de energia gratuita e com pouco (ou nenhum) impacto ambiental. O mesmo raciocínio é aplicado, ao aproveitamento solar para geração de eletricidade, como veremos a seguir.

8.3.2 Aspectos Gerais

Os sistemas de aquecimento, com aproveitamento dos raios solares (transformando a luz em calor) se dá através da absorção de superfícies escuras. As tecnologias mais conhecidas são: A Termossolar (ou Solar Térmica) e a Fotovoltaica.

A tecnologia fotovoltaica, em relação à energia solar térmica, tem sua evolução tecnológica mais recente no Brasil. O que não significa que o país tenha alcançado todo seu potencial para aproveitar a radiação solar no aquecimento da água utilizada em chuveiros, torneiras, piscinas e processos industriais. Mas com o domínio da tecnologia por diversos fabricantes e os ganhos de escala verificados nos últimos anos a expectativa é que isso se perpetue a ponto de ser um item comum nas edificações comerciais, industriais ou residenciais.

Na tecnologia solar fotovoltaica a radiação solar é convertida diretamente em energia elétrica. Isso ocorre por meio de células fotovoltaicas feitas geralmente de silício, o qual é um material semicondutor. Além de módulos e painéis, o sistema inclui equipamentos elétricos tais como inversores de tensão e cabos. Sua aplicação, no atual momento, é a de complementar ou substituir a energia elétrica convencional. Esta tecnologia começa a ganhar força, sendo um dos grandes incentivos, a Resolução 482/2012 da Agência Nacional de Energia Elétrica (ANEEL) que descreve um "Sistema de Compensação de Energia" onde o sistema fotovoltaico pode ser conectado à rede pública, atendendo o consumo local e ainda fornecer o excedente na rede elétrica pública, o qual retorna ao consumidor ou à empresa sob a forma de créditos em energia. O 'bônus' tem validade de 36 meses e pode ser direcionado ao pagamento da fatura ("conta de luz").

Em relação a Energia Solar Térmica, a principal norma para o sistema de energia solar térmica é a ABNT NBR 15.569 – Sistemas de Aquecimento Solar de Água em Circuito Direto.

Uma das ferramentas que pode auxiliar na decisão por optar ou não pela instalação de Sistema de geração de eletricidade, por meio da Energia Fotovoltaica é o Simulador Solar que está disponível no site: http://www.americadosol.org/simulador. Ele foi criado por meio de parceria entre o Instituto Ideal e a Cooperação Alemã para o Desenvolvimento. Permite o cálculo da potência do sistema e da economia gerada a partir da sua implantação.

8.3.3 Energia Solar Fotovoltaica

É a energia elétrica produzida a partir de luz solar, mesmo em dias nublados ou chuvosos. A eletricidade produzida é proporcional à radiação solar. Isso é possível através do processo de conversão da energia solar ao utilizar painéis fotovoltaicos, que são fabricados a partir de materiais semicondutores. Quando a luz solar incide sobre eles, os elétrons são postos em movimento, gerando eletricidade.

O mercado para geração de eletricidade, por meio da energia solar fotovoltaica, já no ano 2014, demostravam harmonia entre as instalações de grande porte (grandes usinas solares) e a geração distribuída (sistemas instalados seja de residências ou pisos superiores de empresas e indústrias, nestas edificações, cada vez mais crescente). As soluções elétricas, por meio solar, vão desde energizar lâmpadas de um estacionamento, residência ou até uma pequena comunidade.

Tipos de Painéis Fotovoltaico

A diferenciação é em razão da tecnologia tanto dos materiais, quanto na fabricação dos painéis fotovoltaicos. Há uma infinidade de variáveis a serem consideradas, além de que a aplicação seja em empresas, residências ou ainda usinas de energia solar, obviamente torna-se necessário conhecer as vantagens e desvantagens. Em termos de eficiência, ela é obtida mediante a obtenção do percentual (%) de luz solar (que atinge o painel fotovoltaico) é transformada em eletricidade. Portanto, maior eficiência é quando se obtém mais potência (W) por unidade de área (m^2), isto é, quanto mais eficiente, menor será o painel.

Para seu entendimento, segue um exemplo:

Seja uma determinada instalação, onde a potência de 1.000 W atinge um painel solar fotovoltaico por 1 hora (1.000 W/h). Tendo este painel, uma eficiência de 14,5%, este sistema irá produzir 145 W / h / m^2. Evidentemente, numa situação real, outros fatores deverão ser considerados, pois irão afetar a eficiência, tais como: posição da instalação, temperatura ambiente etc.

Painel Fotovoltaico em Silício (Si)

A maioria dos painéis fotovoltaicos, considerando não só o Brasil, é feita a partir do silício. Números obtidos no ano de 2014, indicavam que cerca de 85% de todos os sistemas de energia solar fotovoltaica instalados em residências e empreendimentos comerciais no mundo utilizaram alguma tecnologia baseada em silício (Si). Acredito que a tendência ao Silício se deve a aplicação, cujos painéis que o utilizam têm tido o resultado esperado.

A qualidade do silício está relacionada com "pureza", isto é, quanto mais perfeitamente alinhadas estiverem as moléculas, mais eficiência terá a célula solar na conversão de luz solar em energia elétrica. Os custos dos processos, utilizados para melhorar a pureza do silício, são de alto custo e impactam, diretamente, no preço final do painel solar.

A eficiência e custos de aquisição, não devem ser sua única e principal preocupação. Há de considerar fatores como espaço disponível e necessário para a instalação, qualidade e garantia são determinantes para o sucesso da geração de eletricidade.

Painel Solar Fotovoltaico de Silício Monocristalino (mono-Si)

É o mais tradicional e também um dos mais caros, mas possui alta eficiência dos painéis, a qual está entre 14% e 21%. Suas características visuais são bem reconhecidas. Possui uma cor uniforme (indicando silício de alta pureza) e cantos tipicamente arredondados

São fabricados a partir de um único cristal de silício ultrapuro. Os lingotes, em forma cilíndrica, são fatiados (tal qual corte de "salame" em uma padaria) fazendo assim, lâminas de silício individuais, que são então tratadas e transformadas em células fotovoltaicas. O painel solar é composto por uma matriz de células fotovoltaicas, em instalação do tipo: "em série" ou "em paralelo".

Dados Técnicos:

- Eficiência Energética: 14% – 21%;
- Tamanho padrão das células monoSi: 10x10cm; 12,5x12,5cm; 15x15cm;
- Cor: azul escuro e antirreflexo, ainda cinza ou azul acinzentado (sem antirreflexo).

Principais Vantagens:

- Mais alta eficiência, dentre as tecnologias viáveis e mais usuais;
- Necessitam, para sua instalação, menos espaço em relação a outros tipos;
- A vida útil é maior que 30 anos e garantia, por parte dos fabricantes, é de 25 anos;
- Tendem a ter melhor desempenho em condições de pouca luminosidade.

Principais Desvantagens:

- Painel monocristalino é mais caro do que os demais tipos (por esta razão, se torna mais em conta optar por um modelo policristalino e de filme fino);
- O processo utilizado para produzir silício monocristalino resulta em grandes lingotes cilíndricos. Quatro lados são cortados dos lingotes para fazer as lâminas de silício e por esta razão, uma quantidade significativa do silício não é aproveitada naquela célula e é descartada.

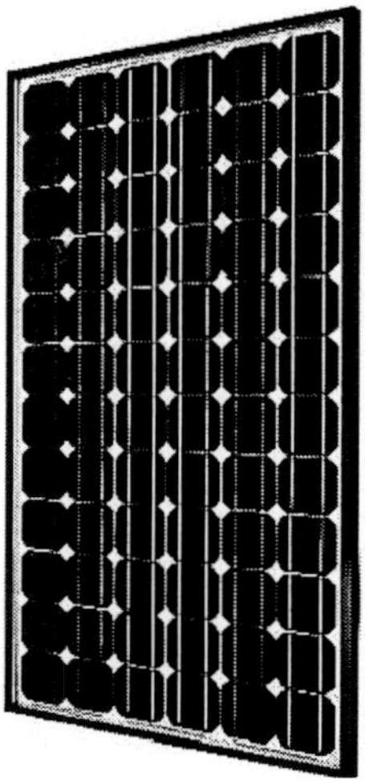

Figura 8.6

Painel Solar Fotovoltaico Monocristalino

http://www.portalsolar.com.br/

Painel Solar Fotovoltaico de Silício Policristalino (p-Si)

Ambos, monoSi e p-Si são feitos de silício, mas a principal diferença está no método utilizado na fundição dos cristais. No policristalino, os cristais de silício são fundidos em um bloco, desta forma preservando a formação de múltiplos cristais (daí a denominação "policristalino"). Após o bloco ser cortado e fatiado, é possível observar a formação múltipla de cristais.

Os primeiros painéis solares à base de silício policristalino e também o silício multicristalino (mc-Si), foram introduzidos no mercado a partir de1981.

Dados Técnicos:

- Eficiência do Painel Solar de p-S5: entre 13% – 16.5%
- Tamanho padrão das células fotovoltaicas: 10x10cm; 12,5x12,5cm; 15x15.
- Cor: azul (com antirreflexo), cinza prateado (sem antirreflexo).

Principais Vantagens:

- A quantidade de silício residual, gerada durante o processo de corte das células fotovoltaicas, é menor em comparação ao tipo monocristalino;
- Painéis p-Si tendem a ter um custo menor, se comparado com os monocristalinos;
- A vida útil é maior que 30 anos e garantia, por parte dos fabricantes, é de 25 anos.

Principais Desvantagens:

- Sua eficiência é menor em relação painéis solares monocristalinos são normalmente mais eficientes;
- Tendo eficiência menor do que o monoSi, se faz necessário maior número de painéis para gerar a mesma potência / área (w/m^2) que um painel mono-Si. Contudo, isso não signfica que o monocristalino tem qualidade superior.

Figura 8.7

Painel Solar Fotovoltaico Policristalino

http://www.portalsolar.com.br/

Painel Solar de Película Fina (TFPV)

É constituído de uma ou várias camadas finas de material fotovoltaico, depositadas sobre um substrato. Esta é a essência básica de como os painéis fotovoltaicos de película fina, são fabricados.

Os diferentes tipos painéis são formados pelos seguintes materiais fotovoltaicos:

- Silício Amorfo (a-Si);
- Telureto de Cádmio (CdTe);
- Cobre, índio e gálio seleneto (CIS / CIGS);
- Células solares fotovoltaicas orgânicas (OPV).

A partir dos materiais, acima descritos, irá definir a eficiência. Contudo, os valores estão entre 7% – 13%. Algumas tecnologias, de painel TFPV, chegam a apresentar eficiência na ordem dos 16%, praticamente, similares aos painéis policristalinos. A escolha deste material está na ordem dos 20% do mercado mundial de painéis solares fotovoltaicos e em sua maioria produzido a partir de silício cristalino.

Principais Vantagens:

- São, potencialmente, de menor custo em relação os painéis de base cristalina;
- Seu visual mais homogêneo lhe dá um valor estético melhor;
- Pode ser ofertado na forma flexível, o que amplia a forma de aplicações;
- Altas temperaturas e sombreamento de árvores e outras obstruções têm menos impacto sobre o desempenho do painel solar de filme fino.

Principais Desvantagens:

- Painéis do tipo TFPV, em geral, não são indicados em residências, pois sendo mais baratos e com menor eficiência, a instalação exige maior espaço disponível;
- Menos eficiência por m^2 significa que o seu custo com estrutura de instalação, mão de obra e cabeamento tende a aumentar;
- Tendem a ter um período de degradação mais rápido, em relação aos modelos de base cristalinos (mono-Si e p-S5) e por esta razão o período de garantia é menor.

Figura 8.8

Painel Solar Fotovoltaico Película Fina (ou de Filme Fino)

http://www.portalsolar.com.br/

Painel Solar de Silício Amorfo (a-Si)

A geração de energia elétrica é reduzida, considerando esta tecnologia. As células solares tradicionalmente são para aplicações de pequena escala. Um dos exemplos clássico: calculadoras de bolso. No entanto, as inovações possibilitaram seu uso em também grandes projetos.

Por meio de uma técnica de fabricação denominada "empilhamento" (várias camadas de células solares de silício amorfo) que combinadas, resultam em taxas mais elevadas de eficiência, entre 6% - 9%. Apenas 1% do silício utilizado em células solares de silício cristalino é necessário nas células solares de silício amorfo. Por outro lado, o processo por "empilhamento é de alto custo.

Figura 8.9

Painel Solar Fotovoltaico Película Fina (ou de Filme Fino)

http://www.portalsolar.com.br/

Painel Solar de Telureto de Cádmio (CdTe)

É a única tecnologia de painéis solares, do tipo película fina que superou a relação custo/eficiência dos modelos de silício cristalino em uma parcela significativa do mercado mundial na aplicação de painéis solares. A eficiência, com base nesta tecnologia, opera normalmente na faixa de 9% – 11%.

A companhia First Solar instalou mais de 5 gigawatts (GW) de painéis fotovoltaicos de película fina (com base na tecnologia no CdTe) em diversos países. Ela detém o recorde mundial de CdTe, com uma eficiência em torno de 14,4%.

Tipicamente, a aplicação dos "Painéis Solares CdTe" é recomendada para grandes instalações e em sua maioria, nas Usinas de Energia Solar.

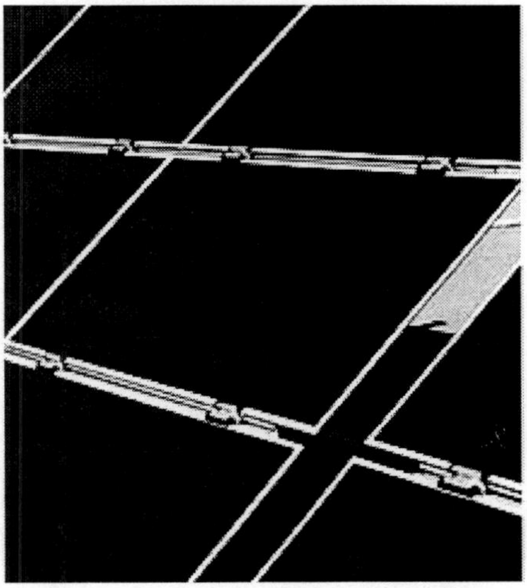

Figura 8.10

Painel Solar Fotovoltaico Película Fina (ou de Filme Fino)

http://www.portalsolar.com.br/

Painel Solar de Seleneto de Cobre, Índio e Gálio (CIS / CIGS)

Em comparação com as outras tecnologias de filme-fino acima, a partir desta tecnologia, demostraram um maior potencial, em relação à eficiência. Estas células solares contêm menos quantidades do Cádmio (material tóxico que é encontrado em células solares de CdTe). A produção comercial de painéis solares CIS/CIGS flexíveis foi iniciado na Alemanha, a partir de 2011.

Os índices de eficiência, normalmente, estão numa faixa de 10% até 12%. Alguns modelos comercializados no Brasil ultrapassam o valor de 13%.

Figura 8.11

Painel Solar Fotovoltaico Película Fina (ou de Filme Fino)

http://www.portalsolar.com.br/

Painel Fotovoltaico Orgânico (OPV)

Esta tecnologia é a partir de uma célula polimérica que utiliza a "eletrônica orgânica". Ela lida com "polímeros orgânicos condutores" ou "pequenas moléculas orgânicas" para absorção de luz e produção de eletricidade, a partir da energia solar pelo efeito fotovoltaico.

A célula solar de polímero orgânico foi idealizada como uma tecnologia fotovoltaica flexível, de baixo custo, feita utilizando processos de impressão, máquinas simples e materiais abundantes. Hoje são poucas as empresas que conseguiram levar a produção de células fotovoltaicas (OPV) para uma escala industrial. No Brasil cito a empresa CSEM Brasil, de Belo Horizonte. Não há valores de eficiência divulgados.

Mais informações sobre esta tecnologia, acesse: http://www.solarvoltenergia.com.br, e conheça o trabalho do CSEM Brasil.

Figura 8.12

Painel Solar Fotovoltaico Película Fina (ou de Filme Fino)

http://www.portalsolar.com.br/

Obviamente, há o surgimento de novas tecnologias a medida em que se necessita reduzir custos, mas mantendo a qualidade. Uma delas, é a denominada por "Heterojunção", cuja eficiência gira em torno dos ~23%. O processo de fabricação é similar ao dos painéis fotovoltaicos monocristalinos, porém, possuem uma passivação com camada de Silício Amorfo (a-Si), dentre outras pequenas diferenças.

Uma das suas vantagens é estas células solares produzem mais energia por metro quadrado e também funciona muito bem com temperaturas mais altas, desta forma, sendo ideal para países com regiões tropicais, como o Brasil.

A Energia Solar é uma tecnologia, comprovadamente, de alto custo de aquisição e instalação, mas com geração de economia bem considerável, em relação aos gastos seja com eletricidade, bem como energia térmica. Por esta razão, sua aplicação cresce constantemente, embora isso não ocorra quando há os períodos onde há crise financeira, sendo este um dos impedimentos para seu avanço. Depois de anos de crescimento exponencial, o mercado europeu teve um crescimento mais modesto em 2014, com cerca de 7GW de energia fotovoltaica instalados. Esta desaceleração do mercado europeu pode em parte ser explicada pela mudança nos incentivos que agora já não são mais tantos.

Os maiores mercados de energia solar se concentram na China, seguida por

Japão e Estados Unidos, hoje são os mercados de energia fotovoltaica que mais crescem, enquanto a Alemanha continua sendo o maior produtor do mundo de energia fotovoltaica, contribuindo com quase 6% da sua demanda de eletricidade.

No Brasil, a geração de energia fotovoltaica há muito tempo é vista como "*uma tecnologia de energia limpa e sustentável e que se baseia na fonte renovável de energia mais abundante e amplamente disponível no planeta – O Sol*", definição por parte dos especialistas. O Brasil tem grande potencial para o avanço desta tecnologia. Por exemplo, enquanto na Europa há uma potência de ~88GW de energia fotovoltaica, no Brasil gira em torno de ~1GW (Solicito que sempre obtenha dados atualizados, estes números são para sua referência, obtidos até ano 2016).

O investimento em sistema de geração por meio da Energia Solar possui determinadas variáveis, tais como, clima na região onde será instalado, potência requerida, modelos e/ou qualidade das células fotovoltaicas, dentre outras. Contudo, é a complexidade do projeto que irá determinar se será de alto ou baixo custo.

Nota: Estes preços são aproximados, com instalação e projeto, assumindo a utilização de componentes de qualidade. Considere a cotação do Dólar: 1 US$ = R$ 3,25 (para referência e/ou futuras atualizações).

Preço da Energia Solar Fotovoltaica Residencial:

- Projeto Residencial para família com máx. 5 pessoas: Gerador de Energia Solar de 2,6 kWp, 10 painéis, até 250 até 365 kWh/mês. Investimento: entre US$ 4.924,60 até US$ 7.384,61.
- Projeto Residencial tamanho para família com máx. 7 pessoas: Gerador de Energia Solar de 3,4 kWp/4kWp, 13 painéis, até 475 kWh/mês. Investimento: entre US$ 6.648,90 até US$ 12.307,70.
- Projeto Residencial para família com mais de 7 pessoas: Gerador de Energia Solar 9,54 kWp/10 kWp, 36 painéis, até 1.340 kWh/mês. Investimento: entre US$ 16.245,30 até US$ 26.153,90.

Acima destas potências, a aplicação tem início a edificações comerciais ou industriais. Os Gerador de Energia Solar variam entre 102,4kWp até 500kWp. O investimento tem sua faixa entre US$ 200.000 / US$ 252.308,00 e US$ 923.076,00 / US$ 1.169.230,07, respectivamente.

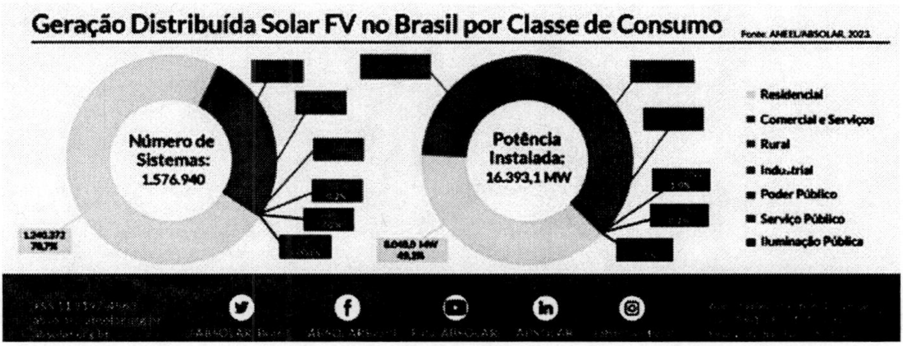

Figura 8.13

Fonte: www.absolar.org.br

Apenas para ilustrar, veja na figura a seguir, uma típica instalação de Sistema Solar Fotovoltaico e seus principais componentes:

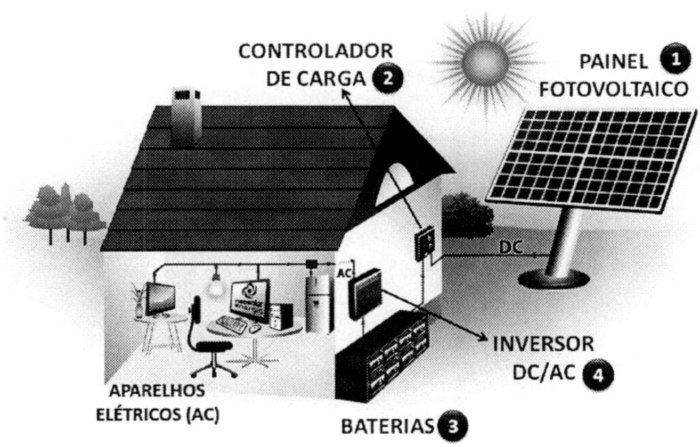

Figura 8.14

Fonte: https://br.pinterest.com

Gostaria de citar um dos componentes elétricos denominado Inversor (item "4", da Figura 8.14). Sua função é a de converter eletricidade produzida pelos painéis solares de corrente contínua (CC ou DC) em corrente alternada (CA) seja para edificação residencial, comercial ou industrial empresa. Outra característica é que alguns modelos fazem a interligação com a rede da concessionária (distribuidora de energia), sincronizando sua frequência (Hz) e tensão de saída (V).

Exemplos de fixação de estrutura de painel solar fotovoltaico:

Figura 8.15

Instalação de Painel Fotovoltaico em lajes de concreto

Fonte: http://www.inovacaotecnologica.com.br/

Figura 8.16

Instalação de Painel Fotovoltaico no solo.

Fonte: http://www.inovacaotecnologica.com.br/

Figura 8.17

Instalação de Painel Fotovoltaico em Estacionamento veicular

Fonte: http://www.inovacaotecnologica.com.br/

8.3.4 Energia Solar Térmica (ou Termossolar)

A energia solar térmica envolve, assim como a Fotovoltaica, aproveitamento de energia solar que é inserido em um meio de transferência de calor, normalmente água ou ar.

Os coletores solares térmicos são classificados da seguinte forma:

- Coletores de baixa temperatura: fornece calor útil a temperaturas ≤ 65 °C;
- Coletores de média temperatura: A instrumentação concentra radiação solar para gerar o calor útil a uma temperatura mais elevada, normalmente entre 100ºC e 300°C.
- Coletores de alta temperatura: Eles estão trabalhando em temperaturas ≥500 °C. Em geral, sua aplicação é para a geração de energia.

Há vários modelos de sistemas para coleta da energia solar e transformá-la em energia térmica, sendo os mais conhecidos:

- O coletor mais usual é onde as placas são instaladas na posição plana, o que permite elevar a temperatura em até 60 °C, a custos de projeto e instalação reduzidos;

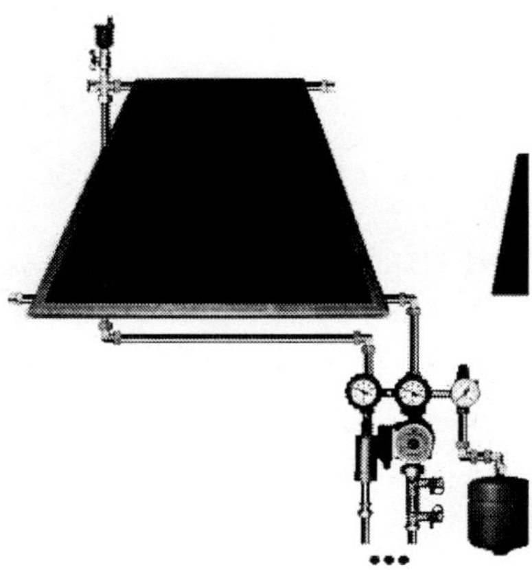

Figura 8.18

Exemplo de Painel Solar Plano

Fonte: http://dicasesquemas.blogspot.com.br

- Os coletores solares sem cobertura são utilizados para aquecimento de piscina, onde a temperatura gira em torno dos 30 °C. São de menor custo do que coletores solares planos.

- Coletores solares de tubos a vácuo consistem em tubos de metal que contêm o fluido aquecido, revestidos por outra tubulação metálica. O espaço entre as superfícies funciona como um isolante térmico. Eles têm um desempenho muito elevado, assim como seus custos de aquisição;

Figura 8.19

Exemplo de Painel Solar de Tubos à Vácuo

Fonte: http://dicasesquemas.blogspot.com.br

- Coletores solares de alta concentração de radiação são utilizados em instalação que requerem altas temperaturas (acima 500ºC). Os painéis são instalados sob forma semiparabólica ou cilíndrica;

- Coletores de baixa temperatura: fornece calor útil a temperaturas ≤ 65 °C;

- Coletores de média temperatura: A instrumentação concentra radiação solar para gerar o calor útil a uma temperatura mais elevada, normalmente entre 100ºC e 300°C.

- Coletores de alta temperatura: Eles estão trabalhando em temperaturas ≥500 °C. Em geral, sua aplicação é para a geração de energia.

Em geral, a energia solar térmica, parte de um sistema de acumulação de energia térmica, isto é, o fluido é armazenado em um tanque para uso posterior. Após, é transportado para o ponto de utilização.

Um dos exemplos de fluido quente armazenado é o aquecimento de água para banho. Já de forma direta, é o caso da água da piscina aquecimento. Em instalações que requerem água quente, mas que não coincide com o momento em que há radiação suficiente para tal, será necessário acumular a energia térmica ao longo dia disponibilizar o fluido quente quando houver demanda. O sistema de coleta solar e armazenamento constituem-se por um ou mais tanques. O dimensionamento de será proporcional ao consumo estimado e deve atender a demanda por água quente a partir de um ou dois dias ou conforme projeto.

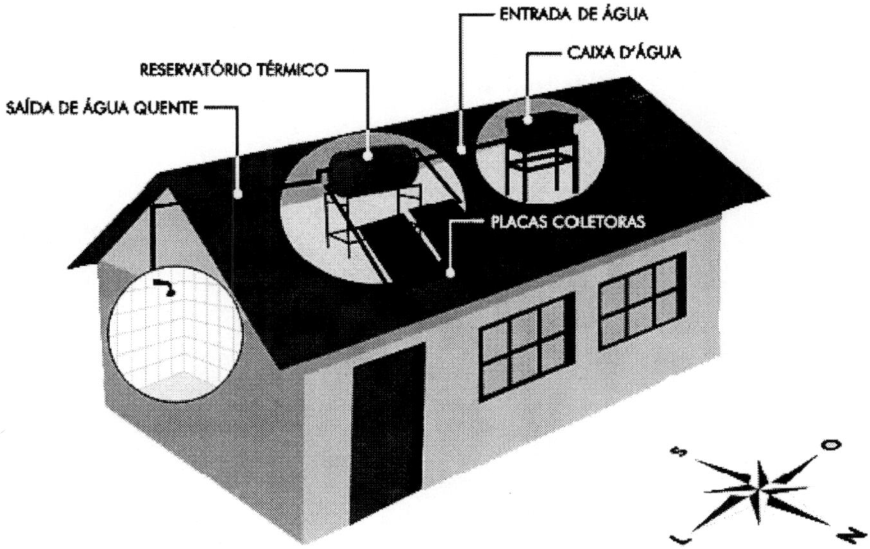

Figura 8.20

Esquema básico de uma Instalação Solar Térmica, contendo sistema de armazenamento térmico (Boiler).

Fonte: Solux Brasil

Para sua orientação, veja na figura a seguir, os principais componentes do sistema solar para aquecimento de água:

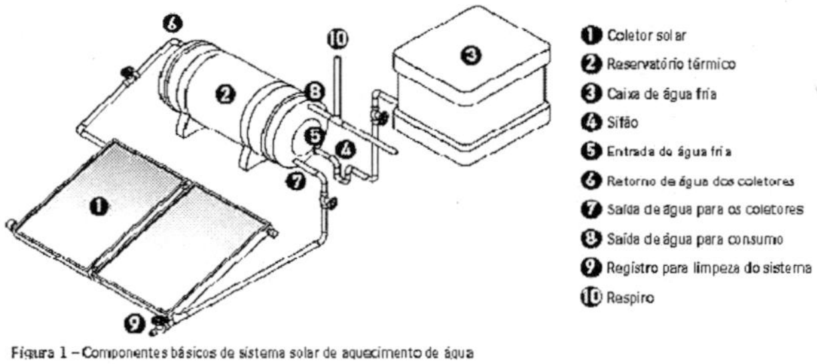

Figura 8.21

Fonte: http://techne.pini.com.br/engenharia-civil

Portanto, neste sistema ainda estão incluídos: tanques de expansão, bombas, filtros, válvulas, etc. Há outros sistemas que podem fazer parte, sendo um suporte ou até backup, tais como: Resistências Elétricas e/ou Caldeiras a Gás.

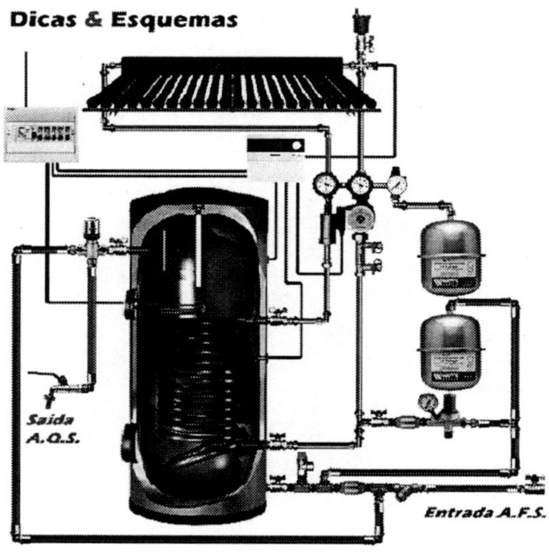

Figura 8.22

Exemplo de esquema de sistema solar térmico de circulação forçada com apoio de uma resistência elétrica.

Fonte: http://dicasesquemas.blogspot.com.br

Nos meses de menor radiação solar, o sistema de energia termossolar não chega a 60% das necessidades de aquecimento, enquanto nos meses de verão, praticamente, 100% deles é atingido. Portanto, sistemas auxiliares contribuem para o sucesso da instalação.

No coletor solar, os raios atravessam o vidro da tampa do coletor e eles irão esquentar as aletas que são feitas de cobre ou alumínio e pintadas com uma tinta especial e escura, importante no processo de absorção máxima da radiação solar.

O calor então cruza as aletas para os tubos (serpentina) que geralmente são fabricadas em cobre. Depois disso, a água que está no interior da serpentina esquenta e vai parar diretamente no reservatório térmico (denominado por Boiler), o qual é o componente do sistema onde, a água aquecida, permanece armazenada. Ele consiste em cilindros de cobre, polipropileno ou inox que são isolados de maneira térmica com poliuretano expandido sem CFC.

O dimensionamento do sistema de aquecimento e utilização da água aquecida, parte da quantidade de usuários, frequência, se há visitantes frequentes, duração e a quantidade de banhos diários e quantos chuveiros serão alimentados, entre outros aspectos.

Como visto na Figura 8.22, torna-se estratégico um sistema auxiliar de aquecimento, pois permite que não falte água quente. Quando o tempo fica chuvoso ou nublado por muitos dias ou a casa recebe muitas visitas e o número de banhos aumenta muito acima do projetado, o sistema de aquecimento auxiliar então entra em operação.

Outra vantagem do sistema de aquecimento solar residencial está no fato de além de proporcionar o acesso a uma energia limpa, considerada ainda gratuita e inesgotável. No Brasil, optar por aquecer água com energia solar é uma ótima ideia pois a radiação solar aqui é muito alta e o desempenho dos aquecedores solares por consequência é excelente.

Em relação à manutenção do sistema de aquecimento solar residencial tem ficado cada vez mais baixa, pois as novas tecnologias estão atuando diretamente no funcionamento do sistema e ele é muito durável. Sua vida útil costuma ultrapassar ~20 anos, segundo informam os fabricantes e fornecedores. Uma das dicas para maximizar o desempenho do sistema de aquecimento de água é em relação à limpeza dos vidros coletores, os quais devem ser lavados duas vezes ao ano e a água de todo o sistema deve ser drenada pelo menos uma vez por ano para que sejam eliminadas as impurezas que ficaram acumuladas na tubulação.

Além dos detalhes técnicos, devemos ainda considerar a legislação vigente no Brasil. As dificuldades para o uso Energia Solar Fotovoltaica, por exemplo, estão relacionadas à compatibilidade dos equipamentos em relação à eletricidade fornecida pelas concessionárias, o que exige projetos seguindo a regulamentação vigente. Os prazos fornecidos pela ANEEL, com objetivo de regularizar a opção pela Energia Solar Fotovoltaica, permite as concessionárias um prazo de até 90 dias para regularizar o sistema, a partir do pedido da unidade geradora/consumidora. Um dos últimos passos é a troca do medidor por um equipamento do tipo bidirecional, para registrar a entrada e saída de energia no local. Já em relação à Solar Térmica, recai a eficiência em dias nublados ou de chuva, o que necessariamente reforça a indicação de sistemas auxiliares (Gás ou Resistências Elétricas) por parte dos fabricantes e fornecedores.

8.3.5 Cenário atual da Energia Solar – Brasil

A matriz energética brasileira conta com mais de 206.212 MW, sendo a energia solar responsável por 11,2% desse total – Fonte ANEEL e ABSOLAR, Janeiro de 2023.

O Crescimento é impulsionado, em boa parte, devido às isenções governamentais, as quais estimulam a instalação de placas fotovoltaicas em residências, instalações comerciais ou industriais e até em terrenos. A Energia Solar Fotovoltaica atingiu cerda de 23,9 gigawatts (GW) de capacidade instalada no Brasil. Ultrapassou a energia eólica (que tem 23,8 GW) e se tornou a segunda maior fonte de geração do Brasil, segundo a ABSOLAR – Associação Brasileira de Energia Solar Fotovoltaica.

Figura 8.23

Evolução da Energia Solar Fotovoltaica no Brasil: ~24GW (24.000 MW), 2022/2023.

Fonte: https://www.portalsolar.com.br/mercado-de-energia-solar-no-brasil.html

O crescimento também vem sendo impulsionado pelo segmento de "geração própria" ou "geração distribuída" (GD) – através de beneficio, o qual é a isenção na taxa de distribuição de energia até o ano de 2045. A instalação de painéis solares tem sido tão forte que, em janeiro de 2022, a energia solar fotovoltaica tinha "apenas" 13 GW de potência instalada no Brasil – o que significa um crescimento de 84% em menos de um ano. Em setembro de 2022 era de 19 GW, a capacidade instalada.

A isenção na taxa de distribuição de energia até 2045 foi definida pelo Marco Legal da Geração Distribuída – Lei 14.300 sancionada no dia 6 de Janeiro de 2022 pelo governo federal ("taxação do sol" é a expressão pelo qual ficou conhecido o projeto que deu origem a essa lei). Ela estabelece regras para a produção própria de energia, tais como a Solar Fotovoltaica. O principal ponto se refere a mudança do "sistema de compensação de crédito de energia". Ou seja, define a forma de como será tratado o excedente de energia que é injetado na rede da distribuidora (pelo sistema solar) e como isso retorna para o cliente em forma de desconto (crédito) na fatura de energia elétrica (comumente chamada de "conta de luz"). Contudo, há ainda outras tratativas a serem discutidas a partir do ano 2023 pelo poder legislativo.

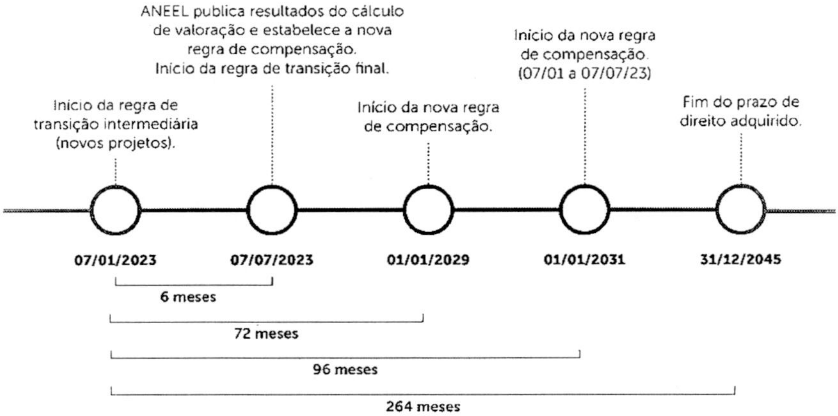

Figura 8.24

Fonte: https://blog.intelbras.com.br/marco-legal-da-geracao-distribuida

Por outro lado, críticos dizem que a medida é um subsídio para os consumidores de maior renda, os quais possuem recursos para instalar placas fotovoltaicas, portanto, não necessitariam da isenção. Porém, vale lembrar que este subsídio é extensivo igualmente a todos os consumidores — inclusive os que são considerados de menor poder aquisitivo. Essa questão adversa é sempre um ponto a ser discutido entre todos envolvidos e estes por sua vez devem encontrar uma solução que elimine as divergências. De qualquer forma, não podemos deixar de citar a importância da Energia Solar no contexto matriz energética do Brasil.

O projeto para instalar um sistema solar em uma residência não custa menos do que aproximadamente R$ 15.000,00 (valor considerado a partir dos custos divulgados por empresas de instalação). Contudo, dependendo do sistema escolhido e local da instalação este valor pode chegar a um valor estimado de R$ 25.000,00 – valores, segundo executivos das companhias consultados pelo InfoMoney em dezembro de 2022. (valores em dólar, considerar a R$ 5,30)

Veja simulações com os preços médios para instalar painéis solares em junho de 2022 (Considerar US$ 1,00 = R$ 5,30):

Potência da placa	**Preço/kWp**	**Preço do sistema (=potência*preço/kWp)**
2kWp	R$ 5,99	R$ 11.980
4 kWp	R$ 4,88	R$ 19.520
8 kWp	R$ 4,35	R$ 34.800
12kWp	R$ 4,16	R$ 49.920

O atual presidente da ABSOLAR, afirmou em nota *"a energia solar ajuda a diversificar a matriz elétrica do país, aumentar a segurança de suprimento, reduzir a pressão sobre os recursos hídricos e proteger a população contra mais aumentos na conta de luz". "Também fortalece a sustentabilidade, a transição energética e a competitividade dos setores produtivos"*, completou. – fonte jornal Estadão.

As estimativas para o aumento de instalações são positivas. É difícil avaliar por aqui, nesta edição deste livro porque em uma pesquisa rápida na web se obtém valores mais precisos. Mas, podemos afirmar que a energia solar fotovoltaica estabelece uma maior economia em relação às distribuidoras convencionais de eletricidade, além de contribuir com aspectos da conservação do meio ambiente.

Outra boa notícia diz respeito à geração de empregos. O Brasil criou cerca de 330 mil novos empregos no setor de energia solar ao longo do ano de 2022, segundo cálculos realizados pelo Canal Solar com base em relatórios divulgados pela ABSOLAR. A qualificação para contratar técnicos de instalação é sentida neste mercado. Portanto, é uma boa oportunidade buscar qualificação neste seguimento profissional.

A Energia Solar no Brasil está localizada, principalmente, nos estados de Minas Gerais, Bahia, Ceará, Rio Grande do Sul, São Paulo, Rio de Janeiro e Santa Catarina. Paraná, Mato Grosso, Pernambuco e Goiás também compõem a lista, porém têm geração de energia menor do que os outros citados.

8.3.6 Vantagens na Utilização da Energia Solar

A principal vantagem, segundo os especialistas, é de auxiliar na economia no consumo de eletricidade – há sistemas onde a Energia Solar é parcial, isto é, a instalação utiliza a eletricidade fornecida pela concessionária. Na sequência, a vantagem se traduz em reduzir as sobrecargas das redes elétricas e na redução dos impactos ambientais. Outro benefício, não menos importante, é o aproveitamento (por meio da energia térmica) para o aquecimento da água, principalmente, nas residências.

Em certas localidades, principalmente aquelas afastadas das capitais, há as denominadas Micro Geradoras de Eletricidade. São usinas fotovoltaicas capazes de gerar eletricidade para uma fazenda, por exemplo, ou para uma pequena comunidade. Não podemos deixar de citar as Usinas Geradoras que distribuem para um maior número de consumidores.

Outro detalhe importante neste cenário ocorre por conta da redução dos valores de aquisição dos materiais, mais precisamente, dos equipamentos para instalar um sistema solar. Fator este que impulsiona tanto no seguimento distribuído, quanto centralizado. Segundo dados do Jornal Estadão, *"o preço médio dos leilões realizados no mercado regulado aqui do Brasil reduziu aproximadamente 25% entre os anos de 2013 e 2021. Segundo o mesmo veículo, a energia solar está dentro dos leilões de energia como a fonte mais competitiva desde o ano de 2019."* A combinação entre valores da tecnologia mais acessíveis e a crescente irradiação solar no Brasil, faz com que empresas e consumidores optem por essa alternativa para geração de eletricidade.

A manutenção dos painéis é importante para o bom funcionamento do sistema. Há os dejetos de animais que sobrevoam o local, poeira e sujidade afetam a eficiência. Por isso, é essencial que, ao menos uma vez por ano, seja feita uma manutenção de limpeza nos painéis. A boa notícia é que estes custos também tiveram redução. Lembrando que as chuvas exercem uma limpeza branda que auxilia, mas é importante ficar atento ao acúmulo exagerado. Esse cuidado auxilia no aumento da vida útil do sistema, o qual está por volta dos 25 anos (de acordo com fabricantes e especialistas deste seguimento).

A inflação energética é, de longe, o maior impulsor da energia solar no Brasil no segmento de geração distribuída. Entre os causadores dos aumentos consecutivos nas faturas de energia elétrica, estão os empréstimos e subsídios feitos ao setor elétrico, os quais foram repassados aos consumidores, principalmente no período de pandemia, gerada pelo Coronavírus (COVID-19) em 2020 – o empréstimo denominado "Conta-Covid" foi pago pelos consumidores de maneira indireta. Este empréstimo, acima dos 15 bilhões de reais, foi feito pelas Distribuidoras para que fosse realizado o pagamento da energia das Companhias Geradoras, quando o consumo foi reduzido drasticamente por conta da pandemia.

Esse tipo de cenário acelera a busca por fontes alternativas para a matriz elétrica do país, incluindo aqui a energia solar, o que deve impulsionar ainda mais o mercado de geração centralizada. Por essas razões sistêmicas, a tendência de encarecimento na "conta de luz" é constante no Brasil, tornando os geradores solares uma alternativa cada vez mais econômica para os consumidores.

Finalmente, existem as linhas de financiamento específicas para este mercado, as quais são cada vez mais procuradas pelos consumidores brasileiros, o que fomenta o mercado de energia solar. O governo tem dado certos incentivos fiscais para quem gera a própria energia solar. Alguns incentivos são oferecidos em âmbito nacional ou estadual. Em princípio, quase todos os estados isentam a cobrança do Imposto sobre Circulação de Mercadorias e Serviços (ICMS). Já o PIS/Cofins tem as alíquotas reduzidas a zero para as unidades consumidoras que produzem a energia solar. Isso foi decidido por meio da Lei de Isenção n.° 13.169.

8.3.7 Criação do Mercado de Energia Solar no Brasil

O mercado teve início formal a partir da Resolução Normativa nº 482, no ano de 2012, embora certos consumidores já utilizassem a tecnologia. Essa resolução apresenta os procedimentos para "geração distribuída". Sendo assim, foi como um marco legal para Energia Solar, pois tornou viável para os brasileiros conectarem o sistema solar à rede de distribuição convencional e assim, gerar crédito a partir do excedente de energia. Esses créditos são compensados e reduzem o valor das tarifas de energia elétrica em até 95%.

Já o segmento de "geração centralizada" começou a funcionar no país no ano de 2014, com o primeiro leilão que incluiu usinas de energia solar. Dado o tempo devido para a construção das usinas, a geração centralizada teve o início de sua operação a partir do ano 2017.

Para o entendimento dos termos acima citados, o termo na **"geração solar distribuída"** se aplica quando os painéis fotovoltaicos são instalados na própria unidade consumidora ou em pontos bem próximos. Enquanto a **"geração solar centralizada"** é aplicada às grandes usinas que produzem a energia elétrica, a qual é distribuída aos centros urbanos por redes de transmissão e entregue aos consumidores. É similar aos sistemas de fornecimento das usinas hidrelétricas.

A Resolução Normativa 687 de 2015 criou três novas modalidades de geração distribuída:

1. **Geração Compartilhada** – quando mais de um consumidor, dentro de uma mesma área de concessão, utiliza a energia solar por meio de um consórcio ou cooperativa.

2. **Geração feita por Múltiplas Unidades Consumidoras** – é aquela em que a energia elétrica é utilizada de maneira individualizada pelas unidades consumidoras, mas administrada pelo condomínio, proprietários do empreendimento ou até mesmo pela administração do local.

3. **Autoconsumo Remoto** – é quando a unidade consumidora que gera a energia solar, está instalada em um local diferente da unidade que vai consumir a energia, desde que estejam em uma mesma área de distribuição.

Com a definição desses modais de fornecimento, houve um crescimento do público da "geração distribuída", o que ajudou a acelerar o crescimento do mercado de energia solar no Brasil. *"Estima-se que até 2030 a energia elétrica distribuída de energia solar pode chegar a ~3 milhões de usuários no Brasil"* (ABSOLAR).

Considerando valor do Dólar a US$ 5,27 – seguem valores dos investimentos, mais usuais atualmente. Considera dimensão do imóvel, quantidade de moradores e capacidade necessária do sistema e valor estimado do investimento:

- Residência, 2 moradores: sistema de 2,23 Kwp, valor estimado de ~R$ 15.862,36;

- Residência com 3 até 4 moradores: sistema de 2,67 Kwp até 4,01Kwp, com valor estimado de ~R$ 17.543,92 até 23.847,78, respectivamente;

- Residência com 4 até 5 moradores: sistema de 4,9 Kwp até 7,12 Kwp e valor estimado de R$ 27.836,92 até R$ 36.523,62, respectivamente;

- Grandes residenciais, com mais de 5 moradores: sistemas de até 12,02 Kwp, valor estimado de ~R$ 54.607,05.

Conclusão

Os usuários mais atentos irão seguir essa tendência. O investimento inicial ainda pode ser considerado alto, mas aqueles que acompanham esse mercado acreditam que o investimento na energia solar é uma grande oportunidade. Os ganhos, a médio e/ou de longo prazo, são consideráveis. As oscilações dos valores das tarifas de energia elétrica irão continuar. Sendo um custo fixo e se pudermos reduzi-lo, se torna importante no contexto tanto residencial, comercial e industrial.

Segundo os especialistas, *"o crescimento do mercado de energia solar, mesmo que acelerado, ainda não está nem perto de chegar ao potencial que o mercado de energia possui aqui no Brasil. O total de telhados solares instalados ainda é menos do que 2% das unidades consumidoras, o que abre uma margem muito grande para que o mercado cresça cada vez mais"*.

O Brasil por sua localização geográfica e fatores climáticos, é um país com altos índices de irradiação solar. Portanto, dispomos de uma situação bem favorável à implementação dos sistemas fotovoltaicos. Basta definir as regiões que possibilitam mais eficiência na captação dos raios solares. É indiscutível o aproveitamento deste recurso, por isso, o crescimento desta tecnologia. A legislação veio para contribuir para este cenário. Podemos perceber grande crescimento das empresas deste setor, bem como a criação de novos negócios, por exemplo, os cursos técnicos de qualificação.

Outro fator que contribui para o crescimento e consolidação da Energia Fotovoltaica no Brasil são as linhas de financiamento, com prazos de pagamento prolongados e juros mais baixos, além da diminuição do custo para aquisição de painéis solares.

Para os que buscam o trabalho e menor concorrência (por enquanto) é uma grande oportunidade. Mercado diferenciado, pois quando há escassez de mão de obra qualificada, maior é o salário (ganhos e benefícios).

Mais Informações, o leitor pode obter em:

Fonte: https://www.portalsolar.com.br/energia-solar-no-brasil.html

8.4 A Energia Nuclear

8.4.1 Introdução

As mais de 400 usinas nucleares existentes são responsáveis por cerda de 16% da eletricidade consumida em nosso planeta. Nos Estados Unidos passam de 100 unidades, onde a energia nuclear fornece 23% da eletricidade gerada. Na França, chega a 75% com 59 usinas operando a pleno vapor. Em alguns países, a dependência é maior que outras fontes. No Brasil, menos de 3% da energia gerada tem origem nas usinas nucleares de Angra dos Reis. Estes índices são de Agosto de 2008 e foram divulgados pela Agência Internacional de Energia Atômica.

Consiste basicamente no uso controlado das reações nucleares para obter energia, tendo como objetivo realizar movimento, calor e geração de eletricidade. Alguns isótopos, de certos elementos, apresentam a capacidade (mediante reações nucleares) de emitir energia durante o processo. Este processo tem base no princípio demonstrado por **Albert Einstein**, em que nas reações nucleares ocorrem, mediante uma transformação da massa(m) em energia (E). A reação nuclear é a modificação da composição do núcleo atômico de um elemento, podendo transformar-se em um ou mais elementos. Esse processo ocorre espontaneamente ou através de reação induzida obtida a partir das técnicas de bombardeamento de nêutrons.

Os processos para que energia nuclear seja convertida em calor são:

1. Fissão Nuclear, onde o núcleo atômico se subdivide em duas ou mais partículas.

2. Fusão Nuclear, na qual ao menos dois núcleos atômicos se unem para produzir um novo núcleo. As quantidades de energia superam em muitas as que se pode obter mediante processos químicos, que só utilizam as regiões externas do átomo.

A Fissão Nuclear do Urânio é a principal aplicação civil, sendo utilizada em centenas de centrais nucleares em todo o mundo, principalmente em países como a França, Japão, Estados Unidos, Alemanha, Brasil, Suécia, Espanha, China, Rússia, Coreia do Norte, Paquistão e Índia. A principais vantagens da obtenção por fissão, ocorre pelo fato de não ser necessário utilizar combustíveis fósseis, evitando lançar gases tóxicos na atmosfera, e não contribuir para o aumento do "efeito estufa".

8.4.2 A Fissão Nuclear

O Urânio

Em razão da grande quantidade existente na natureza e por razões comerciais, torna-se a melhor opção para geração de energia elétrica.

O U-238 (Urânio 238) compõe 99% do urânio no planeta, já o U-235 (Urânio 235) compõe 0,7% do urânio remanescente, encontrado naturalmente.

O U-238 passa por muitos estágios (decaimentos por radiações Alfa e Beta), para formar um isótopo estável de chumbo. O U-234 é um elo nessa corrente, sendo este mais raro.

Também o U-235 decai naturalmente por radiação alfa e igualmente sofre fissão espontânea por um pequeno percentual do tempo. Esta propriedade o torna útil na produção de energia nuclear tanto para uso civil, quanto para a área militar e no caso, a produção de uma bomba nuclear. Contudo, o Urânio 235 é um dos poucos materiais que podem sofrer fissão induzida.

A Fissão Nuclear

Ocorre quando um núcleo de U-235, com apenas um nêutron, se aproxima do topo. Assim que o núcleo captura o nêutron, ele se divide em dois átomos mais leves e arremessa dois ou três nêutrons novos (o número de nêutrons ejetados depende de como o átomo de Urânio 235 se divide). Os dois novos átomos, então, emitem a Radiação Gama, conforme se ajustam em seus novos estados.

Há três detalhes nesse processo de fissão induzida que o tornam especialmente interessante:

1. A probabilidade de um átomo de U-235 capturar um nêutron de passagem é muito alta. Em um reator, funcionando adequadamente (conhecido como estado crítico), pode ocorrer que um nêutron ejetado de cada fissão ocasione outra fissão.

2. O processo de captura do nêutron e divisão acontecem muito rapidamente em $\sim 1\text{x}10^{-12}$ segundos.

3. Uma grande quantidade de energia é liberada, na forma de Calor e Radiação Gama, quando um único átomo se divide. Os dois átomos que resultam

da fissão, posteriormente liberam Radiações Beta e Gama de si mesmas. A energia liberada por uma única fissão resulta do fato de os produtos da fissão e os nêutrons, juntos, pesarem menos que o átomo original de U-235. A diferença no peso é convertida diretamente em energia na taxa regulada pela equação: $E = mc^2$.

Algo na ordem de 200 **MeV** (milhões de elétron-volts) são liberados pelo decaimento de um átomo de U-235. Isso pode não parecer muito, mas há muitos átomos de Urânio em ½ **kg** (meio quilo) de Urânio. Essa quantidade, altamente enriquecida, pode ser utilizada para fornecer energia a um submarino ou porta-aviões, ambos nucleares. É equivalente a 3,8 milhões de litros de gasolina.

Ainda considerando que ½ **kg** de Urânio ocupe menos espaço que uma bola de beisebol e que 3,8 milhões de litros de gasolina encheriam um cubo de 15 m de cada lado (15 m é a altura de um edifício de 5 andares), você pode ter uma idéia da quantidade de energia disponível em um pequeno volume de U-235.

Para que essas propriedades funcionem, uma amostra de urânio deve ser enriquecida de modo que contenha de 2% a 3% ou mais de U-235. Este enriquecimento é suficiente para sua aplicação em um reator nuclear civil gerar energia elétrica. O urânio destinado ao uso militar é composto de 90% ou mais de U-235.

Outro elemento que pode ser utlizado no processo de fissão é o Plutônio. Sua produção propiciou o surgimento de grandes quantidades de resíduos radioativos de longa vida. Eles são descartados sob fortes medidas de segurança, de forma a evitar a contaminação radioativa do meio ambiente. Por esta razão, os movimentos ecológicos têm pressionado as entidades governamentais para que parem a erradicação das usinas termonucleares.

8.4.3 A Fusão Nuclear

O emprego civil da energia obtida pelo processo de fusão está em fase experimental, existindo incertezas quanto a sua viabilidade técnica e econômica.

O processo consiste em aquecer núcleos de Deutério até a obtenção do "estado plasmático". Neste estado, os átomos de Hidrogênio se desagregam, permitindo que ao se chocarem, ocorra entre eles uma fusão, na qual são produzidos átomos de Hélio. A diferença energética entre dois núcleos de Deutério e um de Hélio é a emissão, na forma de energia, mantendo o estado plasmático, e desta maneira, permitindo uma geração de grande quantidade de energia útil.

A principal dificuldade técnica consiste em confinar uma massa do material no estado plasmático, já que não existem reservatórios capazes de suportar a elevada temperatura. Um dos meios possíveis seria a utilização de um "confinamento magnético".

Cientistas do projeto **ITER (Reator Termonuclear Experimental Internacional)**, do qual participam o Japão e a União Européia, pretendem construir uma central experimental de fusão para comprovar a viabilidade econômica do processo como meio de obtenção de energia.

Tório

As novas gerações de centrais nucleares utilizam o Tório como fonte de combustível, adicional, para a produção de energia. Outra aplicação é para decompor os resíduos nucleares em um novo ciclo denominado Fissão Assistida. Os defensores do uso de energia nuclear para geração de eletricidade acreditam que estes dois processos são alternativas viáveis para suprir a crescente demanda mundial por energia ante a futura escassez dos combustíveis fósseis,

Actínio

O Actínio é um metal prateado, altamente radioativo. A radioatividade é 150 vezes maior do que do Urânio. É utilizado em sistemas termoelétricos específicos.

A Fusão Nuclear

Em resumo, o funcionamento de uma usina nuclear é similar ao de uma usina térmica. A diferença está no fato de que em vez do calor gerado pela queima de um combustível fóssil (carvão, o óleo ou gás), nas usinas nucleares o calor é gerado pelas transformações dos átomos de urânio nas cápsulas de combustível.

O calor gerado no núcleo do reator aquece a água do circuito primário que por sua vez circula pelos tubos de um equipamento chamado gerador de vapor.

A água de outro circuito, em contato com os tubos do gerador de vapor, se vaporiza a alta pressão, fazendo girar um conjunto de turbinas próximas ao seu gerador elétrico, sendo este o equipamento produtor da energia que é entregue ao sistema para ser distribuída.

O Urânio, geralmente, é formado em "péletes" (cuja forma se assemelha a de uma pílula, tendo aproximadamente o mesmo diâmetro de uma moeda de 10 centavos e mais ou menos 2,5 cm de espessura) estão dispostos em longas hastes agrupadas em feixes, normalmente submerso em água dentro de um recipiente de pressão. A água atua como refrigerante. Para que o reator funcione, o feixe, submerso em água deve ser "supercrítico". Isso significa que se deixado sozinho, o Urânio eventualmente superaqueceria e derreteria. Para evitar isso, as hastes de controle (feitas de material que absorve nêutrons) são inseridas no feixe usando um mecanismo que pode elevar ou abaixar as hastes de controle.

Ao elevar ou abaixar as hastes de controle é permitido que os operadores controlem o índice de reação nuclear. Quando é requerido que o núcleo de Urânio produza mais calor, as hastes são elevadas. Para obter o efeito contrário, elas são abaixadas.

Estas hastes podem ser abaixadas completamente no interior do feixe de Urânio quando se quer desligar o reator, por exemplo, no caso de acidente ou para trocar o combustível.

O feixe de Urânio atua como uma fonte de calor de altíssima energia. Ele aquece a água que se transforma em vapor, acionando uma turbina, a qual faz girar um gerador para produzir eletricidade. Em alguns reatores, o vapor atravessa um trocador de calor secundário e intermediário para converter a água de outro circuito em vapor, que aciona a turbina. A vantagem desse sistema é que o conjunto água & vapor radioativo nunca entra em contato com a turbina.

Em alguns reatores, o fluido de resfriamento em contato com o núcleo do reator é um gás (dióxido de carbono) ou metal líquido (sódio, potássio). Esses tipos de reatores permitem que o núcleo seja operado a temperaturas mais altas.

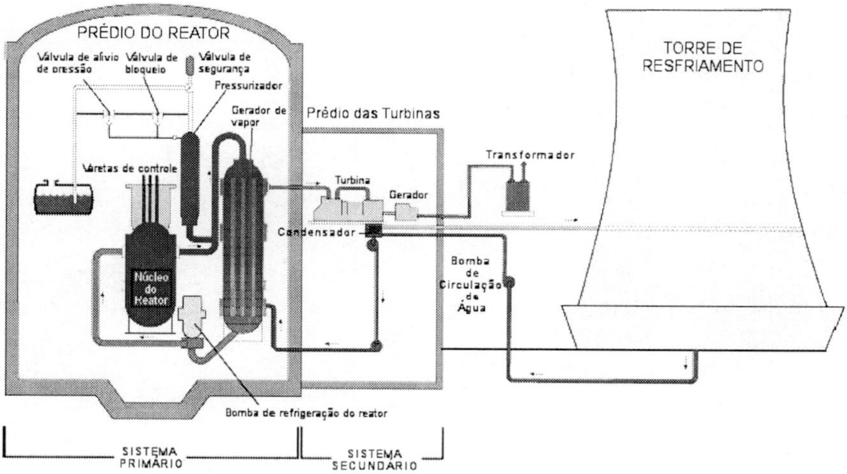

Figura 8.25

Representação de uma Usina Nuclear

Fonte: US NRC.gov (Adaptado por http://www.infoescola.com/fisica/principios-da-usina-nuclear/)

Os reatores nucleares podem ser classificados segundo diversos critérios, tais como:

- Em relação ao espectro predominante de energia cinética dos nêutrons que provocam as fissões: Reatores Térmicos ou Reatores Rápidos;
- Em relação ao meio utilizado como arrefecedor: refrigerados a água leve, água pesada, a gás ou metais líquidos;
- Em relação ao propósito ou função do reator. Neste caso, a Comissão de Energia Atômica dos Estados Unidos classifica os reatores em três categorias:

    1. Reatores para Pesquisa & Desenvolvimento;
    2. Reatores de Produção;
    3. Reatores de Potência.

Em geral, o Reator Nuclear denominado como sendo um dispositivo que

controla a **reação de Fissão Nuclear**. Essa reação ocorre de forma descontrolada, por exemplo, na ocorrência de explosão de uma bomba atômica. Mas, numa Usina eles possuem mecanismos que possibilitam uma reação controlada e reaproveitada para gerar energia elétrica. Isso ocorre uma vez que o reator é montado de uma forma que intercala **barras do combustível físsil** – que podem ser: Urânio enriquecido (Urânio-235), o Plutônio-239 ou ainda com **barras de moderador de nêutrons**, as quais podem ser compostas de Barras de Carbono na forma de grafite, de cádmio, ou água pesada (D_2O) a qual é utilizada nos reatores mais modernos. A Água Pesada ou Água Deuterada é diferente da água normal porque, em sua constituição, no lugar de átomos de Hidrogênio comuns, ela possui átomos do Deutério (é um isótopo mais pesado que o Hidrogênio). Partes dos nêutrons, liberados na fissão nuclear, colidem com os núcleos dos moderadores, que absorvem os nêutrons sem sofrer fissão. O resultado é uma reação de fissão nuclear em cadeia e controlada, pois somente um dos nêutrons liberados, em cada fissão, pode reagir novamente.

A energia gerada, em forma de calor, faz com que a temperatura da água se eleve no interior do reator, a ponto de ser transformada em vapor. Esse vapor aciona uma turbina, que gera eletricidade. Depois de deixar a turbina, o vapor passa por um trocador de calor, que funciona como um condensador, onde o vapor é resfriado por uma fonte externa natural localizada próxima à usina (normalmente trata-se da água de um rio, lago ou mar) e volta na forma líquida ao circuito principal, iniciando novamente todo o processo. É por isso que as usinas nucleares costumam estar em regiões próximas ao mar, como é o caso da Central Nuclear de Angra dos Reis.

8.4.4 Aspectos Funcionais

A utilização da energia nuclear vem crescendo nos últimos tempos. É uma das alternativas menos poluentes e produz muita energia, sem necessitar de grande área para sua instalação. As usinas podem ser construídas perto dos centros consumidores, reduzindo o custo de distribuição de eletricidade. Servem na utilização de bombas nucleares. Pode substituir outras fontes de energia e também substituir alguns combustíveis.

Países europeus são os que mais utilizam energia nuclear. Levando-se em consideração a produção total de energia elétrica no mundo, a participação da energia nuclear saltou de 0,1% para 17% em 30 anos, possibilitando aproximar-se da porcentagem produzida pelas hidrelétricas. De acordo com a **Agência Internacional de Energia Atômica (AIEA)**, já no final de 1998, havia 434 usinas nucleares em 32 países e 36 unidades sendo construídas em 15 países.

A decisão de construir usinas depende, em grande parte, dos custos de produção da energia nuclear, sendo onerosos muito em função dos sistemas de segurança e descarte dos resíduos.

Concordando ou não, a energia nuclear é considerada uma excelente alternativa para atender a demanda energética no mundo moderno, principalmente se consideramos que podemos ter dificuldades relacionadas a espaço territorial e escassez de fontes não renováveis.

Uma usina nuclear possui vários sistemas de segurança, o quais são acionados, automaticamente, sempre que houver casos de emergência. O principal deles é o sistema que neutraliza a fissão nuclear dentro do reator. São centenas de barras, feitas de materiais não fissionáveis (isto é, mesmo absorvendo nêutrons livres, não se dividem), como boro e cádmio, que são injetados no meio reacionário. O reator fica envolvido por uma cápsula de 30 mm de espessura, feita de aço. O edifício é protegido com paredes de 700 mm, feitas de concreto e estrutura de ferro e aço, e podem aguentar ataques terroristas (mísseis, aviões). Órgãos internacionais fazem vistorias, a frequências definidas, em busca de irregularidades ou falhas de ordem operacional, manutenção e/ou estrutural.

As vantagens da energia nuclear passam pelo fato de que ela independe de condições ambientais/climáticas (não depende do sol ou da vazão de um rio, no caso das hidroelétricas). Em relação às hidrelétricas, por exemplo, não são requeridas extensas áreas.

Por outro lado, exige altos investimentos construtivos e custos operacionais, em razão da tecnologia e segurança empregadas. Mesmo com todos os sistemas de segurança, há sempre o risco de problemas de vazamentos ou explosão o que liberaria radioatividade na atmosfera e nas terras próximas, num raio de quilômetros. Não existem soluções eficientes para tratamento do lixo radioativo, que atualmente é depositado em desertos, fundo de oceanos ou dentro de montanhas.

O "lixo radioativo", produzido nas usinas nucleares, são os produtos da fissão nuclear que ocorre no reator. Após anos de uso de uma certa quantidade de Urânio, se transforma em outros produtos químicos, como o Césio, Bário etc., os quis não têm utilidade no processo da usina. Ferramentas, roupas, sapatilhas, luvas e tudo o que esteve em contato direto com esses produtos, também são classificados como lixo radioativo.

Nos EUA, os resíduos radiativos são colocados em tambores e lacrados. Posteriormente são enterrados, em altas profundidades, em regiões dos desertos americanos. Os custos para armazenar os tambores são tão elevados, quanto a manutenção da instalação. Os reatores desativados também são incluídos nessa classificação. Nenhum reator nuclear usado foi aberto no mundo todo. Geralmente são cobertos de concreto e levados para outro lugar. Por esta razão, os ambientalistas são contrários ao uso desta energia, para geração de eletricidade.

8.4.5 A Energia Nuclear no Brasil

A procura da tecnologia nuclear no Brasil começou na década de 1950, sob a iniciativa do **Almirante Álvaro Alberto**. Entre outros feitos, criou, em 1951, o **Conselho Nacional de Pesquisa**. No ano de 1953, importou duas Ultracentrifugadoras da Alemanha para o enriquecimento do Urânio.

A decisão da implementação de uma usina nuclear no Brasil aconteceu em 1969. Há indícios de que o objetivo não seria uma opção para substituir a energia gerada pelas hidrelétricas e nem tão pouco o de obter o domínio de uma nova tecnologia. O Brasil estava sob regime de governo militar, e o acesso a este conhecimento tecnológico permitiria desenvolver não só submarinos nucleares, mas também armas atômicas.

Em 1974, as obras de construção civil da **Usina Nuclear Angra "1"** estavam em pleno andamento quando o Governo Federal decidiu ampliar o projeto, autorizando a empresa **Furnas** iniciar a construção da segunda usina.

Mais tarde, em 1975, com a justificativa de que o Brasil já mostrava falta de energia elétrica para meados dos anos 1990 e início do século XXI, e uma vez que o potencial hidrelétrico já se apresentava quase que totalmente instalado, foi assinado na Alemanha, na cidade de Bonn o **Acordo de Cooperação Nuclear**, pelo qual o Brasil compraria oito usinas nucleares e possuiria toda a tecnologia necessária ao seu desenvolvimento nesse setor. Assim, o Brasil dava um passo definitivo para o ingresso no "clube de potências atômicas" e estava assim decidido o futuro energético do Brasil, dando início à Era Nuclear Brasileira.

Desde a inauguração oficial de **Usina Nuclear de Angra "2"**, a utilização da energia nuclear no Brasil voltou a ser tema frequente na imprensa. Além da antiga polêmica em torno do custo de construção da usina (mais de R$ 10 bilhões, sendo quase R$ 7 bilhões de juros), cientistas indicam uma grande necessidade de investimentos em pesquisa e formação especializada nessa área.

A preocupação mundial em buscar fontes alternativas às convencionais (carvão, petróleo e hidrelétricas) baseia-se no caráter não renovável dos combustíveis fósseis, na tentativa de diminuição da emissão de gás carbônico (CO2), no aumento da demanda por energia e na escassez, em alguns países, de recursos fósseis e hídricos.

Entre as alternativas para geração de energia em larga escala, a opção nuclear é a de maior custo em razão, como já citado, investimentos na segurança do armazenamento de resíduos radioativos e também no processo denominado "descomissionamento" (desmontagem definitiva e descontaminação das instalações) de usinas que atingiram o final da vida útil.

Para efeito comparativo, saiba que a energia gerada por Angra "2" possui custo de ~US$ 19,50 por MW/h, em contraposição aos ~US$ 15,20 por MW/h da energia fornecidos por uma hidrelétrica.

Ainda sobre o complexo nuclear Angra '2" se deve ao fato de a empresa Siemens, fabricante da maior parte dos equipamentos desta unidade, ter atualizado a tecnologia a partir dos avanços técnicos realizados nesta área na Alemanha. Desde o ano de 1976 a empresa forneceu o equivalente US$ 1,27 bilhões em equipamentos e serviços.

Segundo a **Eletronuclear**[3], o objetivo desta fonte alternativa não é o de concorrer com as hidrelétricas e sim o de complementar e diversificar este sistema. Um dos fatos que atestam a necessidade de investimentos em fontes alternativas de energia é a baixa capacidade de expansão da produção hidrelétrica no sudeste, região de maior consumo do país. O complexo nuclear em Angra dos Reis pode estabilizar o fornecimento para a região e diminuir riscos de *blackouts*.

No caso dos recursos hídricos, onde especialistas comentam que o aproveitamento poderia ser melhor, a maior parte deles concentra-se na região Norte (Amazônia, 70%) e Centro Oeste (15%). A exploração deste potencial apresenta inúmeros inconvenientes, como o alto custo de transmissão da energia e o prejuízo ambiental. Inclui-se o impacto sofrido pela população residente e pelo ambiente nas regiões inundadas. Todas estas razões somam-se aos recentes estudos sobre os problemas, às vezes inesperados, ocasionados pelas hidrelétricas.

O programa nuclear brasileiro abrange um amplo uso da energia nuclear com milhares de instalações em funcionamento que exploram de alguma maneira a energia nuclear. Elas utilizam material ou fontes radioativas como combustível para setores da produção industrial, no campo da saúde e pesquisa, principalmente na área química. Ainda assim, a energia produzida por meio de combustível nuclear é ainda comparada, por exemplo, à energia hidrelétrica.

O Brasil continua a ser um grande consumidor de energia elétrica, ficando atrás da Alemanha, Suíça e Estados Unidos. Contudo, ainda existe uma grande parte da sua população com acesso precário e alguns casos, sem acesso à eletricidade. Desse modo, a questão da utilização da energia nuclear como opção para aumentar a disponibilidade da energia elétrica à população se impõe, mesmo ante considerações de que apenas cerca de 25% do potencial hidrelétrico do território nacional é aproveitado. Nosso País possui a sexta maior reserva mundial de urânio, além de dois terços do território nacional permanecerem inexplorados em relação ao mesmo.

Ainda em operação, as Usinas "Angra 1" e "Angra 2" estão instaladas no município de Angra dos Reis, no Estado do Rio de Janeiro, com potencial total de geração de 2 mil megawatts. Juntas, estas unidades correspondem à ~3% da energia elétrica consumida no Brasil e a 1/3um consumo total de eletricidade do Rio de Janeiro.

Em 2016, esta central nuclear gerou quase 16 milhões de megawatts-hora (MWh) – a melhor marca da história da Eletronuclear em ano com parada de reabastecimento de combustível. Para sua referência, essa produção é capaz de atender 7 milhões de habitantes durante um ano inteiro, o que é suficiente para abastecer, pelo mesmo período, o Estado de Goiás ou Santa Catarina.

Informações mais atuais, sobre as Unidades da Central Nuclear de Angra:

Angra "1"

É a primeira usina nuclear brasileira e entrou em operação comercial no ano de 1985. Sua capacidade instalada é de 640 megawatts – para que o leitor tenha uma dimensão desta potência, ela é suficiente para suprir cidades, tais como, São Luís (~1.109.000 habitantes) ou Porto Alegre (~1.409.000 habitantes). Opera com um reator de água pressurizada (PWR – Power Water Reactor) que controla o processo de fissão nuclear (é um modelo diferente, por exemplo, da Usina de Chernobyl – portanto é mais segura e o modelo é mais utilizado no mundo). Essa unidade foi adquirida da empresa americana Westinghouse Electric Corporation. Desde então, a experiência acumulada pela Eletrobras Eletronuclear desde sua entrada em operação comercial, obteve indicadores de eficiência que superam os de muitas usinas similares, permitindo que a empresa tenha, hoje, a capacidade de realizar um programa contínuo de melhoria tecnológica e incorporar os mais recentes avanços da indústria nuclear. Um exemplo disso foi uma troca dos geradores de vapor – dois dos principais equipamentos da usina – realizada em 2009. Com a substituição, a vida útil poderá ser estendida, permitindo que a usina esteja apta a gerar energia para o Brasil por décadas.

Nos primeiros anos de sua operação enfrentou problemas com certos equipamentos, mas que foram solucionados no início dos anos 1990. Isso permitiu operar com padrões de desempenho a nível internacional. A seguir, principais ações:

- Cerca de 48 mil tubos (dos condensadores) foram substituídos por outros, de material em Titânio;
- Transformadores de potência e inversores estáticos foram substituídos;
- Recentemente, foram substituídos dois Grupos Geradores a Diesel;
- Modernização dos sistemas: de tratamento de rejeitos líquidos - filtragem e polimerização de resinas;
- Foram modernizados sistemas: detecção e alarme de incêndio no grupo turbogerador; de tratamento de efluentes líquidos convencionais; de monitoração de radiação e auxiliares da turbina, entre outros.

Houve outras ações, por exemplo, implementação de grandes projetos que visam o aumento de vida útil da usina, tais como implementação do "Programa de Qualificação Ambiental" e do "Programa de Gerenciamento do Envelhecimento", ambos tendo objetivo de melhoria nos processos operacionais, as quais aumentaram o desempenho operacional, seguindo padrões em acordo as práticas de nível internacional.

Entre os anos 2013 e 2014, Angra 1 atendeu a ~11% do consumo de eletricidade do Estado do Rio de Janeiro.

Angra "2"

Sua construção teve início no ano de 1981, mas teve o ritmo das obras desacelerado a partir de 1983, devido à crise econômica que assolava o país naquele momento, parando de vez em 1986. A unidade foi retomada no final de 1994 e concluída em 2000. Possui um reator de água pressurizada também do modelo PWR, mas de tecnologia alemã da Siemens/KWU (hoje AREVA NP), resultado de um acordo nuclear entre Brasil e Alemanha (1975). Com uma capacidade instalada de 1.350 megawatts, tem capacidade para atender a necessidade de consumo de uma cidade com ~2.000.000 habitantes, como por exemplo, a capital Belo Horizonte em Minas Gerais. A segunda usina nuclear brasileira começou a operar, comercialmente, em 2001. Permitiu economizar água dos reservatórios das hidrelétricas, amenizando as consequências de racionamento de eletricidade, especialmente da região Sudeste – maior consumo no Brasil. Em 2009, a unidade foi a 33ª terceira em produção de energia entre as 436 usinas em operação no mundo, segundo a publicação americana Nucleonics Week, especializada em energia nuclear. A construção de Angra "2" propiciou transferência de tecnologia para o Brasil, do qual resultou o domínio sobre as etapas de fabricação do combustível nuclear. Desse modo, a Eletrobras Eletronuclear e a indústria nuclear nacional reúnem, atualmente, profissionais qualificados e experientes neste setor de energia.

Esta unidade apresentou um desempenho destacado no ano de 2014. Segundo a *Nucleonics Week* (publicação americana especializada em energia nuclear), onde ocupou o 19º lugar em produção, dentre as 434 usinas em operação no mundo. Sua produção bruta foi na ordem de 10.443.677,2 MW. Outro destaque fica por conta do "Fator de Disponibilidade (FD)" que no ano de 2013 foi de 90,2% (as usinas filiadas da *WANO Paris Center* (França)obtiveram 84,4% e as da *Atlanta Center*, nos EUA um percentual de 91,6%). Portanto, isto comprova que Angra 2 apresentou resultados compatíveis com unidades internacionais.

Outro indicador de desempenho, desenvolvido pela *WANO Paris Center*, foi um indexador que combina vários indicadores além da FD, tais como: Indicador Químico, Desligamento Automático, Exposição Coletiva à Radiação e Número de Acidentes Industriais. Angra 2 obteve um índice de 84,7 (de um total, possível, de 100).

A expectativa da Eletronuclear é operar Angra 2 à potência máxima e de forma contínua, assim como operam as Usina Nucleares na Alemanha usinas alemãs, cujo Fator de Capacidade gira em torno de 90,1%. As unidades da França não operam a 100% continuamente, porque 75% da produção de energia elétrica francesa são de origem nuclear e, à noite, a carga é reduzida. No Brasil, não é a Eletronuclear que determina o nível de geração, e sim o ONS (Operador Nacional do Sistema).

Angra "3"

O status do projeto, até o ano de 2017, teve um progresso de 61,5%, o qual considerava aspectos gerais de projeto. Já percentual do andamento das obras de construção civil, estava por volta dos 67,3%. A suspensão das atividades de construção ocorreu em setembro de 2015, em razão da falta de recursos financeiros por descontinuidade das liberações concedidas pelo BNDES, relativas ao "Financiamento para Bens & Serviços". As atividades ficaram restritas, basicamente, a preservação das instalações de canteiro e das estruturas e equipamentos da unidade.

Esta unidade está localizada na praia de Itaorna, em Angra dos Reis, RJ. A expectativa, quando entrar em operação comercial, é que tenha uma potência na ordem dos 1.405 megawatts. Seria capaz de gerar mais de 12 milhões de megawatts-hora por ano, energia suficiente para abastecer as cidades de Brasília e Belo Horizonte durante o mesmo período. A expectativa é a de gerar o equivalente a 60% do consumo do estado do Rio de Janeiro. Angra "3" é similar à Angra "2", pois ambas contam com a tecnologia alemã da companhia Siemens/KWU (atualmente, Framatome).

Em relação à retomada das obras, a Eletronuclear assinou um contrato com o consórcio formado por Ferreira Guedes, Matricial e ADtranz. Essas empresas foram vencedoras da licitação para contratar os serviços no âmbito do Plano de

Aceleração da Linha Crítica desta unidade. Com o contrato assinado, o consórcio já começou a tomar as medidas necessárias para mobilizar o canteiro de obras e, em breve, reiniciar os trabalhos de construção. Entre as principais obras está a conclusão da superestrutura de concreto do edifício do reator de Angra 3. Além disso, será feita uma parte importante da montagem eletromecânica, que inclui o fechamento da esfera de aço da contenção e a instalação da piscina de combustíveis usados, da ponte polar e do guindaste do semipórtico.

A expectativa é que Angra "3" entre em operação em novembro de 2027.

Mais informações eatualizadas, o leitor pode acessar o site: https://www.eletronuclear.gov.br/

Figura 8.26

Vista Área da Central Nuclear de Angra dos Reis, RJ.

Fonte: http://angranews.com.br

8.4.6 Desastres Nucleares

A tecnologia nuclear é, por muitos, considerada perigosa, em razão dos diversos acidentes graves como em **Chernobil (Ucrânia)**, tendo ocorrido milhares de mortes e enfermidades, além dos danos ambientais. A utilização desse tipo de tecnologia continua apresentando graves riscos para toda a humanidade. Reatores nucleares e instalações complementares geram grandes quantidades de lixo nuclear que precisam ficar sob vigilância por milhares de anos. As técnicas de armazenamento do resíduo nuclear gerado ainda são consideradas inseguras.

Os eventos nucleares em **Hiroshima** e **Nagasaki** marcaram a primeira e única vez em que armas atômicas foram usadas contra seres humanos. Mais de 100 mil pessoas morreram nos ataques em Agosto de 1945, e outros milhares nos anos seguintes em razão de complicações causadas pela radiação.

O desastre em Chernobyl

No dia 26 de abril de 1986, um experimento mal conduzido, aliado a problemas estruturais da usina e outros fatores, causou a explosão do quarto reator de Chernobyl. Aproximadamente 31 pessoas morreram na explosão e durante o combate ao incêndio. Outras centenas faleceram depois, por causa da exposição aguda à radioatividade, num grau 400 vezes maior que o da bomba de Hiroshima.

A Bomba Nuclear

A bomba nuclear se fundamenta na reação de Fissão Nuclear.

Na madrugada do dia 16 de julho de 1945, ocorreu o primeiro teste nuclear da história, realizado no deserto de Alamogordo, Novo México. Em seguida, pela primeira vez, foi utilizada para fins militares durante a Segunda Guerra Mundial nas cidades japonesa de Hiroshima e Nagasaki, matando a totalidade dos habitantes entre os quais a maioria jovens e crianças indo às escolas.

As bombas termonucleares (também conhecidas como Bomba "H") são mais potentes e se fundamentam em reações de Fusão do Hidrogênio, ativadas por uma reação denominada "fissão prévia". A bomba de fissão é o ignitor da bomba de fusão, devido à elevada temperatura para iniciar o processo da fusão.

Para maiores informações acesse o site da ABEN - Associação Brasileira de Energia nuclear, http://www.aben.com.br/

CONCLUSÃO **A ENERGIA NUCLEAR PODE SER USADA PARA O BEM DA HUMANIDADE...**

A Energia Nuclear pode ser usada para o bem da humanidade na produção de energia. Porém, se mal empregada pode causar transtornos como guerras e catástrofes.

É complicado tecer comentários a favor ou contra, apenas apresento a Energia Nuclear como alternativa. Outras fontes também geram resíduos e danos ao meio ambiente. O grande fator de equilíbrio ainda é investir em segurança e num bom plano de manutenção. Quando um governo decide utilizar a fonte nuclear para outros fins, isso não pode interferir na análise dos benefícios.

A energia nuclear, apesar de não colaborar para a emissão desses gases, precisa lidar com o incômodo problema dos resíduos radioativos, que requerem uma solução para o armazenamento em longo prazo e investimentos em segurança, além de implicarem o "fantasma" de um acidente nuclear.

A energia nuclear no Brasil tem como ponto favorável o fato de possuirmos a sexta maior reserva mundial de urânio (em torno de 300 mil toneladas), suficiente para nos assegurar a independência no suprimento de combustível por muito tempo. Além disso, dois terços do território permanecem inexplorados quanto à presença do metal.

8.4.7 Aspectos sobre a Segurança – Usina Nuclear

Em uma avaliação feita por especialistas em energia nuclear no ano de 2019, os mesmos comentam sobre o fato de existir diversos dispositivos instalados para evitar que o material radioativo vaze para o meio ambiente. Essa preocupação se deve aos acidentes nucleares, tais como, em Fukushima (Japão, em 2011) e Three Mile Island (EUA, em 1979). Porém, o de maior impacto mundial foi em Chernobyl – a usina utilizava grafite para controlar o processo. Depois de uma explosão de vapor, o grafite incendiou, enviando radioatividade para atmosfera. O fogo demorou oito dias para ser controlado. O modo de falha em Chernobyl é impossível de ocorrer em um reator modelo PWR. Porém, existe a probabilidade de ocorrer uma explosão de vapor, na qual espalharia material radioativo no ambiente. Por esta razão, existe instalado uma série de dispositivos de segurança, bem como procedimentos operacionais e de manutenção para evitar essa falha, sendo assim, é algo muito pouco provável, mas não quer dizer impossível.

Em usinas como as localizadas em Angra dos Reis (caso ocorra um acidente com vazamento radioativo) contam com barreiras de contenção sucessivas, para que o material radioativo não se espalhe para o ambiente externo – a quantidade dessas barreiras de contenção é superior às que existiam na Usina de Chernobyl. Primeiro, as pastilhas combustíveis têm uma estrutura molecular de barreira, para reter os produtos gerados na fissão, que são radioativos. Essas pastilhas, por sua vez, ficam dentro de um tubo feito de uma liga metálica especial, que também visa bloquear a saída de radiação. *"Os tubos são posicionados no interior do vaso reator, feito de três centímetros de aço especial projetado para resistir ao mais sério acidente"*, afirma a Companhia Eletronuclear. Há outros sistemas de contensão, melhor detalhado em artigos específicos sobre as usinas de Angra dos Reis.

Outro tipo de acidente possível – embora seja improvável – é qualquer situação externa que comprometa a estrutura onde fica o reator, comprometendo as barreiras de contenção. É o caso de uma queda de avião no local, pois há a rota aérea entre o Aeroporto de Viracopos, em Campinas, e o Aeroporto de Galeão, no Rio de Janeiro, passa a cerca de quatro quilômetros de Angra "1" e Angra "2" – segundo os trajetos exibidos no site: www.flightradar24.com. Ainda seria possível ocorrer sinistro em decorrência de um terremoto ou maremoto nas proximidades, o que também poderia abalar as estruturas do reator (e foi o que ocorreu com a usina de Fukushima. Após um maremoto, foi formado um tsunami, que atingiu a usina, comprometendo sua estrutura e espalhando material radioativo). O Brasil, porém, não tem histórico de terremotos e maremotos. Mesmo assim, após o acidente de Fukushima, a Eletronuclear fez verificações de segurança nas instalações, reavaliando a capacidade da estrutura de lidar com intempéries naturais.

Há ainda outro item a ser considerado em termos de segurança, pois o reator não é o único local com material radioativo. Refiro-me ao combustível, o qual após passar pelos processos operacionais continua extremamente radioativo. Por isso, precisa ser armazenado em condições especiais, para evitar vazamento e contaminação. Não se sabe por quanto tempo esse material permanece perigoso – o prazo pode chegar a 200 mil anos! Então, o que é feito com esse combustível usado e radioativo? Quando este sai do reator, ele é tão perigoso, que não é possível transportá-lo. Então, a solução é fazer o armazenamento ao lado do reator (Eletronuclear). Dessa forma, todo o combustível utilizado ao longo dos 34 anos de operação de Angra "1" e 18 anos de Angra "2"está armazenado na Central Nuclear de Angra dos Reis.

Outro procedimento de segurança é o Plano de Emergência, o qual prevê evacuação num raio de 3 km (ao redor da Central Nuclear englobando uma pequena vila de trabalhadores de Angra "1" e Angra "2", chamada de Praia Brava e alguns pontos da Estação Ecológica de Tamoios – afetando em torno de ~2.000 pessoas) no caso das medidas de segurança e barreiras de contenção não forem capazes de conter um vazamento.

Segundo a Eletronuclear, *"a cada dois anos, são realizados treinamentos de evacuação de emergência"*. Esses testes contam com a participação do Exército, da Aeronáutica e da Marinha, além da Defesa Civil do Rio de Janeiro. Em situações mais graves, o raio de ações de emergência subiria para até 15 km, o que inclui parte da cidade de Angra dos Reis, a Praia de Tarituba em Paraty e ainda outros trechos da Estação Ecológica de Tamoios. Além do plano de emergência, a Eletronuclear monitora os níveis de radiação no meio ambiente ao redor das usinas.

Segundo especialistas, eles afirmam que a *"tecnologia nuclear é antiga, velha. Experimentou muito avanço durante algumas décadas, depois não mais"*. Em outras palavras, isso se refere ao fato de que parte das usinas nucleares terem sido construídas entre os anos 1970 e 1980. Com uma vida útil média de 40 anos, muitas delas estão próximas do fim da sua operação. Esse fato, creio, reforça atenção para as medidas de segurança, isto é, aprendendo com os acidentes anteriores, buscando melhores materiais, novos processos de construção e monitoramento das condições operacionais. Todo esse esforço, em razão do perigo de contaminação por radiação, parece não ser o suficiente. Mas, se por um lado algumas usinas estão ao final de sua vida útil, outras estão pedindo a expansão da licença de operação para mais 20 anos. É o que deve ocorrer com Angra "1" em um futuro próximo. O progresso e avanço energético não devem ser contidos, mas ele deve crescer com segurança para a sociedade e meio ambiente.

Conclusão

Após a leitura de vários artigos, percebi que os apoiadores (profissionais que atuam no seguimento de energia nuclear) utilizam argumentos, tais como, o Brasil ser um dos poucos países do mundo com condições de atuar em todo o processo de produção de energia atômica: possui uma das maiores reservas de urânio do mundo (localizadas no estado da Bahia), tem tecnologia para enriquecer o material (no município fluminense de Resende) e possui usinas há mais de três décadas. Além do Brasil, Estados Unidos da América e Rússia reúnem essas três condições. Outro argumento, a favor das usinas nucleares, é o de considerar como "fonte renovável", uma vez que não gera gases causadores de efeito estufa. Também não depende de condições climáticas, isto é, se não há vento, nem iluminação solar ou mesmo ser afetada pela queda dos níveis dos rios – sendo o caso a produção de energia eólica, solar e hidrelétrica, respectivamente.

Como não podemos deixar de citar, há os argumentos contrários à energia nuclear. Um dos pontos negativos é o custo elevado da energia nuclear e por esta razão, eleva os custos de produção. Somam-se também as elevadas exigências de segurança operacional, os riscos de acidentes e a geração de um lixo radiativo que precisa ser armazenado e monitorado indefinidamente – por milhares de anos, considerando a tecnologia atual.

Particularmente entendo que a energia nuclear é uma das alternativas para geração de eletricidade, mas exige um grande e caro aparelhamento de segurança e isso pode afetar a aprovação de investimentos. Há também os altos custos operacionais, creio que por esta razão ocorre o não cumprimento dos prazos de conclusão de Angra "3", por exemplo, os quais ficam sendo postergados. Há, por parte da grande sociedade, receio de acidente nuclear. É preciso avaliar todo contexto, pois a crise energética existe. Evidentemente alternativas crescem em capacidade instalada, caso da Eólica e Solar. Ao contrário, a Nuclear segue lentamente. Se há padrões rígidos tanto construtivos, quanto de segurança operacional, não há razão para vetarmos a continuidade da utilização da Energia Nuclear para compor a matriz energética brasileira.

8.4.8 Cenário Atual da Energia Nuclear – Brasil e no Mundo

Cenário atual da Energia Nuclear no Brasil

Até a 3ª edição do livro, sabe-se que a intenção é expandir a geração de eletricidade, por meio da energia nuclear. Mas, as alterações que ocorrem a cada 4 anos podem mudar este cenário. Até o final de 2022, havia medidas para retomada da obra para a conclusão da Usina Angra "3". Especialistas do setor advertem que *"as fontes de energia Solar* e *Eólica, têm mais chances de crescimento* e *mais estratégias para o país"*. Portanto, para ter certeza do avanço da energia nuclear no Brasil é preciso estar atento e consultar os sites que tratam deste assunto.

A iniciativa mais recente, anunciada em janeiro de 2022, foi da assinatura de um convênio entre o Ministério de Minas e Energia e o Centro de Pesquisas de Energia Elétrica (CEPEL) para selecionar locais com potencial para a construção de novas usinas. Ela se soma a outras medidas adotadas ao longo de 2022, as quais incluem:

- Retomada da produção de urânio, após estar parada por um longo tempo;
- Instalação da Mina do Engenho em Caetité, na Bahia;
- Reinício das obras da Usina Angra "3", paralisadas desde 2015;
- Criado o órgão Autoridade Nacional de Segurança Nuclear (ANSN). Destina-se a monitorar, regular e fiscalizar, sejam atividades, ou mesmo instalações nucleares no país;
- Inauguração de uma nova cascata de enriquecimento de urânio no Rio de Janeiro; e finalmente
- Anúncio de planos para começar a construir uma nova usina nuclear, antes mesmo que se completasse a Usina de Angra 3, que ficaria pronta até 2031.

Podemos afirmar que a Energia Nuclear retorna ao cenário energético brasileiro, mas ainda discretamente. Creio que as iniciativas a partir do ano 2023, virão do governo federal se vai ou não incrementar o setor, tanto do ponto de vista da infraestrutura, quanto administrativa. Essa retomada um tanto tímida se deve ao *"processo de transição energética em busca de uma economia de baixo carbono", tendo como horizonte a busca mundial pela diminuição da emissão de gases do efeito estufa. Estima-se que até 2050, 60 milhões de brasileiros poderiam ser abastecidos pela eletricidade gerada por usinas nucleares* – afirmou o então ministro de Minas e Energia em 2022.

Todas essas medidas estão previstas no Plano Nacional de Energia 2050, aprovado em Dezembro de 2020. O documento prevê um aumento de até 5 vezes a oferta de energia nuclear, dentro da matriz energética brasileira nos próximos 30 anos. Meta difícil de ser alcançada, como já observado, em razão do crescimento de outras fontes energéticas. Atualmente, as duas usinas em funcionamento têm, juntas, uma potência de ~2 GW (gigawatts). A meta é alcançar uma capacidade de geração entre 8 GW e 10 GW no período estipulado. A conclusão de Angra "3", prevista para o fim de 2026, irá acrescentar mais ~1,4 GW – dados a serem monitorados para ter certeza deste planejamento.

A grande discussão, sem dúvida, ainda é os riscos operacionais de uma usina nuclear. Por várias razões, especialistas discordam desta estratégia de investimento no Brasil, tendo em vista o potencial subaproveitado de outras fontes limpas, de baixo custo e o mais importante, tem um processo operacional mais seguro. No Brasil, a energia nuclear responde por apenas cerca de 1% da geração de eletricidade.

Notícia veiculada no site www.canalenergia.com.br, em dezembro de 2022, informa sobre energia nuclear e descreve: *"Agência Nacional de Energia Elétrica definiu os montantes de energia elétrica das usinas nucleares Angra I e II que serão rateados entre as distribuidoras do Sistema Interligado Nacional em 2023, além das cotas que serão alocadas a cada empresa no ano de 2030. O total de energia das usinas disponível para venda no ano que vem é de 13.416.350 MWh. Esse valor é calculado a partir das garantias físicas apuradas, descontado o consumo interno das instalações e as perdas na rede elétrica. Angra "1" tem 468 MW médios disponíveis para contratação, e Angra "2" 1.064 MW médios. As chamadas cotas-partes da energia das usinas devem ser calculadas e publicadas pela ANEEL com oito anos de antecedência. O cálculo dessas cotas para 2030, considerou os valores de mercado faturado de cada distribuidora cotista entre setembro de 2021 e agosto de 2022."*

Diante do apresentado, o caro leitor pode analisar e avaliar melhor seu posicionamento em relação adoção da Energia Nuclear para geração de eletricidade como alternativa.

Cenário Atual da Energia Nuclear no Mundo

Dados da Associação Nuclear Mundial (WNA – ***World Nuclear Association***), até o ano de 2019 existiam 447 reatores nucleares em operação no mundo (30 países), com capacidade instalada total de ~398.154 MWe (megawatt elétrico). Deste montante de reatores, 298 são do modelo PWR (o mesmo utilizado nas Usinas Angra "1" e "2"), com capacidade total de ~282.443 MWe – o que corresponde a ~66% da capacidade instalada mundial.

De acordo com o relatório Electricity Information, publicado pela International Energy Agency (IEA), em 2018, *"os reatores nucleares foram responsáveis por 10,4% da produção de energia elétrica no mundo. As usinas térmicas convencionais (carvão, combustíveis líquidos e gás natural) contribuíram com 65,1% da geração total; as usinas hidrelétricas, 16,6%; e a geração de energia por fontes renováveis totalizaram 5,6%. As fontes de urânio já identificadas são suficientes para suprir de 60 a 100 anos de operação das usinas existentes no mundo e ainda os cenários de maior expansão previstos até 2035 pela AIEA. As reservas conhecidas estão atualmente em mais de cinco milhões de toneladas e o Brasil é um dos maiores produtores"*. Já a França possui cerca de 70% de sua matriz elétrica dependente de usinas nucleares, sendo assim é uma das forças que apoia a classificação da energia nuclear como "sustentável".

O leitor poderá obter mais informações atualizadas sobre Energia Nuclear no Mundo, através do link:

https://www.eletronuclear.gov.br/Sociedade-e-Meio-Ambiente/Espaco-do-Conhecimento/Paginas/Energia-nuclear-no-mundo.aspx

9. Sistemas Alternativos para Movimentação de Veículos

Introdução – O Cenário dos Combustíveis

O cenário dos combustíveis no Brasil sempre irá depender da situação do mercado internacional e cenário econômico do país. Inevitavelmente afeta a política de preços e, consequentemente, os usuários. Como em outras épocas, o ano de 2022 também foi difícil para o setor do petróleo. Entre todas as commodities, foi uma das que mais teve oscilações de mercado, principalmente por conta da guerra entre Rússia e Ucrânia, causando alta nos preços. Diante desse cenário, muitos investidores, principalmente aqueles que investem nesse setor, se perguntam quais as perspectivas para o petróleo para os próximos anos. No começo de 2022, poucos imaginavam o petróleo acima do patamar de US$ 100, já que se encontrava próximo aos US$ 70.

A invasão da Rússia sobre a Ucrânia fez com que o valor barril disparasse. Isso afetou diversos países, inclusive o Brasil, causando um aumento generalizado no preço dos combustíveis. A União Europeia definiu em dezembro de 2022 que as importações de petróleo russo, por via marítima, estariam proibidas se o valor ocorresse acima de US$ 60/barril, patamar próximo ao praticado pelos russos com alguns parceiros comerciais. Este teto, para o petróleo russo, direcionou as cotações para níveis significativamente mais baixos. Nesse sentido, o efeito prático desta medida ainda é incerto sobre a oferta global.

Stephan Kautz, economista-chefe da EQIAsset (mais detalhes em https://eqiasset.com.br/) afirmou que, *"como parte da oferta mundial é controlada pela Opep+, quedas muito fortes nos preços poderiam ser contrapostas por uma redução na oferta"*. A cotação do barril de petróleo no Mercado Internacional de Referência (ICE, Intercontinental Exchange Inc.), no ano de 2022, esteve acima de US$ 80/barril devido ao contexto de oferta global abaixo do potencial, em conjunto com a retomada da demanda a partir do fim das medidas de restrição de mobilidade social na maioria dos países – após a superação do pior momento da crise sanitária da COVID-19. *"Nesse ínterim, observamos o preço da commodity superar os US$ 100/barril, direcionado pela conjuntura incerta que o conflito militar entre a Rússia e a Ucrânia..."*, completa o Banco BTG – Investimentos BTG.

Entre as alternativas para conter altos preços, além do BTG, também a Agência Internacional de Energia (IEA, International Energy Agency) publicou o relatório World Energy Outlook com as projeções da agência para o setor energético mundial. Dividido em três cenários, Stated Policies (STEPS), Announced Pledges (APS) e Net Zero 2050 (NZE), o documento destaca que a crise energética global, desencadeada pelo conflito entre Rússia e Ucrânia, impactou economicamente famílias, empresas e entre outros seguimentos, levando a respostas de curto prazo dos governos, bem como a um debate mais profundo sobre as formas de reduzir o risco de interrupções futuras e promover a segurança energética.

Outro destaque do relatório World Energy Outlook, se refere ao cenário previsto pelo Stated Policies (STEPS). Este documento considera o alcance de um pico na demanda por combustíveis fósseis, neste caso, os derivados do petróleo. Cita ainda que *"é possível observar a variação na taxa de transição dos combustíveis fósseis nos cenários da Agência Internacional de Energia"*.

Outro cenário, segundo o IBP – Instituto Brasileiro de Petróleo e Gás, é que *"a demanda por carvão atingirá o pico nos próximos anos, já a por Gás Natural atingirá um patamar de estabilidade no final desta década. Já a demanda por petróleo atingirá seu pico, em meados da década de 2030, antes de cair ligeiramente"*. No curto prazo, a crise geopolítica impulsiona uma maior demanda por Petróleo e Carvão, à medida que se buscam alternativas em relação ao preço do Gás Natural. *"Por outro lado, a crise também reforça a difusão de fontes de baixas emissões, principalmente as fontes renováveis, mas também a energia nuclear, além de impulsionar também o desenvolvimento de tecnologias voltadas para eletrificação e ganhos de eficiência"*, finaliza a equipe de análise econômica do IBP, em relação às perspectivas futuras para a crise do petróleo.

As análises descritas têm como base o cenário atual, as quais podem ou não se manter. As mudanças, por exemplo, caso o conflito entre Rússia e Ucrânia chegue a um consenso, novos relatórios serão gerados. Segue então novas perspectivas para os valores do barril de petróleo, bem como utilização das alternativas. Essa inserção de outros mercados de energia acrescenta ainda mais complexidade ao setor petrolífero. Sobre energia alternativa e ainda segundo o BTG, "a *União Europeia chegou a um acordo sobre o teto do preço de gás natural a ser adotado a partir de fevereiro, com limite de 180 euros por megawatt-hora (MWh), ante 200 euros /MWh inicialmente proposto,* e *acima dos atuais 134 euros/MWh* e *pouco abaixo do pico no ano de 308 euros/MWh. "O bloco tem buscado fontes alternativas, como no LNG (gás natural liquefeito) dos EUA* e *da Ásia, mas também no mercado de carvão, o que confronta com o aumento de demanda da China. Os policymakers (a member of a government department, legislature, or other organization who is responsible for making new rules, laws etc.)* da *China: planejaram o processo de reabertura estocando commodities, em especial carvão, lembrando que o país passou por uma crise de energia em 2021* e *uma corrida por carvão em mercados alternativos"*, completa o BTB.

No Brasil, e de acordo com o IBGE, o preço do combustível representa cerca de 6% do orçamento das famílias. O impacto do aumento do preço dos combustíveis inclui, também, o frete de vários produtos pelo país. O diesel corresponde a 50% do valor do frete. Então, se o combustível subir 30%, o frete vai subir 15%, O cenário é de preocupação. Em 2021, o Brasil chegou a 10,06% de inflação oficial, aferida pelo IBGE. A gasolina correspondeu a 30% deste total. Somando a outros derivados, mais da metade da inflação foi impulsionada pelo mercado energético.

Os especialistas brasileiros avaliam que "*a normalização dos preços, ainda vai demorar. Acrescentam ainda dois fatores, o primeiro "é que o Brasil depende de políticas externas, as quais impactam no mercado de combustíveis global"*. O segundo, "*é a política de tributação dos combustíveis no Brasil – a manutenção dos preços irá ou não depender da legislação vigente, bem como ações do governo federal"*. Podemos citar a política de preços a ser adotada pela Companhia Petrobras, isto é, "*se irá manter a política de preços atual ou aumente a defasagem ou ainda aumente a probabilidade de que venha um sobrepreço sobre os combustíveis (gasolina e diesel) na refinaria, os quais irão refletir no valor final aos consumidores nos postos"*.

Bem, esta é uma análise até a edição final do livro, a qual aborda um cenário geral tanto internacional, quanto nacional. Ao caro leitor, o ideal é manter-se atento e informado através dos meios de comunicação sobre a atualização no mercado dos combustíveis.

A crise do petróleo

Do mês Julho de 2007 até Junho de 2008, o valor do barril de petróleo pulou de US$ 78.20 para US$ 145.00, respectivamente. Somando a isso, variação cambial do dólar, desequilíbrio entre produção e consumo, especulação do mercado e conflitos mundiais, fazem com que o petróleo suba vertiginosamente, e, segundo a petrolífera **GAZPRON** (Rússia), este valor pode ultrapassar os US$ 250.00. "O Brasil está menos dependente do que era, e, portanto, está menos vulnerável. Porém pode sofrer com a alta dos preços." Comenta o pesquisador **Eli Pelin**, da Universidade de São Paulo. As novas descobertas, se confirmadas, podem colocar o país entre as dez maiores reservas mundiais. Bem, não estamos totalmente livres de impactos em relação a crises de petróleo, sendo assim, reduzir custos se torna uma necessidade de grande importância em qualquer seguimento, dependente ou não do petróleo. O Brasil possui novas linhas alternativas: o Etanol, como combustível alternativo e investimento em produção de energia em hidrelétricas.

Cenário atual da crise do Petróleo

- Ameaça ao crescimento, em razão da redução do percentual de crescimento anual que se manteve de 2003 a 2007, em 4%.
- A alta do petróleo influencia diretamente no aumento da inflação, pois grande parte do transporte de nossa produção é por meio rodoviário.
- Alta do frete para navios e aviões, também dependentes do petróleo, intensificando transações comerciais com países mais próximos; por exemplo, os Estados Unidos comprariam mais da América Latina, reduzindo transações com a América do Sul.

- Crises em grandes companhias fabricantes de automóveis em razão do dólar baixo. Necessidade de cortes de gastos e redução de custos operacionais, dando margem a "casamentos empresariais". Portanto, mais fusões e aquisições.

- No Brasil, vulnerabilidade para a aviação, pois não há um combustível substituto adequado, e a indústria petroquímica que ainda tem um derivado do petróleo, a nafta, principal matéria-prima de produtos variados, como garrafas de refrigerantes, componentes de geladeira, etc.

Este é um resumo da situação em que nos encontramos, creio não diferente de outras épocas. A situação do petróleo no mundo se reflete no Brasil, assim como em outros países em desenvolvimento e não totalmente autossuficientes. Sendo assim, as nações que controlam a maior parte dos da produção mundial, podem intensificar a compra de grandes corporações.

Nós brasileiros, sempre sonhamos com um dia melhor e como dizem por aí: "É na crise que identificamos oportunidade para o crescimento".

A crise energética é um assunto muito discutido em nossa sociedade. Contudo, podem sofrer alterações com passar do tempo e desta forma descrever uma situação atual; pode não fazer sentido quando eu finalizar este trabalho.

Nos itens anteriores, descrevi fontes alternativas mais aplicáveis ao seguimento industrial. A seguir, abordo tecnologias que podem atender à necessidade de negócios dependentes da movimentação veicular.

9.1 Veículos Elétricos (BEV) e Híbridos Plug-In (PHEV)

Introdução

A utilização abusiva das fontes de energia de origem de combustíveis fósseis, como o petróleo (que representa 37% do consumo), o carvão (27%), o gás natural e o urânio, contribui grandemente para a libertação de dióxido de carbono para a atmosfera trazendo consequências desastrosas, dentre elas as chuvas ácidas, o aquecimento global e a redução da camada de ozônio.

Os carros movidos à eletricidade se constituem uma alternativa ambientalmente saudável, especialmente considerando as grandes metrópoles.

9.1.1 Conceitos e Princípio de Funcionamento

O veículo é movido por um motor elétrico, ao invés de combustível gasolina ou álcool. Esse tipo de veículo poder ser obtido a partir da conversão de um carro a gasolina, tornando difícil a identificação, a não ser pelo fato de ser bastante silencioso em movimento.

Sob o capô, porém, há muitas diferenças entre os carros a gasolina e os elétricos, entre elas:

1. O motor a gasolina é substituído por um elétrico.
2. O motor elétrico recebe força de um regulador, cuja alimentação é feita por um conjunto de baterias recarregáveis.

Com suas linhas de alimentação, sistemas de escapamento, mangueiras de refrigeração e filtros de ar, o motor à gasolina parece um projeto de encanamento. Já o carro elétrico, um projeto de instalação elétrica. Por exemplo, o medidor de combustível de um carro elétrico pode ser um simples voltímetro ou um computador mais sofisticado que acompanha o fluxo de corrente (**A**) que vai e volta do conjunto de baterias. O restante no carro é normal, isto é, ao entrar para dirigir, posicionamos a chave na ignição e giramos a chave até a posição "partida". Depois, posiciona-se a alavanca em "drive" (marcha à frente), pisa-se no acelerador e o carro anda com o desempenho de um carro a gasolina.

O que faz um carro elétrico funcionar é a combinação entre o motor elétrico, o regulador e as baterias.

O Regulador **CC** (corrente contínua) é conectado às baterias e ao motor também **CC**. Se o motorista pisar fundo no acelerador, o regulador repassa uma tensão de 96 **V** das baterias para o motor. Ao contrário, se retira o pé do acelerador, o regulador entrega zero **V** para o motor. Para qualquer situação intermediária, o regulador divide os **96** V milhares de vezes por segundo. Assim, cria-se uma voltagem média entre 0 e 96 **V**.

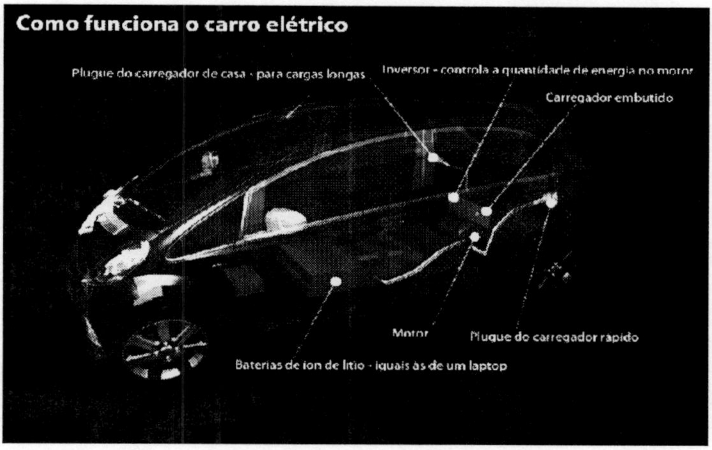

Figura 9.1

Ilustração de componentes internos de um veículo com motor elétrico

Fonte: Mitsubishi/Divulgação

Quando o acelerador é pressionado, um cabo do pedal se conecta com dois potenciômetros (os quais estão ligados ao acelerador) e enviam um sinal para o regulador. Existem dois, exatamente por medida de segurança. O regulador lê ambos e se assegura de que os sinais são iguais. Se não forem, o regulador não opera. Esse arranjo previne uma possível situação em que um potenciômetro prenda na posição de "aceleração máxima".

O regulador recebe energia das baterias e a repassa ao motor. O pedal do acelerador é conectado aos potenciômetros (resistores variáveis). Eles fornecem o sinal que avisa ao regulador, o valor a ser gerado. O regulador pode passar energia zero (carro parado), energia total (o motorista pisa fundo no acelerador) ou quaisquer níveis intermediários de energia. Portanto, a função dos potenciômetros é possibilitar a variação regulando a energia elétrica gerada de maneira adequada. Digamos que o acelerador esteja pressionado até a metade, o regulador lê esta posição através do potenciômetro e rapidamente liga e desliga a energia para motor, de forma que ele fique ligado metade do tempo e desligado na outra metade. Se o acelerador estiver pressionado a 25%, o regulador pulsa a energia de forma que o motor permaneça ligado em 25% e desligado em 75% do tempo.

A maioria dos reguladores **CC**, usados nos carros elétricos, são os mesmos usados pelas indústrias fabricantes de empilhadeiras elétricas.

Características básicas de um veículo com motor elétrico:

1. Autonomia depende do fabricante e modelo, mas atualmente é a partir de 500 km, podendo chegar a aproximadamente 800 km. Contudo, a medida do avanço tecnológico tende a ser maior.

2. Vai de 0 a 100 km/h em 1,9 segundos, mas varia conforme modelo e potência.

3. A velocidade do carregamento varia de 3,7 kW a 2 kW, em alguns locais podem chegar até 40 kW. Além disso, ele realiza uma recarga do veículo com correntes de 16 A ou 32 A, por isso, um carro com capacidade de 40 kW pode levar cerca de 2 a 6 horas para completar a carga.

4. As baterias elétricas veiculares pesam aproximadamente 450 kg / 500 kg e sua durabilidade atual conforme os fabricantes é uma útil mínima de 10 anos ou 240 mil quilômetros.

9.1.2 Veículo Elétrico a Bateria (BEV – Battery Electric Vehicle)

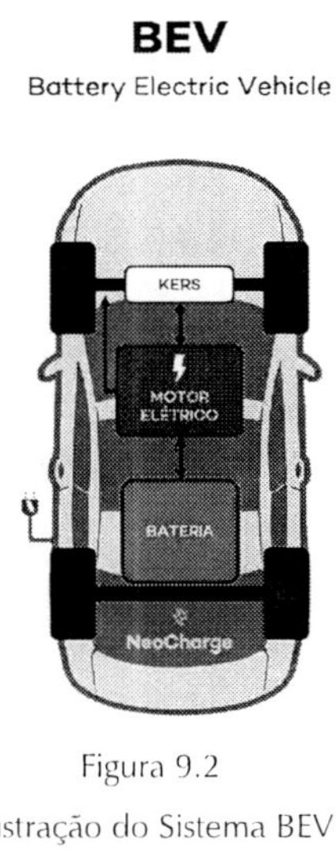

Figura 9.2

Ilustração do Sistema BEV

Fonte: www.neocharge.com.br

BEV – *Battery Electric Vehicle* (em tradução livre: "veículo elétrico a bateria"), são veículos que utilizam, exclusivamente, a eletricidade armazenada em baterias para alimentar um motor elétrico que por sua vez aciona o mecanismo de locomoção (rodas).

O motor de um carro elétrico gera torque instantâneo, diferentemente do motor a combustão interna, onde o torque aumenta gradativamente de acordo com o número de rotações por minuto. Isto significa que os veículos elétricos têm aceleração mais rápida e suave que os veículos convencionais, possibilitando ao motorista uma melhor experiência – obviamente, não podemos deixar de considerar que essa experiência difere para cada indivíduo, uma vez que os carros tradicionais ainda trazem toda aquela magia quando vista nos filmes de ação, com aceleração e ruídos característicos, bem como a paixão que muitos possuem pelos carros clássicos famosos, estes fabricados em décadas passadas.

Carros movidos à bateria têm benefício adicional quando se trata de recarga na própria residência do condutor, necessitando para isso uma instalação adequada de acordo com a carga. Essa instalação deve ser de acordo com normas existentes, bem como feita por especialista e desta forma evitar sinistros com perda material ou mesmo de vida. Com carga total, a bateria dos carros elétricos pode ter uma autonomia entre 100 e 160 km, suficiente para o uso urbano – cidades e localidades próximas à residência. Certos modelos de veículos elétricos à bateria com carga completa, pode ter uma autonomia próximo aos 420 km. Num futuro próximo, haverá um grande número de estações de recarga em locais públicos, estacionamentos, entre outros, a capacidade de recarga para as baterias irá aumentar.

Os carros elétricos, tanto quanto os modelos híbridos, minimizam a perda de energia, desligando automaticamente o motor quando o veículo deixa de se locomover, por exemplo, diante de um semáforo. Então, entra em funcionamento o "Freio Regenerativo" que é um mecanismo de frenagem, o qual recupera uma parte da energia cinética gerada pela desaceleração, a qual se perderia na forma de calor. O *KERS (ou SREC) é o responsável por converter esta energia residual que seria desperdiçada, em eletricidade, a qual armazenada em baterias ou em supercondensadores. Os motores elétricos também são, inerentemente, mais eficientes que motores a combustão interna.

Há, por parte dos fabricantes e adeptos dos veículos elétricos, comparativos em relação aos movidos por meio de combustível fóssil (Gasolina, Diesel ou GNV). Essas comparações dependem do modelo do carro e do preço do combustível, indicando que carros elétricos são mais econômicos. Essa visão vai de encontro ao gosto de muitos pelos tradicionais. Contudo, legislação e movimentos para preservação do meio ambiente, devem influenciar nessas decisões.

Modelos BEV não emitem nenhum gás poluente ou de efeito estufa, pois não possuem escapamento de gases residuais. No entanto, a eletricidade que eles utilizam pode vir de fontes que produzem gases e outras poluições na fonte de sua geração ou na extração dos combustíveis fósseis. A quantidade de poluição emitida depende de como a eletricidade é fornecida. Em outras palavras, uma termoelétrica produz mais poluentes na geração de energia do que uma hidrelétrica. De qualquer forma, fabricantes e apoiadores dos carros elétricos afirmam ser mais sustentável do que aqueles à combustão, principalmente quando a alimentação elétrica é provida por energia renovável como solar ou eólica – essas, livres de poluentes.

Modelos BEV: Tesla, Chevrolet Bolt, Nissan Leaf, BMW i3, Renault Zoe, Jaguar I-Pace, Volkswagen e-Golf.

***KERS sigla que denomina o *Kinetic Energy Recovery System* (KERS) (Sistema de Recuperação de Energia Cinética (SREC), no idioma português)** ou ainda **"Freio Regenerativo"**, é um mecanismo que recupera parte da energia cinética gerada na desaceleração (frenagem) do veículo e a armazena — seja como energia eletroquímica (carregamento de baterias) ou como energia mecânica em um volante de inércia. Esse mecanismo também está instalado nos modelos elétricos (BEV). Nos veículos híbridos HEV que não possuem entrada para abastecimento por carregadores elétricos, a energia gerada pelo KERS é a única forma de abastecimento da bateria. Já nos híbridos PHEV, o KERS é uma das formas de carregamento, embora o carro também possa ser abastecido com carregadores por meio de uma espécie de "tomada" utilizada para carregar a bateria – lembrando que este modelo possui motor à combustão, além da bateria e do motor elétrico. Ressalta-se que os modelos elétricos e híbridos possuem recursos de freios regenerativos, sendo que a diferença está na eficiência deste recurso, quanto mais avançado melhor.

9.1.3 Configuração dos Motores nos Veículos Elétricos

Há duas configurações da disposição do motor, como demonstrado na Figura 9.3. Temos então:

a. Configuração de Motor Único – utiliza um único motor capaz de movimentar o eixo dianteiro e traseiro.

b. Configuração de Motor Duplo – utiliza um dos motores apenas para tração dianteira, enquanto o outro motor traciona o eixo traseiro.

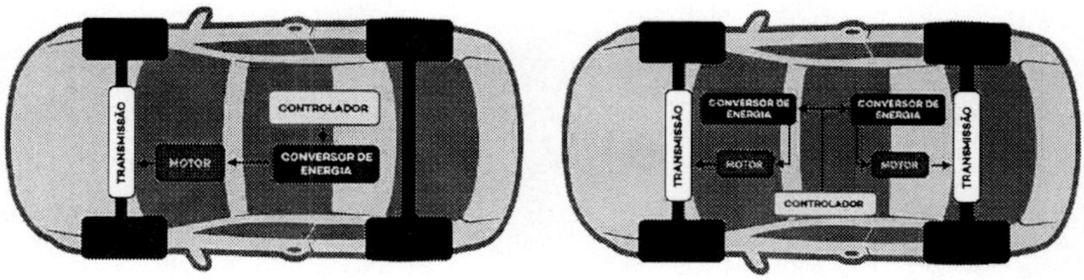

Configuração de Motor Único

Configuração de Motor Duplo

Figura 9.3

Ilustração das Configurações de Motor Elétrico: Único e Duplo

Fonte: www.neocharge.com.br

Ambas as disposições são alternativas dos motores para tracionar as rodas dianteiras ou traseiras, de maneira independente e assegurando um maior controle do carro, principalmente nas curvas. Embora a maior parte dos fabricantes de veículos elétricos adote a configuração de motor único, a configuração de motor duplo vem sendo instalada nos modelos com grande capacidade de torque.

Outro conceito são os motores independentes, como demonstrado na Figura 9.4. A configuração de motor por roda tem a instalação de motores diretamente em cada roda, podendo ou não ser engrenados. A opção sem engrenagens tem a capacidade de melhorar a eficiência geral da transmissão, no entanto torna o controle complexo, o que requer um projeto mais elaborado.

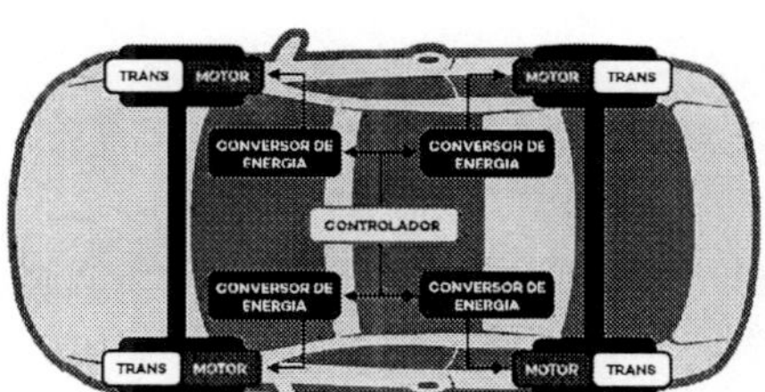

Configuração de Motor na Roda

Figura 9.4

Ilustração das Configurações do Motor Elétrico nas Rodas

Fonte: www.neocharge.com.br

9.1.4 Os Eletropostos – Postos de Recarga para Baterias

Eletroposto é a denominação para uma "estação de recarga" para as baterias dos veículos elétricos e/ou híbridos plug-in. Está disponível, em geral, num ponto público, por exemplo, em praças ou em locais privados, tais como, shopping centers, estacionamentos, aeroportos etc. A proposta é estar em operação para usuários não residentes no local.

Figura 9.5

Ilustração do Sistema BEV Posto do Encontro / Eletroposto – Crédito Diego Sewald

Fonte: Revista Sucesso S/A.

Como observado na figura 9.5, a configuração é similar a dos postos tradicionais de abastecimento de combustíveis. O Eletroposto disponibiliza **"carregadores para carros elétricos e híbridos"** em duas versões: ***AC Wallbox*** (modelo fixo na parede, com recargas lentas ou semi-rápidas em corrente alternada (AC). JÁ a outra versão, mais robusta, é o ***DC Fast Charge***r onde a estrutura é fixa no piso para recargas rápidas ou ultra-rápidas em corrente contínua (DC), como mostrado na Figura 9.3.

Portanto, o Eletroposto proporciona opção de recarga além da moradia, tanto para os carros elétricos ou híbridos plug-in. Ressaltamos a importância deste local, na medida em que possibilita maior mobilidade a estes veículos.

Algumas das vantagens elencadas pelos fabricantes e simpatizantes dos carros elétricos:

1. Segurança: não lida com manuseio de combustíveis e GNV, sabidamente altamente inflamáveis.

2. Economia: estudos revelam ser mais econômico, comparando o carro elétrico em relação aos que utilizarão motores à combustão, mais precisamente pela constante instabilidade nos valores dos combustíveis. Outro fator diz respeito a componentes inseridos nos veículos elétricos que gerenciam a carga das baterias em relação, quando em uso.

3. Sustentabilidade: essa vantagem vem de encontro, diretamente, às emissões de gases tóxicos produzidos pelas descargas dos veículos a combustão, contribuindo para poluição nos centros urbanos e também com o aumento do "efeito estufa".

Obviamente, essas vantagens são discutíveis. Mas o capítulo retrata as principais características e particularidades que envolvem o mercado dos veículos elétricos ou híbridos.

A Figura 9.6 demonstra a praticidade de recarga. Eletroposto localizado num estacionamento

Figura 9.6

Eletroposto da Volvo, Avaré – SP (Foto: Divulgação/Volvo) A rede de carregadores rápidos permite viagens intermunicipais e até interestaduais com facilidade – e mais rápido.

https://autoesporte.globo.com/eletricos-e-hibridos

9.1.5 Os Carregadores para Veículos Elétricos

É um equipamento que funciona assim como conhecemos os carregadores para celular, mas possui configurações e especificações próprias para a sua utilização em veículos elétricos. Contudo, seguem a mesma lógica.

O carregador de carga rápida (DC Fast Changer) pode ser instalado de modo residencial ou comercial. Podem ser portáteis, instalados na parede, fixados em um suporte ("totem" de recarga) ou instalados diretamente no solo. Neste sistema, há um cabo específico que é conectado ao carregador que por sua vez, está interligado a uma rede elétrica. Há outra versão "emergencial", o qual pode ser utilizado, simplesmente, conectando a uma tomada comum, denominado por carregador emergencial e, portanto, pode ficar no porta-malas do veículo. Lembrando que nos Eletropostos a instalação elétrica possibilita maior segurança ao usuário em razão de proteções elétricas específicas para esta operação, pois suportam recarga rápida com tensão e corrente maiores que os carregadores residenciais e comerciais. O objetivo da "carga rápida" é permitir que o usuário, durante uma viagem longa, não fique muito tempo em procedimento de recarga.

Outra questão importante a esclarecer é a dualidade da bateria veicular, podendo receber eletricidade em modo Corrente Contínua (CC), ou em modo Corrente Alternada (CA). O componente Inversor garante a conversão da Corrente Alternada (rede elétrica) em Corrente Contínua (Bateria). Todo carro elétrico possui um inversor interno para fazer esta conversão.

9.1.6 Veículo Elétrico Híbrido Plug-In (PHEV – Plug-In Hybrid Electric Vehicle)

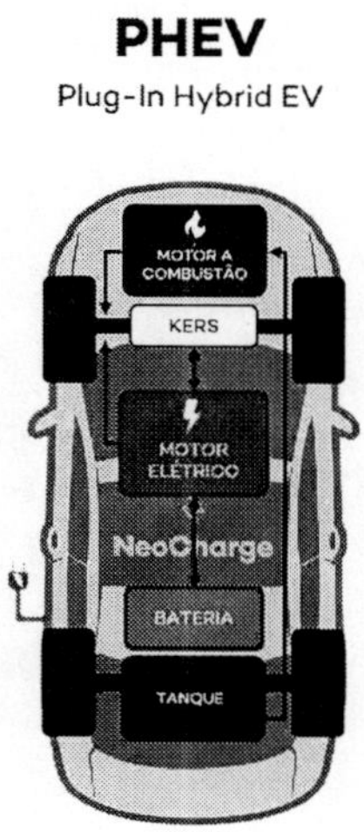

Figura 9.7

Ilustração das Configurações do Motor Elétrico nas Rodas

Fonte: www.neocharge.com.br

Esta versão veicular combina Motor a Combustão Interna alimentado por gasolina/álcool ou diesel com um Motor Elétrico (contendo bateria recarregável). A diferença básica entre os modelos "híbridos convencionais" e os elétricos híbridos plug-in é que este último, a bateria pode ser recarregada de duas formas:

1ª. Por meio da frenagem regenerativa (KERS) – conversão de parte da energia perdida na frenagem em eletricidade.

2ª Já a segunda forma, há um cabo que é alimentado por fonte externa (rede elétrica, por exemplo), permitindo alcançar longas distâncias usando apenas eletricidade. Quando a bateria se descarrega em sua totalidade, o motor à combustão interna entra em funcionamento tal qual um carro convencional.

Podemos afirmar que esse modelo veicular é menos poluente que os carros convencionais, visto que sua prioridade é a energia elétrica. Acrescentamos também certa economia por não depender exclusivamente dos combustíveis tradicionais. Portanto, o modelo elétrico PHEV é uma alternativa interessante para o usuário, visto que ao descarregar a bateria, o motor à combustão é acionado e dessa forma, o deslocamento não é interrompido. Acredito que essa experiência, no contexto atual deve ser observada numa aquisição de veículo elétrico. Talvez num futuro, a utilização de eletricidade seja a única opção, mas não nas próximas décadas.

Este modelo veicular combina benefícios, uso eficiente de combustível líquido com a capacidade de movimentação por eletricidade. Essa é uma das principais características funcionando à eletricidade em sua totalidade ou em modo híbrido, tanto elétrico, quanto por meio de combustível líquido.

Em geral, o modelo PHEV inicia em modo elétrico, permanecendo assim até descarregar a bateria – a autonomia, segundo os modelos atuais pode chegar a ~100 km. Contudo, alguns modelos passam a utilizar o modo a motor convencional, quando ultrapassa a velocidade de 100 km/h.

Outra característica a citar se deve ao fato do motor elétrico ser de menor tamanho, uma vez que ele complementa a potência do motor à combustão, além de fornecer um melhor desempenho e eficiência deste.

Modelos conhecidos: BMW i8, Mercedes Benz C350e, Volvo V60 PHEV, Mitsubishi Outlander, Volkswagen Golf GTE.

9.1.7 Comparativo entre os Modelos BEV x PHEV – Brasil

Comparativo entre os modelos BEV e PHEV em relação à comercialização. Ano de 2022.

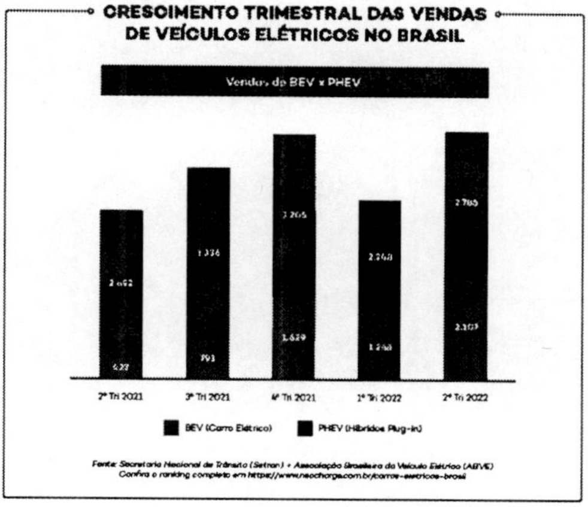

Figura 9.8

Comparativo das Vendas entre os modelos BEV x PHEV, no Brasil – Ano 2022.

https://www.neocharge.com.br/mercado-brasileiro-carro-eletrico-infografico

Outra comparação importante é sobre os custos, valor de recarga e economia na utilização entre os dois modelos.

Os custos de recarga, em Eletropostos, tanto para veículo elétrico, quanto para o modelo híbrido plug-in depende de onde está localizado. No Brasil, há unidades gratuitas com objetivo de atrair um novo público e se destacar diante da concorrência acirrada no mercado automobilístico. Parte dos estabelecimentos comerciais investe na instalação nas estações de recarga. Obviamente este cenário irá se alterar daqui pra frente, na medida em que crescer a opção pelos veículos elétricos. Contudo, há precificação das recargas, as quais levam em conta os valores tarifários da energia elétrica (kWh).

Mas, quanto custa uma recarga?

Para efeito de proporcionar ao leitor uma dimensão de custos, segue o valor da recarga: R$ 1,90 / kWh. (Fonte: assessoria de imprensa da Raízen, a partir de um de seus postos inaugurado no dia 13 de junho de 2022, como mostrado na Figura 9.9)

Figura 9.9

A estação de recarga fica na Av. Professor Celestino Bourroul, no bairro do Limão, zona norte da capital paulista, e já está disponível para os donos de veículos elétrico e híbrido plug-in.

Fonte: **Shell Recharge**

Ainda na intenção de possibilitar noções de custos de recarga, segue uma tabela considerando modelo veicular, capacidade da bateria, recarga e autonomia:

(em dólar americano, considerar US$1,00=R$5,27)

Modelo	**Bateria**	**Recarga 20-80%**	**Recarga total**	**Autonomia**
Renault Kwid E-Tech	27 kWh	R$ 30,78	R$ 51,30	265 km
Renault Zoe	52 kWh	R$ 59,28	R$ 98,80	385 km
Volvo XC40 Recharge	75 kWh	R$ 85,50	R$ 142,50	420 km
BMW iX xDrive50	105 kWh	R$ 119.70	R$ 199,50	630 km

Tabela 9.1

Fonte: https://insideevs.uol.com.br/news/596591/preco-recarga-carro-eletrico-shell/, ano 2022.

Como calcular o preço da recarga veicular?

Em relação aos veículos convencionais, a recarga de combustível é usual entre os usuários, basta obter a informação do consumo km/l, multiplicando pelo valor do litro R$/l de combustível. Já a recarga elétrica, primeiramente se obtém o valor do quilowatt-hora (kWh) cobrado pela concessionária de sua cidade ou região (pode ser obtida na Fatura de Energia Elétrica), após verifique o consumo médio do seu veículo em km/kWh. Fazendo a multiplicação direta entre estes dois fatores se obtêm o valor R$/km do veículo elétrico ou híbrido plug-in.

A seguir, "Tabela Comparativa entre Veículo à Combustão x Veículo Elétrico":

	Carro A Combustão	**Carro Elétrico**
Distância percorrida	15.000 km	15.000 km
Consumo	10 km / litro	8 km / kWh
Preço do combustível / energia (março de 2022)	R$ 7,10 por litro	R$ 0,86 por kWh
Gasto total	R$ 10.650,00	R$ 1.612,50

Tabela 9.2

Fonte: https://www.neocharge.com.br/tudo-sobre/carro-eletrico/tipos-veiculos-eletricos, 2022.

A seguir, uma simulação de consumo para saber a economia possível, comparando com veículo totalmente elétrico (BEV), em relação aos veículos à combustão interna. Para tanto, consideremos que ambos percorrem uma distância diária de 40 km por dia.

(em dólar americano, considerar US$1,00=R$5,27)

Dando seguimento, vamos considerar valores usuais para um usuário que vive na Cidade de São Paulo (Janeiro de 2023):

- Valor médio do combustível gasolina: R$ 5,04/L
- Valor médio de consumo de veículo á combustão: 11 km/L
- Necessita abastecer 3,7 litros/dia (40 km / 11 km/L), portanto: R$ 18,64/dia (R$/L 5,04 X 3,7 L/dia).

O gasto mensal aproximado em 30 dias, R$ 559,20 por mês.

Já para o veículo elétrico (BEV), temos a seguinte situação:

- Valor kwh: R$/kWh 0,87
- Valor médio do consumo elétrico veicular: 8 km/kWh

- Necessita recarga de 5 kWh (40 km / 8 km/kWh), portanto: R$/dia 4,35 (5 kWh x R$/kWh 0,87).

O gasto mensal aproximado em 30 dias, R$ 130,50 por mês.

Em resumo, o veículo elétrico BVE prevê uma economia em relação ao veículo convencional na ordem de R$ 428,70 por mês ou de R$ 5.144,40 por ano!

Obviamente há outras comparações, tais como valor de aquisição, custo- benefício, gastos com manutenção etc. O Leitor poderá obter outras informações para uma tomada de decisão. Reforço para o fato de ser apenas um exemplo comparativo básico sobre melhor custo-benefício que o carro elétrico, tais como ser uma operação mais silenciosa, menos poluente. Sem dúvidas a opção pelo veículo elétrico irá crescer em demanda. Temos que acompanhar o avanço das tecnologias que irão possibilitar outras vantagens que fazem dos veículos elétricos uma escolha mais econômica num futuro próximo.

9.2 Veículos Híbridos (HEV e FCEV)

Como existe esta preocupação com a autonomia, uma boa opção seria uma combinação entre ambos; refiro-me ao chamado **veículo híbrido**, o qual é equipado com peças de veículos a gasolina e elétricos, numa tentativa de obter o melhor de duas situações adversas.

A melhor maneira de compreender as vantagens de um veículo híbrido é pensar em um carro em estamos viajando em uma estrada plana e andando no limite de velocidade permitida. Nesse caso, o usuário estará realizando três atividades:

1. Está superando a resistência ao rolamento no sistema de propulsão.

2. Está superando a resistência do ar.

3. Está alimentando acessórios como o alternador, a bomba da direção hidráulica e o ar condicionado.

Os carros são equipados com motores de 100 ou 200 **HP**, necessários para a aceleração a partir do ponto morto, assim como para ultrapassar e subir. Apenas 1% dessa potência será usada para transportar a carga, num determinado percurso. No restante do tempo, estamos transportando o peso e o atrito de um motor muito maior, o que desperdiça muita energia.

Em um veículo híbrido tradicional, você tem um carro elétrico completo. Ele inclui um motor elétrico para fornecer toda a potência para as rodas, assim como baterias para fornecer eletricidade ao motor. Em conjunto a ele, temos um motor a gasolina completamente separado alimentando um gerador. O motor tem 10 ou 20 **HP** e foi projetado para funcionar somente em uma velocidade que busque máxima eficiência. A finalidade dele é fornecer energia suficiente para o carro em sua "velocidade de cruzeiro". Durante os períodos de aceleração, as baterias fornecem a energia extra. Quando o carro estiver desacelerando ou estiver parado, as baterias recarregam. Esse modelo é essencialmente um carro elétrico com um recarregador integrado para maior alcance.

A vantagem desse modelo é que o motor a gasolina, pequeno e eficiente, desenvolve uma ótima quilometragem, isto é, possui alta eficiência, pois percorre grandes distâncias com baixo custo.

Nos **híbridos "não plug-in"**, o modo "elétrico como preferência" é utilizado somente para ignição, acessórios e velocidades baixas, quando o consumo de combustível é maior, deixando que o motor à combustão funcione nas velocidades maiores, onde são mais eficientes.

A bateria possui maior capacidade, permitindo percorrer maiores distâncias, sendo essa uma tendência óbvia à medida que a tecnologia neste seguimento está sempre em desenvolvimento. O motor elétrico nos veículos híbridos reduz o uso do combustível e emissão de poluentes, quando este para num semáforo ou em trânsito congestionado – o motor se desliga automaticamente. Ainda neste momento, veículo parado, a bateria fornece energia para o ar-condicionado e outros acessórios, enquanto o carro e o motor elétrico podem ligar o carro novamente para iniciar o movimento. Se necessário, o motor à combustão irá atuar junto com o elétrico fornecendo maior potência para a aceleração.

Há também a ação do Freio Regenerativo (KERS), o qual também contribui para eficiência veicular e economia de combustível. Essa captura, de parte da energia, se transforma em eletricidade a qual é armazenada na bateria que por sua vez, auxilia tanto na aceleração do veículo, quanto na alimentação de outros acessórios.

A presença de um motor elétrico também permite um design de motor mais eficiente. Esse "motor assistente" ajuda na redução da demanda de combustível para o motor, pode ter um tamanho reduzido e operado de forma mais eficiente. Quando o motor elétrico é combinado com o motor à combustão, a potência total do sistema ultrapassa a de um carro convencional.

Modelos conhecidos: Toyota Prius, Ford Fusion Hybrid, Chevrolet Malibu

Principais Componentes de um veículo híbrido:

- Motor à gasolina (Ciclo Otto): é similar ao dos carros tradicionais, porém menor e com tecnologias mais sofisticadas, tendo como objetivo a redução de gases poluentes e aumentar a sua eficiência;
- Tanque de combustível: mesmo modelo aplicado em veículos movidos à gasolina;
- Motor elétrico – Alta tecnologia construtiva e operacional, a qual permite funcionar como motor de tração e gerador de eletricidade para as baterias;
- Gerador: é bem similar ao motor elétrico, mas sua função é restrita na geração de eletricidade;
- Baterias: Ion-Lítio que fornece eletricidade para o Motor Elétrico, mas pode receber carga deste;
- Sistema de Transmissão: mesma tecnologia dos carros convencionais;

9.2.1 Veículo Elétrico a Célula de Combustível (FCEV–Fuel Cell Electric Vehicles)

Os modelos FCEV utilizam o Gás Hidrogênio como principal fonte de energia. Possuem também Freios Regenerativos (KERS), os quais convertem parte da energia perdida nas frenagens em eletricidade, ajudam na recarga da bateria. Diferentemente dos veículos convencionais que utilizam combustíveis, os FCEV combinam hidrogênio e oxigênio para produzir eletricidade que alimentam o motor elétrico.

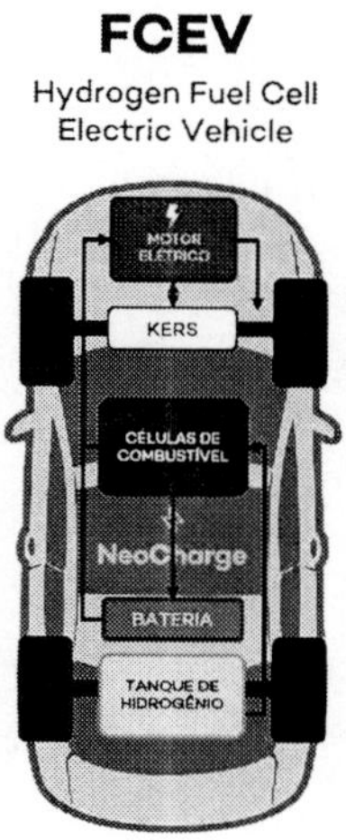

Figura 9.10

Ilustração do Sistema FCEV

Fonte: www.neocharge.com.br

Por funcionar exclusivamente por meio da eletricidade, esses modelos são considerados veículos elétricos, ainda que a sua autonomia e a forma de reabastecimento se comparam a de um veículo convencional.

Em muitos aspectos, eles se assemelham aos veículos totalmente elétricos, diferenciando-se apenas pela forma em que a energia é entregue ao motor elétrico. A conversão de gás hidrogênio em eletricidade produz apenas água e calor, ou seja, nesta conversão não há produção de gases poluentes. A produção do gás hidrogênio em si pode poluir, mas mesmo com o combustível vindo de fontes menos limpas como o carvão mineral, no total, veículos FCEV geram 30% menos poluentes se comparados aos veículos convencionais.

Principais Características:

a. Os FCEV combinam a autonomia e tipo de reabastecimento (feito em Posto de Reabastecimento) de um veículo convencional, mas com a operacionalidade de um veículo elétrico, isto é, o usuário não sente a diferença.

b. O reabastecimento em postos é similar ao dos veículos convencionais. O hidrogênio pressurizado é vendido em estações de recarga, assim como os demais combustíveis (gasolina/álcool ou diesel). O enchimento do tanque de hidrogênio leva menos de 10 min. Uma vez completado, a autonomia veicular pode variar, mas é muito semelhante aos convencionais, isto é, entre 320 até 600 km. Para obter essa autonomia devemos considerar ainda fatores, tais como: marca, modelo, capacidade do motor, dimensões entre outros.

c. Assim como os veículos elétricos, FCEV mitigam a perda de energia, quando o motor se desliga em paradas em trânsito pesado ou mesmo diante de um semáforo. Depois, o motor elétrico pode ligar o carro novamente para reiniciar a movimentação.

Informação importante ao caro Leitor é que até a edição deste livro, os modelos FCEV, ainda não estão disponíveis no Brasil. Mas acredito ser apenas questão de tempo. Desta forma, poderemos adicionar mais informações técnicas operacionais e de desempenho.

Modelos conhecidos: Toyota Mirai, Hyundai Tucson FCEV, Hyundai Nexo, Honda Clarity

9.3 Gás Natural Veicular (GNV)

O Gás Natural Veicular, também conhecido pela sigla **GNV**, é outra fonte energética alternativa para movimentação de veículos muito utilizada nos dias atuais. Em relação à gasolina, pode proporcionar economia de até 60%. Atualmente é muito utilizado em frotas de táxi, vans, caminhonetes etc. Geralmente estes veículos passam a usar este combustível, geralmente, por meio de conversão dos motores tradicionais.

A queima do Gás Natural é uma das mais limpas fontes, praticamente sem emissão de monóxido de carbono, sendo considerada a melhor opção de combustível para utilização em centros urbanos, onde os controles de poluição estão ficando cada vez mais rigorosos para proporcionar uma melhora qualidade de vida da população.

Outro detalhe significativo é que além de se economizar em combustível, também obtemos uma redução dos gastos com manutenção do veículo.

Existem diversas portarias e decretos governamentais que definem as regras para a sua utilização. Um deles é o Decreto nº 1.787, de 12 de janeiro de 1996 que autoriza a utilização do **GNV** para:

a) Frotas de ônibus urbanos e interurbanos.

b) Veículos de carga e transporte.

c) Frotas de serviços públicos.

d) Frotas cativas de empresas.

e) Táxi.

f) Veículos particulares.

9.3.1 Características Técnicas e de Segurança

O emprego do Gás Natural Veicular é seguro, desde que sejam observadas as normas aplicáveis para sua utilização. Ao contrário, acidentes com danos ao usuário e veículo, certamente aconteceram. Você já deve ter visto, na mídia, notícias sobre uso em condições indevidas. Devido à sua composição e, consequentemente, por ser um combustível mais leve que o ar, e possuir estreita faixa de inflamabilidade; qualquer eventual vazamento dissipa-se rapidamente na atmosfera, diminuindo o risco de explosões e incêndios. Além disso, para que o Gás Natural se inflame, é preciso que seja submetido a uma temperatura superior a 620oC (compare: o álcool se inflama a 200oC e a gasolina a 300oC).

Figura 9.11

Ilustração detalhando o interior de um Veículo movido à GNV

Fonte: http://portallubes.com.br.

A queima do Gás Natural é muito mais completa em relação à da gasolina, do álcool e diesel. Por isso, os veículos emitem menos poluentes, tais como óxidos nitrosos (**NOX**), dióxido de carbono (**CO2**) e principalmente o monóxido de carbono (**CO**).

O Gás Natural não está sujeito a fraudes, extravios ou perdas de qualquer espécie. É quimicamente estável, sem os inconvenientes da formação de depósitos (borras e gomas) nos tanques e sistemas de carburação. Vejamos algumas das principais vantagens:

- O gás é mais barato que os outros combustíveis (álcool e gasolina).
- A conversão dos veículos e manutenção é extremamente simples.
- Com 1 **m³ GNV** é possível rodar mais quilômetros do que com um litro de gasolina ou álcool, combinando assim <u>menor consumo por kilometro rodado</u> e menor preço. Em relação ao álcool e à gasolina, pode-se alcançar uma economia considerando somente o combustível em torno de ~60%, na maioria dos casos.
- Aumenta a vida útil do motor: Por ser um combustível limpo e seco, possui uma queima mais completa. Desta forma, pouco ou nenhum carbono é formado durante a combustão. O motor movido a **GNV** se mantém em boas condições de limpeza, contribuindo para menores taxas de desgaste para um mesmo período de utilização, quando comparado com motores alimentados com combustíveis líquidos.
- Reduz custos com lubrificantes e manutenção: O Gás Natural é um combustível seco, por isso o óleo lubrificante se mantém isento de impurezas por longos períodos devido à ausência de carbono formado na combustão dos motores alimentados a gás.
- Menor frequência na troca do escapamento do veículo, pois a queima do gás natural não provoca a formação de compostos de enxofre, diminuindo a corrosão.

9.3.2 Dúvidas sobre a Conversão Veicular

A seguir, veremos alguns questionamentos legais e técnicos sobre a conversão de um veículo movido à gasolina para uso de **GNV**.

O gás natural X potência do carro, após a conversão?

Há uma pequena perda de potência, em torno de 10%, afetando principalmente os veículos de menor potência ou quando a conversão não é bem feita, ou ainda se foi adicionado peso. Um cilindro médio para **GNV** pesa em torno de 70 **kg**, ou seja, o peso de um adulto médio.

Em veículo a GNV, deve-se manter um pouco de gasolina?

É aconselhável que se faça o veículo funcionar com combustível original, ao menos por cinco minutos ao dia. Desta forma evitamos ressecamento das mangueiras de combustível, formação de goma nos bicos injetores, e evitando que a bomba do combustível original funcione seca, sem combustível, com risco de danificar-se por falta de lubrificação.

Detalhes a observar numa oficina para obter uma conversão adequada:

Para a Instalação do chamado "KIT DE GNV", o **IBAMA** recomenda ao consumidor:

1) Optar por oficinas registradas no INMETRO. Para mais detalhes acesse o site: **http://www.inmetro.gov.br**

2) O Kit deve estar devidamente homologado pelo **IBAMA**, com todos os componentes fornecidos pelo detentor do **CAGN (Certificado Ambiental para Uso do Gás Natural em Veículos Automotores)**. Para se obter a lista dos kits homologados acesse o site:

http://www.ibama.gov.br/proconve/divs/tabela-CAGN-HP.pdf

3) Solicitar ao instalador que execute um teste de emissões, através de analisador de gases devidamente qualificado.

4) Ao final, exigir o Regulamento do INMETRO, totalmente preenchido.

9.3.3 Procedimentos obrigatórios de segurança a serem seguidos, ao converter o veículo para uso de GNV

Cuidados com o Cilindro

Construídos em aço próprio para **GNV (NBR 12790** ou **ISO 4705)**, devem ser fixados com suportes adequados. Não poderão ter sinais de soldas, pois este será um ponto sem resistência e um provável de ruptura ou vazamento do combustível. Os cilindros e demais componentes do kit de conversão carregados no veículo são dimensionados para suportar a alta pressão (~ 200 **bar**) em que o gás é armazenado e ainda situações eventuais como colisões, incêndios, etc.

Execute as revisões periódicas do kit. Cuide para que não sejam instalados cilindros velhos, recondicionados, de procedência desconhecida ou ainda tubos de cobre.

Cuidados Gerais

1. O **GLP** (gás de cozinha), em hipótese alguma, deve ser usado no lugar do **GNV**.
2. Denuncie oficinas clandestinas, preservando a sua integridade física e da população em geral.
3. Qualquer tipo de vazamento evidenciado, procure imediatamente a assistência técnica da oficina em que você executou a conversão.
4. Não permita que curiosos façam regulagens em seu veículo.
5. Em caso de mau funcionamento, verifique a sujidade do filtro de ar, das velas e componentes do sistema de ignição.

Aspectos Legais relacionados ao GNV

1. Antes de fazer a alteração, você deve ir a um Departamento de Trânsito de sua cidade e solicitar uma "Autorização para Mudança de Combustível". Após a conversão, é necessário alterar o documento original do veículo, bem como levá-lo para inspeção, sendo ambas as ações feitas no órgão de trânsito. Caso contrário, estará sujeito às multas previstas em lei.
2. Instaladoras registradas - **GNV**: São aqueles verificados pela **Rede Brasileira de Metrologia Legal e Qualidade - RBMLQ**, segundo os critérios estabelecidos no RTQ 33 (revisão 01) do **Inmetro** (Portaria nº 102/ 2002), cuja capacitação é evidenciada através do Certificado de Registro do Instalador (**CRI**).

As conversões de veículos a gasolina para uso **GVN** necessitam de cuidados muito especiais. Há detalhes construtivos e de montagem que precisam ser observados tanto pela oficina quanto pelo usuário. Atente-se às recomendações de manutenção corretivas e preventivas. Sempre quando falamos em gás, vem-nos à memória a expressão "perigo de explosão"; sendo assim, é imprescindível alta responsabilidade técnica sobre este serviço. Entendo importante que os conceitos de gestão em manutenção industrial sejam aplicados, evidentemente considerando as características particulares deste seguimento.

> Nota do autor
>
> Pude observar em algumas empresas de assistência técnica veicular, a existência do engenheiro mecânico, cuja qualificação está adequada ao setor automotivo. Creio que mais adiante, outros técnicos de nível superior poderão fazer parte deste time, abrindo novas oportunidades no mercado de trabalho. Ainda há uma massiva parte dos profissionais de engenharia atuando somente em indústrias de manufatura. Contudo, a evolução dos veículos e os novos sistemas alternativos para movimentação veicular, podem mudar este panorama.

9.4 O Biodiesel

É um combustível biodegradável derivado de fontes renováveis. É obtido por diferentes processos, sendo um deles a Transesterificação. Pode ser produzido a partir de gorduras animais ou de óleos vegetais. No Brasil, são utilizadas a mamona, dendê (palma), girassol, babaçu, amendoim, pinhão manso e soja, dentre outras.

O Processo de Transesterificação é o mais utilizado, atualmente, para a produção de biodiesel. Consiste numa reação química dos óleos vegetais ou gorduras animais com o álcool comum (etanol) ou o metanol, estimulada por um catalisador, com o qual também se extrai a glicerina, produto com aplicações diversas na indústria química. O catalisador é um produto usado para provocar uma reação química entre o óleo e o álcool. Depois, o óleo é separado da glicerina (usada na fabricação de sabonetes) e filtrado.

Além da glicerina, a cadeia produtiva do biodiesel gera uma série de outros co-produtos (torta, farelo, etc.) que podem agregar valor e se constituir em outras fontes de renda importantes para os produtores.

O biodiesel substitui total ou parcialmente o óleo diesel de petróleo em motores ciclo diesel automotivos (de caminhões, tratores, camionetas, automóveis, etc) ou estacionários (geradores de eletricidade, calor, etc). Pode ser usado puro ou misturado ao diesel em diversas proporções.

Um detalhe a ser comentado, trata do nome "biodiesel", o qual muitas vezes é confundido com a mistura diesel+biodiesel, disponível em alguns postos de combustível. A designação correta para a mistura vendida nestes postos deve ser precedida pela letra "B" (do inglês Blend). Neste caso, a mistura de 2% de biodiesel ao diesel de petróleo é chamada de B2 e assim sucessivamente, até o biodiesel puro, denominado por B100.

9.4.1 A Mistura: Biodiesel e Diesel

O biodiesel pode ser usado misturado ao óleo diesel proveniente do petróleo em qualquer proporção, sem necessidade de qualquer alteração mecânica nos atuais motores com ciclo diesel. Em alguns motores antigos, há a necessidade de alguns ajustes.

A concentração de biodiesel é informada por meio de uma nomenclatura específica, definida por **"BX"**, onde **"X"** se refere à percentagem em volume do biodiesel ao qual é misturado ao diesel do petróleo. Assim, **B5**, **B20** e **B100** indicam, respectivamente, as misturas de biodiesel/diesel contendo 5, 20 e 100% de biodiesel.

1.Vantagens obtidas com o consumo de Biodiesel:

1.1 É uma energia renovável. As terras cultiváveis podem produzir uma enorme variedade de outras fontes de matéria-prima para o biodiesel.

1.2 Contribui para a geração de empregos no setor primário, reduzindo o êxodo do trabalhador no campo, favorecendo o ciclo da economia auto-sustentável essencial para a autonomia do país.

1.3 O biodiesel possui propriedades lubrificantes que aumentam a vida útil do motor.

1.4 Baixo risco de explosão; para sua ignição é preciso uma fonte acima de 150°C.

1.5 Contribui para o ganho ambiental, pois reduz poluição e o efeito estufa.

1.6 O abastecimento em motores ciclo diesel, não acarreta adaptações veicular, por exemplo, em caminhões, ônibus, etc.

1.7 Possibilita ao produtor fazer uma rotação de culturas em sua propriedade, obtendo duas safras ao ano. Assim, sua produção é favorecida pelo clima e tecnologias atuais.

1.8 Na mistura ar-combustível, o Biodiesel requer menos oxigênio para a combustão.

1.9 A utilização de Biodiesel aumenta a eficiência dos catalisadores.

2.As Desvantagens

2.1 A produção intensa da matéria-prima, de origem vegetal, pode levar ao esgotamento da capacidade do solo, ocasionando prejuízos à flora e fauna da região, podendo ainda permitir a proliferação de parasitas e doenças.

2.2 Há uma possibilidade, não confirmada, de um acréscimo dos preços dos alimentos em razão do aumento da demanda de matéria-prima para a produção do Biodiesel.

2.3 Existe uma preocupação sobre as lavouras de Soja e Dendê, fontes importantes para o Biodiesel,e que estão invadindo florestas tropicais (necessárias a biodiversidade). No Brasil, essas lavouras não são consideradas para a produção de Biodiesel, contudo, especialistas acham necessário considerar esta situação.

2.4 Outras desvantagens devem ser consideradas, por exemplo, relacionadas à economia e a toda cadeia que envolve a produção de alimentos.

Tratar das vantagens e desvantagens para o uso do Biodiesel é outro assunto polêmico, não só no Brasil, mas em outros países. Do ponto de vista da engenheira automotiva, devemos tratá-la como uma energia alternativa, sendo assim, a grande missão é reduzir as desvantagens para possibilitar a sua utilização. O detalhe técnico que mais chama a atenção, é o fato de não haver necessidade de alterações nos motores, diferentemente quando optamos pelo Gás Natural e este por si só, já seria uma grande vantagem para o usuário.

9.4.2 O Programa Biodiesel do Brasil

O programa Biodiesel brasileiro é um projeto do governo, tendo a missão de promover a fusão dos recursos renováveis (combustível vegetal) com os esgotáveis (petróleo). Isto significa que somente as refinarias autorizadas pela **Agência Nacional do Petróleo (ANP)** poderão proceder à mistura dos esgotáveis com os renováveis e a consequente comercialização através de conveniados.

O **Programa Nacional de Produção e Uso de Biodiesel (PNPB)** é um programa interministerial do Governo Federal com o objetivo de implantar, de forma sustentável tanto técnica, quanto econômica, a produção e uso do Biodiesel com enfoque na inclusão social e no desenvolvimento regional, através da geração de emprego e renda.

Principais diretrizes do **PNPB**

a. Implantar um programa sustentável, promovendo inclusão social.

b. Garantir preços competitivos, qualidade e suprimento.

c. Produzir o biodiesel a partir de diferentes fontes oleaginosas e em regiões diversas.

Ao final do ano de 2002, a demanda total de diesel no Brasil foi de aproximadamente 39,2 milhões **m³**, dos quais 76% foram consumidos no seguimento de transporte. O país importou 16,3% dessa demanda. Neste contexto, uma utilização de biodiesel a 5% no país, seria uma total aproximado de 2 milhões **m³** de Biodiesel.

O Biodiesel substitui total (puro) ou parcialmente (mistura) o Diesel aplicado ao seguimento automotivo (ex. caminhões) ou estacionário (ex. grupos geradores de eletricidade).

Leis Aplicáveis ao uso do Biodiesel

Segundo **a Lei nº 11.097**, de **13 de janeiro de 2005**:

"O Biodiesel é um biocombustível derivado de biomassa renovável para uso em motores a combustão interna com ignição por compressão ou conforme regulamento, para geração de outro tipo de energia que possa substituir parcial ou totalmente combustíveis de origem fóssil".

Esta lei ainda estabelece a obrigatoriedade da adição de um percentual mínimo de biodiesel ao óleo diesel comercializado ao consumidor, em qualquer parte do território nacional. Esse percentual obrigatório será de 5% por oito anos, contados a partir da sua publicação. Há um percentual obrigatório e intermediário de 2% três anos após a publicação da mesma.

Atualmente o biodiesel vendido nos postos pelo Brasil possui 2% de biodiesel e 98% de diesel, denominado **B2**.

Definição geral

"Combustível natural usado em motores diesel, produzido através de fontes renováveis, que atende às especificações da ANP".

Definição geral estendida

"Combustível renovável derivado de óleos vegetais, como girassol, mamona, soja, babaçu e demais oleaginosas, ou de gorduras animais, usado em motores a diesel, em qualquer concentração de mistura com o diesel. Produzido através de um processo químico que remove a glicerina do óleo".

Definição Técnica

"Combustível composto de mono-alquilésteres de ácidos graxos de cadeia longa, derivados de óleos vegetais ou de gorduras animais e designado **B100"**.

Definição da legislação brasileira

"Biocombustível derivado de biomassa renovável para uso em motores a combustão interna com ignição por compressão ou, conforme regulamento, para geração de outro tipo de energia, que possa substituir parcial ou totalmente combustíveis de origem fóssil."

Informações Adicionais sobre o Biodiesel

O Biodiesel deve ser produzido seguindo especificações industriais restritas. Em nível internacional, existe **ASTM D6751**. Nos Estados Unidos (EUA), o Biodiesel é o único combustível alternativo a obter completa aprovação no **Clean Air Act** de 1990 e autorização da **Agência Ambiental Americana (EPA)** para venda e distribuição. Os óleos vegetais puros não estão autorizados a serem utilizados como óleo combustível.

Sua aplicação em mistura com o óleo diesel possui alto teor de enxofre, porque confere a este melhores características de lubrificantes. É uma excelente alternativa o uso dos ésteres, em adição de 5 a 8%, para reconstituir esta propriedade.

A experiência de utilização do biodiesel no mercado de combustíveis tem se dado em quatro níveis de concentração:

1. Puro (**B100**).
2. Misturas (**B20 – B30**).
3. Aditivo (**B5**).
4. Aditivo de lubricidade (**B2**).

As misturas em proporções volumétricas entre 5% e 20% são as mais usuais, sendo que para a mistura **B5**, não é necessário adaptação dos motores.

O Biodiesel é perfeitamente miscível e quimicamente semelhante ao óleo diesel mineral. Por ser biodegradável e não-tóxico é considerado um "combustível ecológico."

9.4.3 Os Biocombustíveis

Existem vários tipos de biocombustíveis: bioetanol, biodiesel (visto anteriormente), biogás, biomassa, biometanol, bioéter dimetílico, biocombustíveis sintéticos, etc.

Além do biodiesel, outros principais biocombustiveis são: biomassa, bioetanol e o biogás.

Biomassa

A biomassa é uma fonte de energia limpa e renovável disponível em grande abundância e derivada de materiais orgânicos. Todos os organismos capazes de realizar fotossíntese (ou derivados deles) podem ser utilizados como biomassa. Exemplo: restos de madeira, estrume de gado, óleo vegetal ou até mesmo o lixo urbano. É grande a expectativa para o sucesso no uso da biomassa, pois o petróleo e o carvão mineral são fontes não renováveis, a energia elétrica é ainda muito dependente dos recursos hídricos; e a energia nuclear considera-se polêmica. Outro fator importante é que a humanidade esta produzindo cada vez mais lixo e este por sua vez é capaz de produzir energia. De certa forma, ajuda a resolver vários problemas, tais como a diminuição do nível de poluição ambiental e contenção do volume de lixo das grandes metrópoles.

Algumas das vantagens a partir do uso da biomassa

- É uma energia limpa e renovável.
- Reduz a probabilidade de corrosão dos equipamentos.
- Os resíduos emitidos pela queima, não interferem no efeito estufa.
- É considerado uma boa fonte alternativa de energia.
- Participa na redução da dependência de petróleo por parte de países subdesenvolvidos.
- Diminui o lixo industrial (já que ele pode ser útil na produção de biomassa).
- Possui baixo custo de implantação e manutenção.

Quatro formas de transformar a biomassa em energia:

1. *Pirólise*: através dessa técnica, a biomassa é exposta a altíssimas temperaturas sem a presença de oxigênio, visando acelerar a decomposição da mesma. Os resíduos deste processo são: mistura de gases (CH4, CO e CO2 – respectivamente, metano, monóxido de carbono e dióxido de carbono), líquidos (óleos vegetais) e sólidos (basicamente carvão vegetal).

2. *Gaseificação*: assim como na pirólise, aqui a biomassa também é aquecida na ausência do oxigênio, gerando como produto final um gás inflamável. Esse gás ainda pode ser filtrado, visando à remoção de alguns componentes químicos residuais. A diferença básica em relação à pirólise é o fato de a gaseificação exigir menor temperatura e resultar apenas em gás.

3. *Combustão*: aqui a queima da biomassa é realizada a altas temperaturas na presença abundante de oxigênio, produzindo vapor a alta pressão. Esse vapor geralmente é utilizado em caldeiras ou para movimentar turbinas. É uma das for-

mas mais comuns hoje em dia, e sua potência situa-se na faixa de 20 a 25%;

4. *Co-combustão*: essa prática propõe a substituição de parte do carvão mineral utilizado em uma termoelétricas por biomassa. Dessa forma, reduz-se significativamente a emissão de poluentes (principalmente dióxido de enxofre e óxidos de nitrogênio, responsáveis pela chuva ácida). A faixa de desempenho da biomassa encontra-se entre 30 e 37%, sendo por isso uma opção bem atrativa e econômica atualmente.

O emprego de etanol anidro (grau de pureza maior que 99%) é necessário, pois a presença de água na reação de transesterificação leva ao surgimento de emulsões.

Outras fontes alternativas

O biodiesel pode ser produzido a partir de qualquer fonte de ácidos graxos, porém nem todas as fontes viabilizam o processo em nível industrial. Os resíduos graxos também aparecem como matéria-prima para a produção do biodiesel. Nesse sentido, podem ser citados os óleos de frituras, as borras de refinação, a matéria graxa dos esgotos, óleos, gorduras vegetais ou animais, ácidos graxos, entre outros

Análise sobre o uso de Biocombustíveis

Os motores com ciclo diesel são adaptáveis ao Biodiesel. Portanto é uma questão de opção do usuário ou por determinação legal. Uma análise mais criteriosa, sugere um monitoramento das condições do motor por um determinado período, e o registro caso ocorram, de reações adversas. Considera-se não haver prejuízos aos componentes e nem tão pouco possibilidade de redução da vida útil, porém os dados coletados poderão gerar um fator a ser considerado, diante de uma decisão administrativa relacionada a definição do combustível padrão, por exemplo, uma frota de ônibus.

Pode-se iniciar definindo um "projeto-piloto" e metas. Colocá-lo em prática e, ao longo do período de estudos, manter os dados registrados estatisticamente, pois fornecerão informações importantes para a definição do melhor combustível, isto é, tecnicamente e economicamente mais viável. Atualmente, as vantagens superam as desvantagens no uso do Biodiesel. Para o Brasil é uma importante energia estratégica, tendo em vista a riqueza de nosso solo. Contudo, as performances técnicas devem ser avaliadas, principalmente aquelas relacionadas ao meio ambiente.

9.4.4 O Combustível Etanol (Álcool)

Os Termos etanol, álcool ou álcool etílico se referem à mesma substância. Tanto o álcool combustível, como bebidas alcoólicas, produtos de limpeza, tintas e qualquer outro produto que contenha o composto utiliza o mesmo álcool, obtido por fermentação do açúcar ou síntese em laboratório. As diferenças ocorrem nos processos durante e pós-produção. Na safra 2012/2013 foram produzidos mais de 21 bilhões de litros. Deste volume, foram consumidos aproximadamente 18 bilhões de litros e pouco mais de 3 bilhões foram exportados.

Em sua aplicação como combustível, o etanol está presente de forma pura ou misturado à gasolina. O etanol vendido nos postos é o álcool etílico hidratado, uma mistura com cerca de 96% de etanol e o restante de água. Já o etanol misturado à gasolina é o álcool anidro, um tipo de etanol que possui pelo menos 99,6% de álcool puro. Na gasolina brasileira a proporção de etanol misturado ao combustível varia de 20% e 25%, de acordo com a determinação do governo.

O etanol é considerado um combustível renovável e sustentável, pois grande parte do gás carbônico lançado na atmosfera, em sua produção, é absorvido pela própria cana-de-açúcar durante a fotossíntese. Embora seja orgânico, o etanol não é encontrado puro na natureza. Portanto, necessita de processos complexos para a obtenção da substância, porém, o mais conhecido é a Fermentação – de açúcares das plantas ricas em açúcar ou amido, tais como a cana-de-açúcar, milho, beterraba e sorgo. Existe também a possibilidade de extrair os açúcares para produção de etanol a partir da biomassa de cana, ou seja, da palha ou do bagaço (resíduos de produção).

Etapas do Processo de Fermentação:

1. Lavagem: A cana de açúcar, em sua forma pura, é colocada em uma esteira rolante. Lá, ela é submetida a uma lavagem para eliminar poeira, areia, terra e outros tipos de impurezas. Na sequência, a cana é picada e passa por um eletroímã, que retira materiais metálicos do produto.

2. Moagem: A cana é moída por rolos trituradores, produzindo um líquido chamado melado (70% do produto original), enquanto os 30%, da parte sólida, se transforma em bagaço. O melado segue no processo, enquanto o bagaço segue para geração de energia na própria unidade ou para produção do Etanol 2G.

Etanol 2G: é o combustível renovável produzido a partir dos resíduos que sobram dos processos agrícolas. O Etanol de segunda geração é obtido do bagaço da cana-de-açúcar que reutilizado, pode aumentar em 40% a capacidade de produção do etanol, sem a necessidade de ampliação das áreas plantadas de canavial. A Petrobras investe nesta tecnologia, desde o ano de 2004.

Fonte e para mais informações: www.planetasustentavel.com.br

3. Eliminação de Impurezas: Os resíduos presentes no melado são eliminados por peneiras. Em seguida, segue para um tanque onde permanecerá em "repouso", fazendo com que as impurezas se depositem ao fundo – processo de decantação. Depois de decantar, o melado puro é extraído e recebe o nome de caldo clarificado. O último processo de extração de impurezas é a esterilização, em que o caldo é aquecido para eliminar os micro-organismos.

4. Fermentação: Após estar completamente puro, o caldo é levado para tanques (denominados por "damas") no qual é misturado ao fermento com leveduras (fungos). Esses micro-organismos se alimentam do açúcar presente no caldo. Nesse processo, as leveduras quebram as moléculas de glicose, produzindo etanol e gás carbônico. O processo de fermentação dura diversas horas, e como resultado produz o vinho, chamado também de vinho fermentado, que possui leveduras, açúcar não fermentado e cerca de 10% de etanol.

5. Destilação: O etanol está misturado ao vinho fermentado, sendo a próxima etapa a de separá-lo da mistura. Nesse processo, o líquido é colocado em colunas de destilação, nas quais ele é aquecido até se evaporar. Na evaporação, seguida da condensação (transformação em líquido), é separado o vinho do etanol. Com isso, fica pronto o álcool hidratado, usado como etanol combustível, com grau alcoólico em cerca de 96%.

6. Desidratação: Com o álcool hidratado preparado, basta retirar o restante de água contido nele para fazer o álcool anidro. Nesta etapa podem ser utilizadas diversas técnicas. Uma delas é a desidratação, em que um solvente colocado ao álcool hidratado mistura-se apenas com a água, com os dois sendo evaporados juntos. Após ser desidratado, surge o álcool ani-

dro, com graduação alcoólica de ~99,5%, utilizado, misturado à gasolina como combustível.

7. Armazenamento: Nesta etapa, ambos: etanol anidro e hidratado são armazenados em enormes tanques, permanecendo lá até serem transportados por caminhões até às distribuidoras.

Outros métodos de obtenção de Etanol

Um deles é a Hidratação do Etileno (gás incolor obtido no aquecimento da hulha que é tipo de carvão mineral), o qual consiste em uma síntese química entre as moléculas de água (H20) e moléculas do etileno (C2H4), resultando no etanol (C2H6O). Outra possibilidade de se obter o etanol é pela redução do acetaldeído (C2H4O). Com a ação de um agente redutor, o acetaldeído ganha um íon de hidrogênio (H+) que se liga ao oxigênio formando a hidroxila, e consequentemente, o etanol.

Etanol para motores veiculares

Sua principal aplicação é em motores de combustão interna – ciclo Otto, isto é, a ignição ocorre por centelha gerada por componentes denominados por vela de ignição que geram uma faísca elétrica que queima o combustível, movimentando os cilindros e transmitindo força ao motor. Normalmente, esses tipos de motores são movidos à gasolina ou etanol, estando presente nos veículos leves, como automóveis e motocicletas.

O etanol é utilizado desde 1938, quando um decreto presidencial tornou obrigatória a mistura de álcool anidro à gasolina, atualmente estipulada em 20%. Já o etanol hidratado está no mercado desde 1979, quando foi lançado o primeiro carro a álcool: Fiat 147. O Brasil é o único país que o utiliza como combustível.

O programa que alavancou o etanol foi o "Proálcool", lançado em 1975 que estimulou a produção de álcool com objetivo de reduzir a dependência do petróleo. Teve grandes resultados durante parte da década de 1980, tendo mais de 70% da frota nacional utilizando Álcool. Com a redução do preço do petróleo, no fim dos anos 80, o "Proálcool" perdeu força, e utilização da gasolina predominou no decorrer dos anos 90. O etanol só ressurgiu em meados dos anos 2000, com o lançamento dos bicombustíveis no mercado brasileiro, iniciado com o modelo VW Gol 1.6 Total Flex, em 2003. Os motores da geração veicular total flex aceitam qualquer proporção de etanol ou gasolina, sem afetarem a durabilidade. Atualmente, representam cerca de 85% da frota brasileira.

Outra utilização é para as motocicletas. Em 2009, foi lançada exclusivamente no Brasil a primeira linha de motos com motor bicombustível do mundo: a Honda CG150 Titan Mix. Em julho de 2012 a Yamaha lançou o modelo FAZER 250 BlueFlex, sendo o de maior potência no mercado.

No ano de 2006, foi lançado o programa internacional "BioEthanol for Sustainable Transport" (BEST) – Bioetanol para o Transporte Sustentável. Com financiamento da União Europeia, Brasil, China e outros países europeus, o programa desenvolveu ônibus movidos a etanol para serem utilizados no transporte público. O primeiro ônibus desse programa começou a circular, em São Paulo, em dezembro de 2007, utilizando o E95 (motor de ciclo-diesel adaptado). Até o término do programa, no fim de 2009, foram implantados pelo BEST, 138 ônibus, 127 em Estocolmo, dois em São Paulo e os restantes em Madri (na Espanha), La Spezia (Itália) e Nanyang (China).

Em 2011, foi lançado em São Paulo o "Programa Ecofrota", com o objetivo de diminuir o uso de combustíveis fósseis no transporte público coletivo. Algumas empresas de ônibus e caminhões utilizam o Álcool Misturado ao Diesel (MAD), em misturas que geralmente são de 7 ou 8%. No transporte público de Curitiba, começou a se utilizar em 1998 uma mistura com cerca de 11% de etanol, 2,5% de aditivo e o restante de diesel. Entretanto, a mistura baixou para 8% depois de se comprovar uma queda na potência do motor. Desde então, tem sido utilizado em alguns ônibus da frota da cidade.

Apesar dos benefícios ambientais, a mistura entre diesel e etanol se torna inviável em razão das grandes diferenças entre os combustíveis. Ambos são praticamente imiscíveis. Além disso, o álcool tem uma octanagem (resistência à detonação) e ponto de autoignição (temperatura de autocombustão) muito alto, algo impróprio a motores de combustão por compressão (ciclo diesel). Uma mistura mais viável tem sido a do biodiesel.

Outra opção de combustível, oferecida ao consumidor, foi o álcool hidratado aditivado. O produto segue o mesmo princípio da gasolina aditivada: é o combustível comum com adição de substâncias que melhoram sua qualidade. Uma das grandes vantagens do combustível aditivado é o incremento à lubrificação, isto é, a taxa de água presente no álcool hidratado faz com que sua capacidade lubrificante seja menor que a do álcool anidro, o que pode reduzir o tempo de vida útil do motor. Com a adição de lubrificantes, essa deficiência é minimizada. Outra vantagem do etanol aditivado é em relação ao rendimento, que melhora cerca de 3% em relação ao álcool comum. O único tipo de etanol aditivado comercializado no Brasil até hoje é o Shell V-Power, desenvolvido pela multinacional . Com um preço em média 7% mais caro que o álcool comum, o etanol aditivado pode ser mais viável economicamente por consumir menos combustível na mesma distância rodada, mas isso varia conforme marca e modelo, sendo recomendável a execução de testes.

Etanol na aviação

Em 2005, foi lançada no Brasil, a primeira aeronave movida a etanol hidratado, e autorizada para ser produzida em série: Ipanema EMB 202A, da Embraer. Monomotor de pequeno porte, o avião é utilizado na agricultura para a pulverização de lavouras. Em aviões comerciais, um tipo de biocombustível derivado da cana-de-açúcar já foi utilizado em um voo teste da companhia Azul com o jato E195, produzido também pela Embraer. Apesar desses exemplos, o álcool não é o biocombustível mais recomendado para uso na aviação. Entre as possibilidades, plástico reciclável, serragem, palha, óleo de cozinha e algas são algumas das opções estudadas. O mais promissor dos biocombustíveis tem sido a bioquerosene (querosene obtido a partir de óleos vegetais). Em 2010, a TAM realizou um voo teste de 45 minutos no litoral brasileiro com o Airbus A320 abastecido com bioquerosene de Pinhão-Manso.

Legislação, Histórico e Vigência

Um ano após a lei do Petróleo, o decreto N° 2.607, de 28 de maio de 1998, estipulou em 24% a mistura de álcool anidro na gasolina. Em poucos anos, novos decretos alteraram a porcentagem da mistura, que em agosto de 2000 foi de 20% (Decreto Nº 3.552, de 4 de agosto de 2000) e em maio de 2001 aumentou para 22% (Decreto Nº 3.824, de 29 de maio de 2001).

Em 2006, com a Resolução CIMA Nº 35, de 22 de fevereiro, o percentual obrigatório voltou a ser 20%, subindo para 25% no ano seguinte com a Resolução CIMA Nº 37, de 27/06/2007. Em 2010, a Resolução MAPA (Ministério da Agricultura, Pecuária e Abastecimento) N° 7, de 11 de janeiro, fez valer o percentual de 20% durante fevereiro, março e abril daquele ano, voltando a 25% após o período. Com a Portaria MAPA Nº 678, de 31/08/2011, o percentual voltou a 20%, valor aplicado desde 1º de outubro de 2011 até os dias atuais. Uma nova Resolução deve ser lançada em breve para elevar, no 2º ou 3º bimestre de 2013, a taxa de mistura em 25%.

Com a Resolução ANP Nº 9, de 01/4/2009, os postos foram obrigados a trocar o nome do combustível "álcool" para "etanol", como forma de utilizar a nomenclatura padrão internacional para promover o biocombustível brasileiro.

Em 30/08/2012, a Resolução ANP N°26 estabeleceu requisitos para a atividade de produção de etanol, abrangendo a construção, ampliação de capacidade, modificação e operação de Planta Produtora de Etanol.

Nota do autor

As alternativas para geração elétrica e os novos combustíveis, são oportunidades viáveis diante das crises de abastecimento e desemprego. Sem dúvida, gás natural e os biocombustíveis devem ter uso ampliado, em razão dos benefícios superarem às desvantagens. Essas novas opções, tanto para seguimento industrial, comércio e serviços; quanto para as frotas veiculares, significam redução de custos operacionais. A energia nuclear, embora necessite de sistemas de segurança de alto custo, é comprovadamente eficiente e amplamente usada em diversos países. Já a eólica, tem seus processos isentos de toxidade e mesmo assim, é capaz de gerar eletricidade. O meu objetivo foi dividir com você algumas informações e tendências sobre temas tão importantes para a sustentabilidade da vida em nosso planeta.

10. A Cogeração

10.1 Introdução à Cogeração

A busca por alternativas para contornar a crise energética, a qual afeta todas as classes sociais, acaba por se tornar uma importante forma de sobrevivência em nosso planeta. As soluções para superá-la estão dispostas ao estilo "cartas na mesa". Então, o seguimento afetado deve optar pela que mais se adapta ao seu negócio, permitindo maior lucratividade. O sistema de cogeração ainda não é conhecido por uma grande parcela da população. Contudo, sua aplicação é ampla e possibilita aproveitamento da energia a níveis, onde as perdas, para o meio ambiente, são mínimas. O princípio elementar corresponde a gerar eletricidade, podendo usufruir das parcelas residuais na geração de energias térmicas.

Existem algumas formas de aproveitamento energético que são consideradas por cogeração. Uma delas, em especial, conta com a disponibilidade do combustível Gás Natural e geração de energia elétrica através de máquinas estacionárias denominadas Motor-Gerador ou Grupo Gerador.

Antes de continuar este assunto, vamos rever alguns termos e definições para esclarecer possíveis dúvidas.

Energia: capacidade de realizar trabalho. Muito relacionado às primeiras máquinas térmicas que usavam energia química (queima de combustível, como a madeira ou carvão) para obter vapor.

Calor: é uma forma de energia térmica que se transfere de um corpo, com maior temperatura, para o outro com menor temperatura. O calor não se armazena, apenas podemos facilitar ou dificultar sua transferência.

Temperatura: é uma medida de energia cinética; quanto maior vibração das moléculas de um corpo, maior será sua temperatura. A transferência de calor, entre dois corpos é definida como "diferença de temperatura" (ΔT).

Vapor: é a água no estado gasoso. Esta mudança de estado se dá em razão do efeito do calor e pressão; quanto maior, mais elevada será a temperatura de vaporização.

Vapor Saturado: é o vapor "úmido", contendo gotículas de água, sendo obtido a partir da vaporização da água. É usado em aquecimento direto ou indireto.

Vapor Superaquecido: é obtido mediante aquecimento do vapor saturado. É usado para transferência de energia cinética, por exemplo, na geração de trabalho mecânico em turbinas.

Fluído: pode ser líquido (água) ou gás (GLP). É obtido através de diferença de potencial gravitacional (altura) ou pressão.

Combustão: é uma reação química de oxidação entre combustível (diesel, gás natural ou GLP, gasolina, carvão mineral, cascas de madeira, lenha, etc.) com o oxigênio (comburente), gerando calor e produtos residuais poluentes ou não, alguns deles bem conhecidos: CO2 (dióxido de carbono), H2O (água), CO (monóxido de carbono) etc.

Modelo: é um termo definido como "a representação da realidade que nos ajuda a entender determinado sistema".

Após este breve glossário, voltemos a Cogeração.

Este processo consiste na produção simultânea de energia elétrica e térmica (água quente, gelada e vapor) a partir de combustível, dentre eles o gás natural, diesel ou carvão. Neste sistema, o aproveitamento pode chegar até 80% da energia contida no combustível.

Outros combustíveis utilizados, mediante a queima de resíduos industriais, são o cavaco de madeira e o bagaço de cana.

A Energia Residual pode gerar Trabalho (Força Motriz) ou Térmica (arrefecimento ou resfriamento de um ambiente).

O Sistema de Cogeração é aplicável em diversos seguimentos:

- *Indústria*: petroquímica, alimentícia, bebidas, farmacêutica, papel e celulose, etc.;

- *Comércio*: grandes centros comerciais, supermercados, etc.;

- *Serviços*: hospitais, hotéis, condomínios, etc.;

As vantagens deste sistema são inúmeras, como promover a continuidade do fornecimento de eletricidade em regiões não cobertas pelas concessionárias, em interrupções bruscas (apagões), mas com amplo aproveitamento das perdas.

Algumas das facilidades obtidas:

1. Auto-suficiência energética total ou parcial.

2. Maior Confiabilidade das fontes de eletricidade.

3. Redução dos impactos ambientais.

4. Atendimento à legislação, em relação ao percentual de poluentes permitidos

5. Maior geração de emprego.

6. Redução de desperdícios dos recursos naturais.

7. Redução dos gastos nos processos de fabricação ou no fornecimento de serviços.

Num ambiente de cogeração, a energia gerada pelo calor é bem aproveitada, pois excede em quantidade durante a queima do combustível, caso contrário, se perderia para o meio ambiente.

Entenda da seguinte forma: Independente do combustível (gás, diesel ou carvão) e também do equipamento (motor ou turbina), parte da energia é aproveitada, a outra parcela é disperdiçada.

As indústrias, de diversos seguimentos, necessitam de calor para aquecer a água e gerar vapor, da mesma forma são essenciais para grande parte das atividades em hospitais e hotéis. Então, a partir destas necessidades primárias que a cogeração surgiu como uma solução inteligente e porque não dizer lucrativa.

A vantagem está justamente no fato de que não há necessidade de implantar sistemas individualizados, um para geração elétrica e outro na geração térmica. Na cogeração, existe uma conexão entre ambos e desta forma, os investimentos são menores. Também é verdade, há necessidade de equipamentos suplementares, em razão de possíveis paradas para manutenção ou simplesmente aumento de demanda do usuário.

Lembre-se, em nenhum sistema ocorre uma queima total de combustível (100%). Logo abaixo, entenda a distribuição percentual das energias, em uma máquina estacionária de geração elétrica. O calor desperdiçado chega a quase 70%.

Valores, aproximados, das energias contidas numa máquina estacionária de ~1.000 kVA:

40% - Energia Elétrica gerada ao usuário.

50% - Energia Térmica (Calor) útil.

10% - Energia perdida.

São poucas as condições consideradas desfavoráveis para a cogeração, uma delas se refere ao fato de os equipamentos precisarem ficar próximos, limitando as instalações a unidades pequenas, se consideradas com as das concessionárias.

Segundo dados do **INEE (Instituto Nacional de Eficiência Energética)**, até meados do século XX, a cogeração foi considerada a melhor opção como fonte de energia elétrica para as indústrias, depois perdeu competitividade para as grandes centrais geradoras. Sendo assim, ficou limitada a locais mais isolados (plataformas de extração de petróleo) ou ainda indústrias de papel e celulose, usuárias de "lixos combustíveis". Esse panorama mudou nestas últimas duas décadas, tendo em vista a baixa eficiência dos serviços de fornecimento, seja por falta de qualidade ou por ausência de investimentos por parte dos órgãos governamentais. Outro fator que contribuiu para esta retomada foi o fato da necessidade de reduzir as emissões de **CO2** (dióxido de carbono).

Em países como a Holanda e Finlândia, a cogeração já representa 40% de sua potência elétrica instalada.

10.2 Fornecimento de Energia Elétrica e Térmica

Existem diversos sistemas denominados cogeração. Irei abordar o modelo onde existam os seguintes equipamentos para geração de energia elétrica e térmica:

a) Grupo Motor-Gerador – combustível: Gás Natural.

b) Resfriador por Absorção.

c) Caldeiras para produção de Vapor Saturado.

10.2.1 O Grupo Motor-Gerador à Gás.

Desculpem a redundância, mas se trata de máquina formada por um motor e um gerador. As potências variam conforme os modelos e aplicação. Fornecem baixas (ex. 40 kVA), médias (ex. 500 kVA) até acima de 2000 kVA. Geram eletricidade a tensões: 220V, 380V, 440V, 460V e 480V. Em casos especiais: 4.160V e 11.400V.

Figura 10.1

Grupo Gerador a Gás Waukesha (Modelo aplicável em Cogeração)

Fonte: http://vauprec.no.comunidades.net/grupo-geradores-a-gas

Figura 10.2

Grupo Gerador a Gás G3412

Fonte: Fabricante Cartepillar

Os motores à Gás Natural possuem particularidades diferentes do acionado por diesel. Eles podem utilizar combustíveis alternativos como o Biogás, de menor poder calorífico e é obtido geralmente em aterros.

Figura 10.3

Grupo Gerador a Gás e Biogás

Fonte: http://www.stemac.com.br

Primeiramente, é necessário uma estação de fornecimento de gás próximo a instalação, normalmente fornecida pela concessionária. Possui válvulas de controle e segurança, manômetros e medidor de consumo. A necessidade de geração elétrica determina a potência do motor e consequentemente todo o processo de utilização da energia calorífica perdida para o meio ambiente, proveniente dos gases de escape e água de circulação para o resfriamento do motor a gás.

Para entender melhor o funcionamento do motor, vejamos os principais subconjuntos, componentes e sua funções:

Sistema de Combustível

1. *Válvula de combustível*: mantém constante a pressão de gás.

2. *Carburador*: determina a relação ar-combustível, isto é, quantidade de ar em relação ao gás que entra no cilindro do motor, regulagem feita mediante um *parafuso de ajuste*.

A mistura ar / combustível varia de **15,5:1** até **32:1**.

É um dispositivo de mistura de dois gases, sendo mais simples do que um motor à gasolina. Primeiro, pulveriza o combustível na forma liquida, antes que ele possa se transformar em gás.

3. *Atuador*: componente que controla a posição da *borboleta* e o fluxo de ar / combustível para dentro do motor,

4. *Regulador de Velocidade*: recebe informação da velocidade de rotação, através do sinal recebido de um *sensor magnético*. Após, o regulador envia este sinal ao *Atuador*.

Sistema de Ignição

1. *Módulo de Ignição*: opera da mesma forma que muitos capacitores de descarga, em sistemas de ignição de estado sólido. O módulo recebe sinal do sensor de efeito *hall* (indica posição do virabrequim em relação ao eixo do comando de válvulas) e libera a energia armazenada no capacitor. A tensão é elevada em *bobinas*, necessária para "saltar" a faísca na *velas de ignição*. Este módulo libera esta energia, numa sequência programada e no tempo adequado.

2. *Bobina de ignição*: ampliam o sinal elétrico, vindo do *módulo de ignição*, a fim de romper o campo dielétrico da *vela* e por sua vez produzir a centelha.

3. *Vela de ignição*: dispositivo que produz a centelha (faísca) necessária para a queima da mistura ar/combustível e produzir a energia que movimenta o pistão e consequentemente girar o virabrequim do motor.

Sistema de Lubrificação

1. *Bomba de óleo*: pressuriza o óleo lubrificante possibilitando sua circulação pelas galerias do motor. Esse processo evita desgaste e atrito entre as partes móveis.

2. *Bomba de pré-lubrificação*: tem a função de lubrificar o motor, antes da "partida".

3. Cárter: reservatório do óleo lubrificante. Outros componentes agregados são a *vareta (medidor nível);* e *válvula de alívio* que libera a pressão resultante da combustão.

4. *Trocador de calor*: é o arrefecedor do óleo lubrificante, isto é, reduz as altas temperaturas quando circula por entre peças em movimento.

Sistema de Admissão

1. *Filtro de ar*: bloqueia as impurezas, na entrada do ar.

2. *Estrangulador*: dispositivo que bloqueia o fluxo de entrada de ar, ocasionando parada do motor em caso de emergência.

3. *Turbina*: também conhecido como *supercharger*, *turbo-compressor* ou simplesmente *turbo*. Sua função é elevar a pressão do ar no *coletor de admissão* acima da pressão atmosférica, possibilitando, num mesmo volume, maior massa de ar. Com isso, permite maior quantidade de injeção de combustível, resultando em maior potência.

4. *Aftercooler*: reduz a temperatura do ar de admissão (processo de arrefecimento), melhorando a condição de funcionamento da turbina.

Sistema de Arrefecimento

1. *Radiador e trocador de calor*: componentes necessários para reduzir a temperatura do líquido de arrefecimento do motor.

2. *Torre de Arrefecimento*: sistema aberto de arrefecimento, podendo ser usado em conjunto com o *trocador de calor*.

3. *Tanque de expansão*: necessário para conter o aumento de volume do liquido em razão do acréscimo da temperatura do líquido de arrefecimento (a cada 60ºC ele expande 5% em volume). Em geral, sua estrutura é dimensionada para 11% do volume total do sistema de resfriamento.

Os motores a gás podem possuir módulos eletrônicos para controlar defeitos e melhorar seu desempenho.

Nota do autor

Maiores informações você encontrará no item 11 "O Grupo Gerador".

10.2.2 Resfriador por Absorção

O equipamento denominado Resfriador, também conhecido como *Chiller* (traduzindo da língua inglesa para o português, significa: refrigerador ou resfriador), modelos por absorção, é uma máquina que funciona mediante alimentação de calor (água quente, vapor ou fogo direto). O princípio de seu funcionamento é operar sob vácuo, água para arrefecimento e a solução absorvedora Brometo de Lítio (sal iodado) altamente higroscópica. Nessas condições, a solução arrefecedora evapora à 4ºC e ao final produz água a temperaturas baixas, variando entre 4ºC e 8ºC, conforme a necessidade de aplicação.

É uma máquina que remove calor do líquido através de ciclo de absorção do refrigerante (água).

A água, usada neste processo, deve ser tratada ou abrandada, contendo 20% de Glicol, inibidores de corrosão e outros produtos que protegem as partes internas (tubos, calhas, válvulas, etc.).

Em nosso modelo de cogeração, o resfriador receberá vapor, produzido por caldeiras denominadas "recuperação". O calor, para produzir este vapor, sairá dos gases de escapamento do grupo motor-gerador.

Uma de suas grandes utilidades é produzir água gelada para uso em *fan coil*[1]. Portanto, pode ser útil, tanto para processos industriais, como grandes centros comerciais e hospitais. Resfriadores produzem uma capacidade de refrigeração entre 15 até 5.300 TR (toneladas de refrigeração) ou de 180 mil a 18 milhões de BTU/h ou ainda de 53 a 5.300 kW.

Resfriadores por Absorção a vapor operam com vapor a baixa pressão (6 a 8 kg/cm^2) que é mais abundante do que o vapor a alta pressão.

Figura 10.4

Fan Coil[1] Unidade de Tratamento de Ar (FCU). A capacidade é medida em TR (tonelada de refrigeração). Funcionam a partir do "combustível" água gelada. Essas unidades têm por finalidade filtrar, tratar e condicionar o ar. Sua aplicação é recomendada para hotéis, grandes centros comerciais e hospitais, isto é, extensas áreas a serem condicionadas termicamente. Sua utilidade varia entre aquecimento, ventilação e condicionamento de ar.

Alguns dos modelos de produção de água gelada, a partir de um sistema de cogeração são por:

a) Uso de vapor produzido por caldeiras de recuperação, aproveitando o calor gerado pelos gases de escape.

b) Uso direto de gases de escape, alimentando diretamente o resfriador por absorção a vapor.

c) Uso de água quente de resfriamento das camisas do moto-gerador.

d) Uso de água quente de resfriamento das camisas do moto-gerador, reaquecidos em trocadores de calor pelos gases de escape.

e) Fogo direto proveniente de queimadores à gás ou diesel.

<u>Funcionamento básico de um Resfriador por Absorção à Vapor</u>

O ciclo de absorção utiliza a água como refrigerante, e o brometo de lítio como absorvente. A forte afinidade entre estas substâncias, somadas à condição sob vácuo é que possibilita todo o processo sem que a água atinja a forma sólida (gelo).

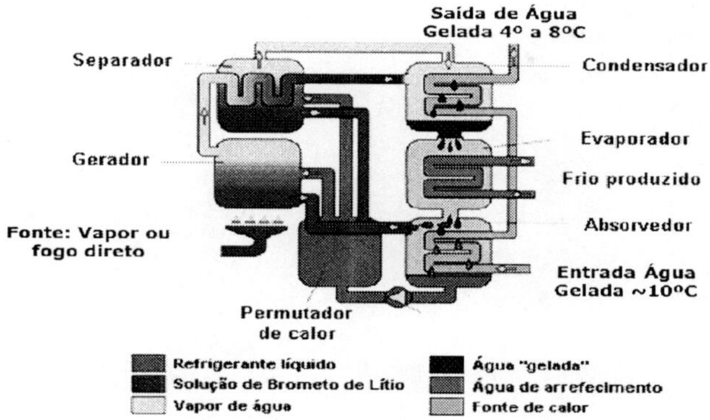

Figura 10.5

Chiller são máquinas que funcionam mediante alimentação de calor: vapor, água quente ou fogo direto. Operam na condição de vácuo, liquido refrigerante e solução absorvedora LiBr. A produção de água gelada varia entre 4º e 8ºC. A capacidade varia de 300 a 700 TR,

Fonte: Não Informada

Fases da produção de água gelada no Resfriador à Vapor

1. *Inicio do ciclo*: a solução diluída de brometo de lítio é coletada no fundo do casco do componente interno, em forma de casco, denominado Absorvedor. Uma bomba movimenta esta solução para um trocador de calor.

2. *Gerador*: após sair do trocador de calor, a solução diluída se movimenta para outro casco, numa posição superior. Esta solução envolve um feixe de tubos contendo vapor (fornecida pela cogeração) que transfere calor para a solução diluída. A partir disso, a solução ferve enviando o vapor para outro componente, o Condensador, deixando o brometo de lítio concentrado, onde este retorna para o Gerador para reiniciar o ciclo.

3. *Condensador*: o vapor, refrigerado no condensador, migra em razão da ação de eliminadores de névoa para outro feixe de tubo, agora localizados no condensador. Este vapor se condensa nestes tubos, pois o calor é removido pelo líquido de arrefecimento (água). A medida que este líquido se condensa, ele é coletado por uma calha afixada no fundo do Condensador.

4. *Evaporador*: o líquido de arrefecimento flui do Condensador, no casco superior, até o Evaporador no casco inferior. Em razão do vácuo extremo (0,8 kPa

ou ~0,0082 kg/cm²) de pressão absoluta. Então, nessa condição o líquido de arrefecimento ferve (39 °F ou 3,9 °C) criando o efeito refrigerante.

(O vácuo é obtido a partir da ação higroscópica entre água e brometo de lítio no Absorvedor).

5. *Absorvedor*: enquanto as fases ocorrem, no Condensador e Evaporador, a forte solução de brometo de lítio "puxa" o vapor refrigerante para dentro da solução, criando o vácuo extremo no Evaporador. A absorção do vapor refrigerante para dentro da solução de brometo de lítio também gera calor, mas é removido pelo líquido de arrefecimento. A solução de brometo de lítio, agora diluída, é coletada no fundo do casco do Absorvedor que escorre até a bomba de coleta, fechando o processo de geração de água gelada.

A partir do final do processo (5), o ciclo recomeça.

É bem complicado ler e entender este processo por absorção, sem o acesso a fluxos e esquemas técnicos. O ideal é sempre consultar profissionais que atuam neste seguimento, ou ainda representantes credenciados pelos fabricantes.

Existem idéias contrárias ao uso dos resfriadores por absorção, pois o consideram de baixo rendimento e pouca confiabilidade, em razão do efeito da cristalização, causado pela substância a base de sal em seu processo.

Isso se deve a comparação com o modelo, mais comercialmente conhecido, o Resfriador Centrífugo (ou elétrico) que em vez de usar vapor (ou água quente) como combustível, funciona com eletricidade (portanto, motorizado). Utiliza, para produção de vácuo, um fluído refrigerante ou gás denominado **R134A**. Uma das razões para a extensa utilização deste modelo é o menor custo, relação por absorção. Outra razão que influi bastante é que não dispomos, ainda, de uma ampla disponibilidade de gás natural.

Os valores dos custos de gás e energia elétrica podem variar conforme a região, por isso é importante análises técnicas e financeiras, considerando todas as condições contratuais de fornecimento entre concessionárias e usuários. Outra variável importante é o coeficiente de desempenho que variam entre os modelos de resfriadores e cabe a equipe de desenvolvimento do projeto optar pelo de melhor rendimento.

Maiores informações sobre Resfriadores, você encontrará nos sites:

- http://www.johnsoncontrols.com.br
- http://www.unionrhac.com.br

10.2.3 Caldeira à Vapor

A Norma Brasileira NR13 define caldeiras a vapor como:

" Equipamentos destinados a produzir e acumular vapor sob pressão superior à atmosférica, utilizando qualquer fonte de energia, executando-se os refervedores e equipamentos similares utilizados em unidade de processo".

Esta norma regulamentadora descreve acessórios necessários, condições e procedimentos de operação; manutenção e de segurança. Este documento é o mais importante relacionado ao uso de caldeiras e demais vasos de pressão, usado pelos órgãos fiscalizadores. Observar, também, as demais normas aplicáveis a projeto, fabricação e dados construtivos, etc.

As caldeiras são máquinas térmicas destinadas à produção de vapor sob pressão, seja saturado ou superaquecido.

Nas caldeiras, a condução do calor ocorre nos tubos de metal e dispositivos complementares de troca térmica. O calor flui a partir do contato entre as faces metálicas, isto é, entre os tubos com gases quentes (provenientes de queima do combustível) para os de menor temperatura por onde circula a água.

Existem dois tipos básicos de caldeiras e ambas podem ser usadas na cogeração:

Caldeiras Aquatubulares

Diferentemente, a água ocupa o interior dos tubos, e a produção de vapor se dá pelo contato destes com gases quentes que circulam por fora. Estes gases podem ser a partir da queima de combustível (chama) ou pela utilização dos gases de escape, neste caso, denominamos "caldeira recuperadora ou de recuperação". Nesta condição, podem gerar quantidade de entre 300 ate 8000 kg/h de vapor, conforme modelo e aplicação.

Em nosso modelo de cogeração, será considerada como principal fonte de vapor a caldeira de recuperação (ou recuperadora de calor), acoplada ao grupo motor-gerador, cujos gases de escape (acima de 600 °C) servem para aquecer a água que passa no interior dos seus tubos.

Figura 10.6

Caldeira recuperadora de calor que produz vapor a partir fornecimento de gases de escape de um Grupo Gerador à Gás Natural.

Fontes: http:// www.weco.ind.br & HTTP://www.stemac.com.br

Este outro modelo de caldeira produz água quente. Pode ser utilizada emergencialmente em razão de alguma eventualidade do não fornecimento pela cogeração ou como fonte complementar.

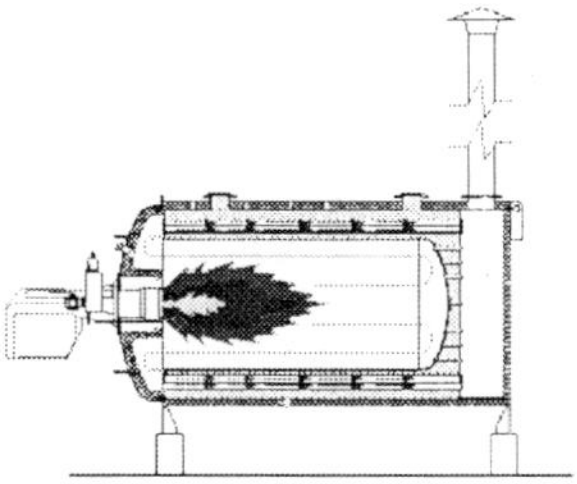

Figuras 10.7e 10.8

Caldeira para produção de Água Quente, série RA. – queima de Diesel, Gás Natural ou GLP

Fonte: http://www.weco.ind.br

Caldeiras Fogotubulares ou Flamatubulares

Utiliza a queima direta do combustível para produzir chama e gases quentes da combustão e que circulam no interior de tubos. A água, a ser vaporizada, circula externamente. Ambos são contidos em uma carcaça cilíndrica, podendo ser em forma vertical ou horizontal. A produção de vapor chega a 40 mil kg/h, com pressão de trabalho máxima de até 16 kg/cm^2. Igualmente ao modelo que produz água quente, podem fazer parte de uma unidade de cogeração, sendo fontes térmicas complementares quando a demanda for superior a projetada ou para suprir quedas de pressão, perdas ou outra razão qualquer de não fornecimento.

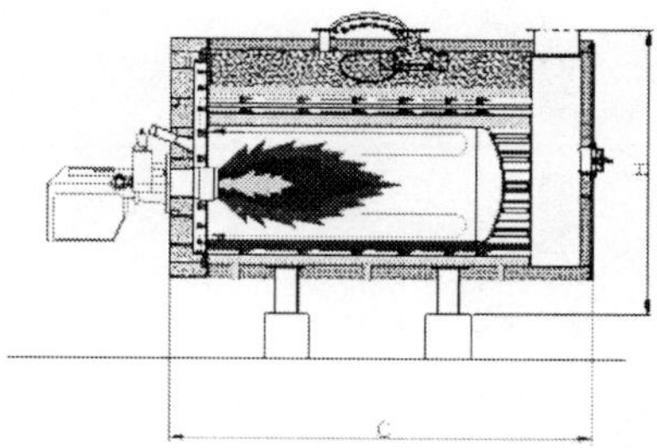

Figuras 10.9 e 10.10

Caldeira para produção de Vapor, série RV. – queima de Diesel, Gás Natural ou GLP

Fonte: http://www.weco.ind.br

10.2.4 Sistemas de Resfriamento

A água é amplamente utilizada em vários processos de fabricação, pois é ideal para operações de resfriamento. Uma das razões é pelo seu calor específico: 1,0 cal/gºC. Bem elevado, se compararmos, por exemplo, ao do alumínio: 0,214 cal / g ºC material que aquece rapidamente. Outra vantagem é a sua quantidade, encontrada em abundância na natureza. Na condição de resfriamento recebe adição de produtos desmineralizantes (para reduzir % de cálcio). O que torna o uso da água crítico são os custos de obtenção e tratamento da água potável.

O Sistema Aberto de Resfriamento

Também denominado "once-thorugh", é empregado somente em casos onde há grande disponibilidade de água, com qualidade e temperatura ideais para determinado processo. A água é captada de sua fonte, circula pelo processo de resfriamento e ao final é descartada. Neste sistema, não se obtém um tratamento químico, pois os volumes são altos.

> Nota do autor
>
> *Resfriamento*: redução de temperatura, independente do intervalo.
> *Refrigeração*: redução de temperatura, a intervalos específicos, abaixo de 0°C (zero graus Celsius).

Sistema Semiaberto de Resfriamento

Aplicável para processo com elevada demanda, porém a disponibilidade de água é limitada. O fluído passa pelos trocadores de calor e indo depois para instalações como torres, mas pode ser natural como um lago, reduzindo sua temperatura. Apresenta custo inicial elevado, porém é útil numa situação de escassez de água, pois possibilita menor volume de captação. É um sistema que pode ter tratamento químico, mantendo o sistema em condições operacionais adequadas ao processo.

Sistema Fechado de Resfriamento

É um sistema no qual a água é mantida em temperaturas menores ou maiores do que as obtidas em sistema semi-aberto. É ideal para instalações de pequeno porte ou móveis. Neste sistema, a água é resfriada em um trocador de calor e não entra em contato direto com os demais fluídos de processo como ar, gases, etc.

Os exemplos de aplicação são bem conhecidos: Compressores, radiadores de motores à combustão (automotivos ou estacionários), refrigeração, etc.

Alguns processos que necessitam de Sistema de Resfriamento:

a) Processos: siderúrgicos, injeção, fundições, etc.

b) Resfriamento de reatores nucleares.

c) Condensação de vapores, descargas de turbinas em termelétricas e nucleares, etc.

d) Resfriamento de Utilidades: Compressor, circuitos de refrigeração, condicionadores de ar, etc.

10.2.5 Apresentação de um Modelo de Cogeração

Os projetos de cogeração consideram a necessidade de vapor, para definir capacidade do grupo motor gerador e resfriador. Também, para cálculos de dimensionamento das tubulações, bombas para circulação de fluidos, válvulas, instrumentação e demais componentes de controle do sistema. Conhecendo a utilização que ser quer para a água gelada, os demais equipamentos são definidos para atender a necessidade do cliente.

Para entender melhor, o sistema de cogeração a que me refiro segue apresentação de um fluxograma para você entender o funcionamento dos equipamentos e energias geradas.

Ilustração similar ao modelo de Cogeração Proposto

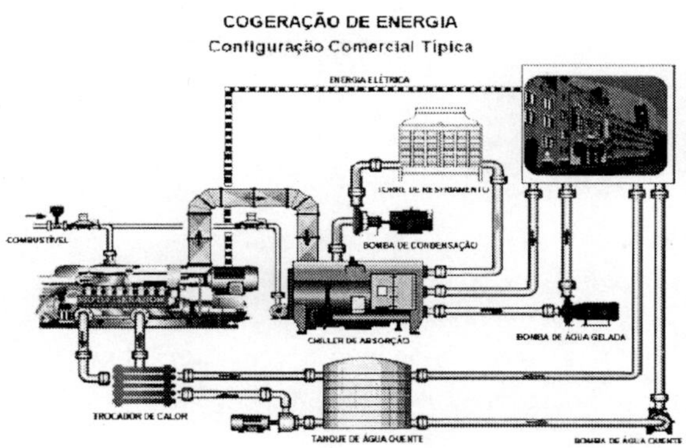

Figura 10.11

Representação gráfica dos principais equipamentos de um Sistema de Cogeração a Gás

http://www.cogeracao.com.br

Como funciona este modelo apresentado?

Antes, vamos definir que o cliente final seja uma unidade hospitalar com capacidade para atender desde de consultas, exames e até cirurgias complexas. Existe uma quantidade necessária de grupos geradores a gás natural, cuja capacidade atende a demanda elétrica (kW) e de energias térmicas, conforme as variações ao longo das 24 horas diárias, sem interrupções, condições típicas de um grande hospital. Para a geração de vapor é utilizado uma ou mais caldeiras de recuperação, as quais aproveitam os gases de escape dos grupos geradores. Este fluido será enviado às Autoclaves (esterilização de instrumentos cirúrgicos), à Lavanderia (Calandras) e será o combustível para Resfriadores por Absorção, e, como visto, fornece água gelada à sistemas condicionadores de ar do tipo fan coil.

Um motor, mesmo que use gás natural como combustível, ainda necessita de resfriamento. Este processo é obtido através de circulação de água pelas galerias do motor. Quando a temperatura sobe acima de ~80 ºC, uma válvula chamada de termostática, libera fluxo para um trocador de calor (radiador ou torre de resfriamento). No entanto, o motor a plena carga, alcança temperaturas acima de 100°C, sendo assim, é desviada para produzir água quente. Este fluído é enviado à Lavanderia, Cozinha e ainda armazenada em boilers, sendo esta utilizada para banho dos pacientes. (Obs.Também pode fazer funcionar modelos de Resfriadores por Absorção a água quente, em virtude de disponibilidade de água quente, sendo mais uma fonte de água gelada). Este processo é controlado por um válvula denominada "3 vias", pois precisa circular pelo motor, aos radiadores ou resfriador. A temperatura em que estiver a água é que vai determinar um desses três destinos; por exemplo:

- Em torno de 80 ºC: circula pelas galerias do motor (arrefecimento);

- Acima de 80 ºC até ~103 °C: vai para lavanderia, cozinha e boilers (ou para resfriador adicional);

- Acima de ~103 ºC: é direcionada para os radiadores remotos para resfriamento.

Observação:

Neste circuito, existe um vaso pressurizado com Nitrogênio (N2) o qual evita a ocorrência da cavitação, cujo efeito é prejudicial para as bombas. O sistema opera tendo como referência a pressão de saturação da água de 1,6 **bar**, a temperatura de 113 **ºC**.

Este fluxograma é uma apresentação simplificada, de projeto bem complexo. Acrescentam-se ainda, bombas de circulação dos fluídos e sistema de dutos para levar essas energias até o local de uso, dentre outros equipamentos importantes para o funcionamento.

As utilidades fornecidas pela cogeração são, obviamente, conforme definições do projeto. Geralmente são:

1) Energia Elétrica: acionamento de equipamentos e iluminação.

2) Vapor: : Esterilização, Lavanderias, Resfriador por Absorção, etc.

3) Água gelada: climatização ambiental *(fan coil)* etc.

4) Água Quente: Cozinha, Lavanderia, Vestiários (higiene pessoal), Resfriador por Absorção, etc.

Portanto, a entidade citada no exemplo poderia dispensar a eletricidade por concessionária, ainda não precisar instalar utilidades como caldeiras geradoras de vapor e água quente; aliás, muito comum na maioria dos hospitais.

Entendo que o retorno de investimento, num sistema similar a este, é garantido. Mais do que lucratividade, é ter um bom nível de segurança e confiabilidade de fornecimento das energias necessárias a sua operação. Tudo isso deve ser bem avaliado, como localidade, temperaturas ambientes ao longo do ano, condições de fornecimento de eletricidade pela concessionária.

<u>Grandezas numéricas geradas pelo modelo apresentado</u>

Energias necessárias e grandezas:

- Energia Elétrica: ~ 1.800 kWh, 220 V, 60 Hz.

- Vapor: ~37.000 kg/dia, a 7,5 kg/cm^2 (tol. -1,0 kg/cm^2).

- Água Quente: ~80.000 l/dia, a 80°C (tol. -10°C).

- Água gelada: ~ 6.500 l/dia, a 7°C (tol. + 1°C).

Grupos motor-gerador:

- Quantidade: 4 grupos.

- Potência por grupo: 750 kW (938 kVA).

- Combustível: Gás Natural.

- Potência total instalada ou disponível: 3.000 kW.

- Regime de operação: 24 horas por dia, 365 dias ao ano.

Caldeiras de Recuperação:

- Quantidade: 4 caldeiras.

- Temperatura de trabalho para cada Caldeira: 623°C.

- Capacidade/produção: 870 kg/h de vapor.

- Capacidade total: 3.480 kg/h, a 7,5 kg/cm^2.

Resfriadores por Absorção:

- Um Resfriador por absorção a vapor: 560 TR (1.960 kW).

- Um Resfriador por absorção água quente: 450 TR (1.568 kW); Opcional.

- Capacidade total de refrigeração: 1.010 TR (3.528 kW).

- Produção de água gelada: aproximadamente 320 l/h, a 7°C.

Os valores são aproximados, mas com base em modelo real; contudo, servem de referência para unidades similares. Como escrevi anteriormente, existe uma série de outros equipamentos e instrumentação envolvidos neste processo.

Uma das sofisticações possíveis é a implantação de uma sala de controle. Possibilita aos operadores do complexo, mediante *softwares* aplicáveis, acesso às informações sobre consumos elétricos e térmicos, alarmes e demais dados de produção. Desta forma, permite centralizar as informações em um só local, mas sem deixar de executar rondas nas instalações. Para tanto, são necessários sensores ao longo das instalações, os quais transmitem dados como vazão e consumo, para computadores que formam o chamado "supervisório", termo usado pelos departamentos de tecnologia da informação para designar o conjunto de *hardware* e *software* de um sistema de controle.

A figura a seguir é uma representação do modelo de Cogeração apresentado e está localizado em uma Universidade do Sul do País.

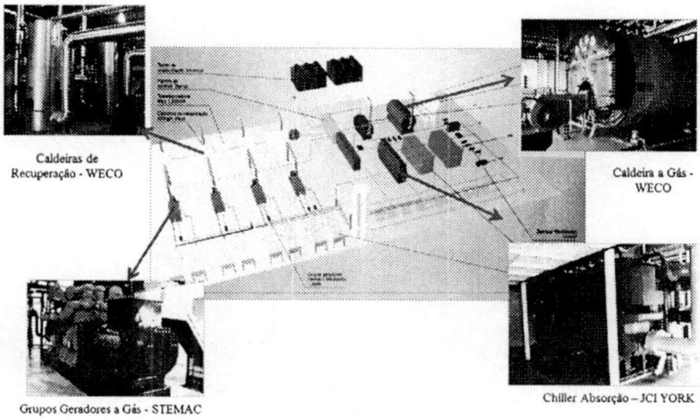

Figura 10.12

Fonte: STEPIE-ULB S.A. – USINA DE COGERAÇÃO A GÁS. Inaugurada em 19 de Agosto de 2002,pela Stemac S.A. Grupos Geradores e Universidade Luterana do Brasil (ULBRA). Está localizada no município de Canoas, Rio Grande do Sul. A figura foi obtida a partir de um evento sobre Gás Natural, no ano de 2003.

A eficiência na cogeração depende muito da qualidade de seus equipamentos e acessórios, bem como qualificação dos técnicos da operação e mantenimento. Embora o projeto seja de alta complexidade e considerando todas as possíveis variáveis, inevitavelmente ocorrerão imprevistos. Portanto, conhecimento, qualificação e planos de manutenção adequados podem reduzir os impactos negativos.

Quando me refiro à eficiência, incluo também o rendimento do maquinário, isto é, produzir com o mínimo de consumo e gastos possíveis. Um grupo moto-gerador possui eficiência de 3,3 kWh para cada 1,0 Nm^3 de gás natural consumidos. Evidentemente, este valor sofre a influência de fatores como modelo e carga. Já, os Resfriadores por Absorção variam entre 20 e 40 TR para cada 100 kWh produzidos. Outro dado importante é que a produção "gratuita" de água quente gera uma economia de 140 kW em resistências elétricas para cada 100 kW.

Alguns Modelos de Cogeração existentes no Brasil

1. Empresa Messe Gresheim do Brasil – Indústria Brasileira de Bebidas S.A.

Fonte: HTTP:// WWW.cogerar.com.br, 2004

Sistema composto por

Cinco Grupos Geradores à Gás de 1.600 kW.

Cinco Caldeiras de Recuperação de Calor.

Dois Resfriadores por Absorção.

Utilidades Produzidas

Eletricidade: 8.000 kW.

Vapor: 6 Ton/h.

Água Gelada: 1.000 TR.

Água Quente: 9.000 kWt.

CO2: 80 Ton/dia.

2. Rio de Janeiro Refrescos Ltda. /Coca - Cola

Fonte: HTTP:// WWW.cogerar.com.br, 2004

Sistema composto por:

Três Grupos Geradores à Gás.

Três Caldeiras de Recuperação de Calor.

Dois Resfriadores por Absorção.

Utilidades Produzidas:

Eletricidade: 4.800 kW.

Vapor: 3,6 Ton/h.

Água Gelada: 800 TR.

3. Iguatemi Energia S/A (IENSA), Salvador-BA

Fonte: HTTP//: www.koblitz.com.br, 2004

Dados do Sistema e Utilidades Produzidas

Central de Cogeração à Gás Natural: 8,6 MW.

Cliente: Shopping Iguatemi, iniciado em Julho de 2004.

Água Gelada: 3.600 TR.

Energia consumida pelo shopping: 56.416 MWH/Ano

10.3 Outras Formas de Cogeração

Cogeração com turbina a Gás Natural

Neste sistema, o grupo motor gerador é substituído por turbinas ou turbogeradores a gás, podendo ser somente de contrapressão ou de contrapressão & condensação. Este modelo existe no **Norteshopping e Ilha Plaza Shopping Center**, ambos localizados no Rio de Janeiro. As utilidades produzidas são energia elétrica e água gelada.

Fonte: http://WWW.cogerar.com.br

Centrais Mistas de Cogeração

Consiste em instalar equipamentos complementares de produção de água gelada e que pode ser obtido com resfriadores centrífugos ou ainda por queima direta. Neste processo, a alimentação de calor é direta mediante os gases de exaustão do grupo motor-gerador, por exemplo.

Centrais Modulares de Cogeração

Neste sistema, os equipamentos são fornecidos em containers com ou sem isolamento acústico. A grande vantagem é sua mobilidade por não necessitarem de área construída.

Resfriadores por absorção a partir dos gases de exaustão

Já foi comentado sobre obter sistema de cogeração que utiliza, de forma direta em resfriador, os gases de escape à alta temperatura (acima de 400°C), do grupo motor-gerador. Porém, neste caso, o funcionamento (simples ou duplo estágio) e eficiência do resfriador, devem ser observados para este novo modo de operação. Nesta concepção de projeto, se ganha espaço na cogeração, em razão de não necessitarem das caldeiras recuperadoras e demais complementos como bombas, trocadores de calor, etc. Outra grande vantagem é a redução nos investimentos em maquinário, mas também em infra-estrutura.

Comentário sobre o Sistema de Cogeração

Espero ter possibilitado ao leitor uma noção razoável sobre a cogeração. Existem muitas particularidades sobre as quais não abordei dada a grande complexidade. O aproveitamento eficiente da geração de energia elétrica e térmica, sob o ponto de vista econômico, traz benefícios enormes à sociedade.

O contraponto desta situação é que o desenvolvimento de novas tecnologias, em grande parte dos casos, desconsidera os conceitos de sobrevivência da humanidade e os possíveis danos ao meio ambiente.

A cogeração não deixa de ser um projeto inovador. Embora os conceitos sejam bem conhecidos e existam profissionais qualificados em aproveitamento energético, devemos levar em consideração o fato de que cada planta possui características próprias, sendo assim podemos considerar projetos deste porte como "grandes laboratórios experimentais". O trabalho inicial é árduo, mas ao final é recompensado pelos excelentes resultados e principalmente pelo reconhecimento do cliente final, o usuário.

As diversas formas de cogeração se adaptam a quaisquer seguimentos, desde que tenham características compatíveis às condições técnicas e financeiras da organização. Este aproveitamento energético deve ser avaliado sempre que for possível, pois reduz desperdícios energéticos, comum em instalações industriais e de serviços (hospitais, hotéis, etc). Felizmente isso esta mudando de uma maneira geral, em virtude não só da preservação de energias não renováveis, mas para reduzir as despesas denominadas fixas, como por exemplo, a fatura elétrica, gastos com água, gás e vapor.

O reaproveitamento das energias "perdidas" é forte candidata a ser uma solução obrigatória em organizações que necessitam reduzir seus custos operacionais. Os bons exemplos estão aí, basta conhecê-los, estudar seu funcionamento e definir se há condições de ser implantado em sua empresa.

10.4 Conservação das Utilidades – Sistema de Manutenção

Não poderia deixar de abordar os aspectos relacionados à manutenção industrial de uma planta com tão alto grau de complexidade funcional e de segurança. A análise segue formatos já apresentados, isto é, gestão e técnicas estão disponíveis, bastando definir quais se adaptam melhor a unidade.

Quando me refiro à preventiva, não é simplesmente criar um *check list* com tarefas de visualização. Evidente que isso é importante, mas qualificação e ferramental devem ser observados, tendo em vista que quase sempre são esquecidos ou não deixam de ser considerados num primeiro momento. O que acontece então é a obtenção de um bom plano, mas não é eficaz justamente pelo fato de o técnico de manutenção ter dúvidas sobre como fazer, ou porque lhe faltam ferramentas adequadas.

Acho necessário repassar ao leitor itens críticos para o sistema e sua funcionabilidade. O departamento mais adequado para iniciar este trabalho é a Engenharia de Manutenção, logicamente a partir de um software específico. Este programa deve conter no mínimo: abertura de chamada, planos e ordem de serviço corretiva, preventiva, preditiva e um módulo para gerir as peças sobressalentes. Como complemento seriam os módulos necessários para o gerenciamento contendo controle de custos, geradores de gráficos e programas para análise de falhas ou outras formas de gestão dentro da metodologia da "**RCM** – Manutenção Centrada na Confiabilidade".

Principais etapas de um planejamento de manutenção

1. Cadastrar o maquinário, equipamentos complementares, acessórios, etc.

2. Cadastrar itens de reposição, individualizados a partir do item "1".

3. Contatar fornecedores, representantes e assistências técnica.

4. Elaborar os fluxogramas (padrões) das principais atividades:

4.1 Operação elétrica.

4.2 Operação térmica.

4.3 Revisões/inspeções antes e durante o turno.

4.4 Entrada e saída de itens para conserto.

5. Montar, a partir do item "3"; biblioteca (manuais e catálogos).

6. Definir, junto com os fabricantes, estoque estratégico para situações em que não houver maquinário ou equipamentos de reserva prontos para operar a qualquer instante.

7. Analisar qualificação da equipe de manutenção: formação técnica, cursos realizados.

8. Analisar qualificação da equipe de operação: formação técnica, cursos realizados.

9. Planejar "Necessidades de Treinamento da Equipe".

10. Analisar necessidade dos Contratos de Manutenção com fabricantes.

11. Elaborar o Plano de Manutenção, para cada item cadastrado no sistema:

11.1 Atividades e frequência.

11.2 Peças de reposição (kits) para a manutenção.

11.3 Ferramental e instrumentação necessários.

11.4 Definir modo de execução: interna ou terceirizada.

12. Implantar técnicas de Organização e limpeza: 5Ss

13. Avaliar implantação de técnica TPM na operação.

14. Treinar equipe para utilizar software aplicáveis: nível usuário.

15. Manter registros manutenções corretivas.

16. Manter registros manutenções preventivas e preditivas.

17. Manter documentação técnica (projeto e detalhamento) da Unidade de cogeração atualizada.

18. Propor melhorias nas instalações com base em: manter Confiabilidade e Segurança e aumentar a rentabilidade.

19. Criar indicadores de monitoramento do desempenho operacional, de manutenção e gestão.

20. Segurança de Operação e Manutenção: implantar e manter procedimentos, com base em Normas existentes. Por exemplo, adote um Manual de Segurança, devidamente aprovado por profissionais da área.

21. Defina uma meta, por exemplo:

"Rentabilidade e Lucratividade do Negócio Cogeração."

22. Defina alguns Indicadores importantes, como:

22.1 Custo da Manutenção / Faturamento Bruto.

22.2 Mantenabilidade (Tempo necessário para o Reparo).

22.3 Controle de Horas Extraordinárias.

22.4 Controle dos Consumos Energéticos: eletricidade, vapor, água quente e água gelada;

Dicas para uma boa manutenção em sistemas de cogeração

Importante para a sua gestão é incluir itens relacionados à segurança, saúde e o meio ambiente. Procure conhecer normas aplicáveis a estes assuntos, contribuindo para sua equipe trabalhar em condições que não afetem seu desempenho. Incluir também os aspectos relevantes a ergonomia. Em resumo, proporcione qualidade de vida no trabalho.

Verifique a relação da unidade de cogeração e os resíduos gerados. Mantenha-os sob controle e tratamento adequado. O mesmo procedimento serve para outros poluentes, como ruídos em excesso e descarte de materiais usados na manutenção (filtros de óleo, panos sujos, etc.).

Outro item crítico é o de fazer a equipe entender sobre a necessidade de manter a qualidade nos serviços. Evite a frase "tá bom assim...". Busque sempre a excelência, desta forma os ativos e instalações terão possibilidade de alcançar altos índices de produtividade.

Mesmo sendo uma unidade em funcionamento, novos projetos são necessários, sejam na forma de ampliação ou simples alterações de processo. Faça parte deste processo!

A contribuição de operadores e mantenedores é fundamental para o sucesso do novo investimento. O mesmo raciocínio serve para os casos de alterações no maquinário.

Implante técnicas de auditorias e registre as "não conformidades" identificadas na unidade. Defina ações e monitore as frequências determinadas. E finalmente, mantenha uma rotina de melhorias contínuas.

Leitura complementar: "A Crise Energética no Brasil"

O Brasil enfrenta crises energéticas sem precedentes. A falta de investimento no setor, aliada ao aumento gradativo do consumo de energia elétrica estabelecem um entrave que afeta a todos nos País. Os pequenos consumidores têm dificuldades para atender metas estipuladas pelo governo porque já consomem o mínimo. Uma parcela da população colabora com a redução do consumo elétrico, substituindo lâmpadas incandescentes por fluorescentes, reduzindo o uso de um ou mais aparelhos eletro-eletrônicos e mantendo uma rígida vigilância contra o desperdício. Nas instituições públicas e privadas, comissões internas de conservação de energia foram constituídas com objetivos de estabelecer estudos e medidas para racionalizar o uso de energia elétrica.

Foi divulgado que em 1999, o Ministério das Minas e Energia (**MME**) e da **ANEEL**, elaboraram um Plano Emergencial de Energia Elétrica, para enfrentar a crise que se iniciaria no ano de 2001.

A crise não surgiu por acaso. Nesta mesma época, a mídia veiculou notícias dando como causas: " a redução de investimentos na transmissão, distribuição e conservação de energia elétrica e a dependência do país com relação às usinas hidrelétricas, responsáveis pela produção de quase a totalidade (mais de 90%) da energia consumida no território nacional; as transformações ambientais, incluindo os baixos índices pluviométricos, que produziram impactos negativos na matriz energética brasileira; o aumento da demanda em razão do desenvolvimento de novos empreendimentos nos diferentes setores da economia (agricultura, indústria e serviços) associado a um aumento de consumo residencial de energia elétrica."

Bem, diante das circunstâncias geradas neste ano de 2001, teve inicio uma grande movimentação por parte da sociedade. Houve notícias sobre a concessão do serviço de distribuição a empresas estrangeiras e segundo especialistas, foi uma época caracterizada pela falta de investimentos que culminou na atual crise. Sem ampliação da capacidade do sistema, as chamadas "reservas" dos anos seguintes foram sendo utilizadas, causando déficits. Houve perda de confiabilidade do sistema, cuja margem de segurança era de 5%, no máximo, e chegou a 17% na região Sudeste/Centro-Oeste, neste ano.

Fonte: Portal G1. Adaptado por Celulose Online

Foi neste cenário de grande preocupação e com baixa confiabilidade no setor energético, onde o seguimento industrial, comercial e de serviços iniciaram investimentos em alternativas. Uma delas e de grande impacto foi a aquisição de grupos geradores. A partir da instalação destes equipamentos, cresceu a idéia de cogerar, isto é, aproveitar a energia calorífica desperdiçada durante a sua operação, obtendo a energia térmica. A cogeração é estratégica e uma grande oportunidade de redução dos custos fixos em energia.

Nota do autor

Cabe aqui ressaltar o fato de que não é meu objetivo denegrir a imagem das concessionárias ou mesmo órgãos governamentais. Dados sobre "crise energética" são amplamente divulgados e estão dentro de um contexto de ações ou falta delas que culminaram neste verdadeiro caos neste setor. Por outro lado, lemos artigos sobre os grandes investimentos, por parte dos setores de fornecimento de energia elétrica, em melhoria de seus serviços, treinamento e em instalações de distribuição.

11. O Grupo Gerador

O grupo gerador é uma das mais importantes máquinas estacionárias para a geração de energia elétrica. Também são conhecidos por grupo motor-gerador ou simplesmente gerador. Possui grande versatilidade funcional, sendo muito útil em regiões não atendidas por concessionárias. Permite a uma unidade industrial continuar seu processo de fabricação diante de uma falta de energia involuntária, isto é, o temido *blackout*.

Por outro lado, possui baixa eficiência energética, pois há a queima do combustível apenas para gerar eletricidade; a energia calorífica (gases de escape) é descartada para o meio ambiente. Aliás, assunto discutido no item "10. A Cogeração".

De qualquer forma, não podemos deixar de ressaltar os benefícios desta máquina nos dias atuais, tendo vista a crise energética mundial e sua utilidade em situações emergenciais.

Sua aplicação industrial, comercial e principalmente no seguimento de serviços (Hospitais e Hotéis) é vista como fundamental para a rentabilidade, segurança e confiabilidade. Seja no local de trabalho ou em nossas residências, a falta de energia ocasiona uma série de transtornos e em certos casos prejuízos, dada a nossa dependência dos equipamentos eletro-eletrônicos que nos rodeiam. Em décadas passadas, os eletrodomésticos se restringiam a geladeira e rádio. Porém, nas últimas décadas, eles obtiveram um enorme crescimento tecnológico. Isso ocorreu em razão da busca pelo conforto ou por necessidade, e também pela facilidade de aquisição. Dificilmente poderíamos conviver sem eletricidade, sendo para os especialistas uma grande preocupação para a sociedade, em relação às gerações futuras.

No Brasil, a partir do ano 2000, o receio de uma crise no setor elétrico sem precedentes, contribuiu para o aumento da procura por grupos geradores. Em razão disso, vou abordar um pouco mais sobre este equipamento e ao que parece se torna cada vez mais um diferencial no contexto: Solução Energética.

11.1 Conceitos Gerais

Um grupo motor-gerador é formado por motor diesel estacionário e gerador de corrente alternada, devidamente acoplados e sob o controle de componente eletrônico necessário para o seu funcionamento de forma autônoma (entra em operação automaticamente ao identificar falta de energia elétrica). É um equipamento industrializado, seguindo rígidos padrões, normas técnicas e de segurança. Não pode ser considerado um produto seriado, pois depende da condição e requisitos do usuário, tendo em vista as diferentes instalações e variações dos valores elétricos: Tensão (**V**), Carga (**kW**) e baixas oscilações de freqüência (**Hz**). Portanto, sua aplicação é praticamente individualizada, na grande maioria dos casos.

Alguns dos principais questionamentos ao usuário:

1. *Tipo de Carga (***kW***)*: Iluminação, motores indutivos, estufas, fornos, telecomunicações, etc.
2. *Local*: superfícies planas ao ar livre, em alto mar, ambientes fechados, etc.
3. *Ambiente*: alta ou baixas temperaturas, grandes altitudes, de alta contaminação do ar, explosivo, etc.
4. *Regime de operação*: somente em emergência, em "horário de ponta", em local sem energia fornecida por concessionária (24 horas), Cogeração, Venda de Energia, etc.
5. Controle e Supervisão: acionamento manual ou automático, de forma autônoma.

11.2 Potência Elétrica

A potência do grupo motor-gerador é definida em **KVA (Kilo Volt Ampere)**, denominada "potência aparente" que interage de forma direta com a potência mecânica do motor em **CV** ou **HP**. No cálculo, para definir a potência final do grupo, consideramos as perdas de rendimento (η). Sendo assim, a potência final é medida em **kW**, isto é, "potência efetiva".

A relação entre as duas é denominada "fator de potência" e é representada por **Cos** φ que de acordo com a Norma ABNT NBR 5383-1 (ver também a Norma VDE 0530), referente à construção de máquinas elétricas, considera o valor "**0,8**".

Então,

Kw = KVA x Cos φ

E para o para cálculo da potência do motor em CV ou HP, consideramos considerando: 1 kW = 1,4 CV ou 0,75 HP teremos,

HP = KVA x Cos φ ÷ 0,75 x η

ou

CV = KVA x Cos φ ÷ 1,4 x η

Em geral, o "**η**" varia entre 80% e 90% da potência máxima. No entanto, o índice mais utilizado pelos fabricantes é o valor de "**0,9**".

11.3 Dimensionamento

Definido o escopo sobre a forma de operação, segue a determinação da potência do grupo motor-gerador. Este valor é obtido através do somatório das cargas (**kW**), as quais serão alimentadas eletricamente.

Existe uma variedade de combinações entre motores e geradores, em razão de particularidades como a potência (carga em **kW**), marcas e modelos a serem escolhidos pelo cliente.

No Brasil, um dos principais fabricantes é a **STEMAC**. Ainda se destacam as empresas **Cummins**, **FG Wilson**, **Heimer e a Caterpillar**, ambas com unidades ou representantes em nosso país.

Para ter acesso a mais informações sobre modelos e demais características técnicas, basta visitar os *sites*:

- http://www.stemac.com.br
- http://www.cummins.com e http://www.cummins.com.br
- http://www.motormac.com.br
- http://www.fgwilson.com

- http://www.heimer.com.br
- http://www.cat.com e http://brasil.cat.com

O dimensionamento tem como ponto de partida as cargas críticas da planta, seja industrial, comercial ou serviços. São áreas cujo fornecimento elétrico não pode ser interrompido.

Aconselho recorrer aos fabricantes ou representantes autorizados para analisar a situação atual e sugerir a melhor condição operacional. Isso não isenta, por parte de sua organização, responsabilidades para elaborar estudos de viabilidade técnica e financeira preliminares. Inclui-se ainda, avaliação dos impactos ambientais e aspectos relacionados à segurança, ambos aplicados à geração de energia elétrica.

Visitas a outras instalações similares e análise de benefícios e desvantagens, podem finalizar este levantamento prévio.

Da mesma maneira que os veiculares, o motor estacionário possui sistema trocador de calor para arrefecimento da água que circula pelas galerias. A diferença está nas opções que variam entre:

1. Radiador local, como nos motores veiculares.
2. Radiador Remoto.
3. Torres de Arrefecimento.

1. Radiador local

O fluxo de ar é criado através do ventilador, acionado pelo motor. Este é o modelo mais comum, pois não há custo adicional para este item na instalação.

2. Radiador remoto

O fluxo de ar é criado por ventiladores elétricos, instalados em estruturas, fora da sala onde está o grupo motor-gerador.

3. Torre de Arrefecimento

Neste tipo de arrefecimento, como visto anteriormente, o calor da água é dissipado para o meio ambiente.

Ainda relacionado ao dimensionamento, é a definição do local onde será instalado o grupo gerador. Muitas organizações definem a necessidade, preferencialmente, próxima à carga (kW) que irá alimentar. Porém, em alguns casos, não é uma área apropriada. Sendo assim, os fabricantes desenvolveram boas soluções, como os *containers* montados a partir de carenagens metálicas com ou sem atenuadores de ruídos. Estas estruturas são construídas em perfis de aço, dotadas de portas laterais para acesso e manutenção. O grupo motor-gerador é apoiado sob amortecedores e as saídas de escape possuem silenciadores. Nos modelos "silenciados", existem os atenuadores de ruído, tanto para exaustão de ar como de escape. O tanque de combustível é embutido e igualmente as baterias. Para o caso de locação ou eventos que necessitam de geração elétrica temporária, existem os "grupos móveis" que são carretas sobre chassi com suspensão formada por barras de aço e amortecedores especiais. Este modelo também possui carenagem e acessos laterais. Os atenuadores são importantes para redução de ruído.

A comunicação entre grupo motor-gerador e a instalação elétrica do cliente é de extrema importância para o bom funcionamento e confiabilidade do sistema. Erros de projeto ou descaso neste item geram sérios problemas funcionais. Aqui, entram em ação as engenharias de ambas as partes, onde os especialistas em eletricidade e eletrônica fazem a diferença. Em instalações residenciais ou de empresas de baixa carga, existe uma maior facilidade de acerto e muitas vezes não requerem unidades de supervisão. No entanto, em grandes complexos industriais as subestações elétricas, e seus quadros de transferências devem ser analisados de forma exaustiva até que se definam, com segurança, as ligações e o modo de operação. Os fabricantes de grupos geradores disponibilizam para os usuários sistemas que facilitam o controle e monitoramento, mediante componentes equipado com **PLC** (Controlador Lógico Programável) e **IHM** (interface homem-máquina), em conexão com supervisórios. Ainda mais sofisticado, é a Supervisão Remota que permite aos usuários, controle *on line* a longas distâncias do *status* de todos os eventos.

As composições e facilidades são inúmeras, basta verificar qual a que mais se adapta a situação requerida.

Estas máquinas estacionárias possuem uma complexidade diferenciada em razão da união entre dois produtos: motor e gerador. Então, formam-se os arranjos técnicos: áreas de aplicação, condições operacionais e nível de sofisticação.

Para obter maiores informações sobre especificações técnicas para grupo gerador, seguem algumas normas aplicáveis:

- NBR 5117 Máquinas Síncronas.
- NBR 5383-1 Máquinas Elétricas Girantes – Parte 1: Motores de Indução Trifásicos. – Ensaios.
- NBR 5432 Máquinas Elétricas Girantes – Dimensionamento e Potências Nominais.
- NBR 5457 Eletrotécnica e Eletrônica – Máquinas Girantes.
- *NBR 15626-1 Máquinas Elétricas Girantes – Motores de Indução – Parte 1: Trifásico e *NBR 15626-2 Máquinas Elétricas Girantes – Motores de Indução – parte 2: Monofásico.

*Ambas substituem a NBR 7094:2003.

- NBR 11390 Máquinas Elétricas Girantes – Medição – Avaliação e Limites da Severidade de Vibração Mecânica.

11.4 Acoplamento entre motor e gerador

A conexão entre os eixos do gerador e do motor é obtida através de um acoplamento elástico que libera deslocamentos radiais e axiais, sem permitir desalinhamentos durante o funcionamento. Também absorve as vibrações geradas por variações de carga.

Após a instalação e antes de iniciar a operação do grupo gerador, é importante medir o alinhamento, corrigindo-o se necessário. Desta forma, evitam-se os desgastes prematuros dos componentes girantes. Os acoplamentos, usados neste conjunto, são constituídos por seis (chegando até 12) mangas de borracha sobre pinos instalados numa das metades do acoplamento que se encaixam nos furos existentes da segunda metade. A folga recomendada, entre as partes do acoplamento, é de 4,0 **mm**, evitando que os esforços axiais sejam transmitidos ao virabrequim. Outro beneficio se refere à absorção de possíveis erros de montagem e grandes diferenças de alinhamento.

Na primeira montagem do conjunto gerador-motor, é necessário conferir a concentricidade dos eixos em relação às suas respectivas carcaças. Os fabricantes de geradores utilizam carcaças padronizadas que garantem um bom alinhamento. Contudo, é aconselhável obter o máximo de alinhamento possível.

A tabela 11.1 resume concepções de acoplamento em razão da capacidade de Grupo Gerador.

<table>
<tr><th rowspan="2">Grupo Gerador</th><th rowspan="2">Aplicabilidade
(ref.em 60 Hz)</th><th rowspan="2">Tipo de acoplamento
(ao volante do motor)</th><th colspan="2">Nivelamento / Alinhamento</th></tr>
<tr><th>em fábrica</th><th>em campo</th></tr>
<tr><td rowspan="3">Mancal único (SB)</td><td>até 500 kVA</td><td rowspan="3">por discos flexíveis (metálicos)</td><td rowspan="2">dispensável</td><td rowspan="2">NIVEL</td></tr>
<tr><td>De 563 a 750 kVA PKS 2806C-E18TAG3</td></tr>
<tr><td>Todas potências acima de 750 kVA</td><td>NIVEL
ALIN
FOLGAX</td><td>NIVEL
ALIN</td></tr>
<tr><td rowspan="3">Mancal Duplo(DB) acoplamento via capa seca</td><td>até 500 kVA</td><td rowspan="4">por luva elástica (acoplam.flexível)</td><td rowspan="2">NIVEL
ALIN
FOLGAX</td><td rowspan="2">NIVEL
ALIN</td></tr>
<tr><td>De 563 a 750 kVA PKS 2806C-E18TAG3</td></tr>
<tr><td>Todas potências acima de 750 kVA</td><td>NIVEL
ALIN
FOLGAX</td><td>NIVEL
ALIN</td></tr>
<tr><td>Mancal Duplo(DB) separado e Motobombas</td><td>Qualquer potência</td><td>NIVEL
ALIN
FOLGAX</td><td>NIVEL
ALIN</td></tr>
</table>

Tabela 11.1

Fonte: Stemac S.A. Grupos Geradores.

Onde,

Nível (NIVEL): Executar o nivelamento da base do GMG.

Alinhamento (ALIN): Executar alinhamento entre motor e gerador.

Folga Axial (FOLGAX): Verificar folga axial do eixo virabrequim.

11.5 Tipos de Alinhamento

Em acoplamento por discos flexíveis o alinhamento deve ser preservado entre discos e volante. Já para o acoplamento por luva elástica, o alinhamento é verificado entre cubos ou entre cubo e flange da luva.

Importante: Durante a montagem do grupo é necessário verificar se o acoplamento não interfere na folga axial do virabrequim.

11.5.1 Alinhamento Axial

Ao montar o gerador ao motor, certifique-se de que a folga axial entre cubo e flange esteja dentro dos limites especificados pelo fabricante.

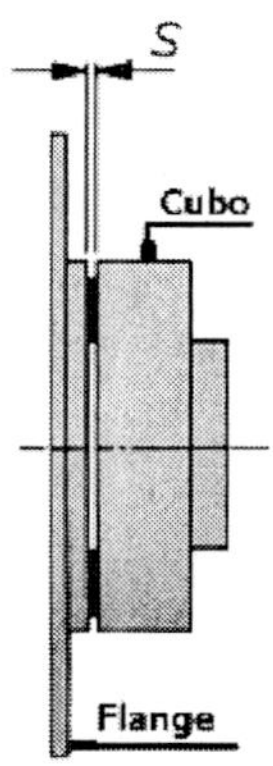

Figura 11.1

Fonte: Stemac S.A. Grupos Geradores.

11.5.2 Folga Axial do Virabrequim

A cota **"S"**, da figura 11.1, deverá ser ajustada de tal maneira que permita um deslocamento axial do eixo do virabrequim entre 0.15 a 0.40 **mm**.

11.5.3 Alinhamento Angular

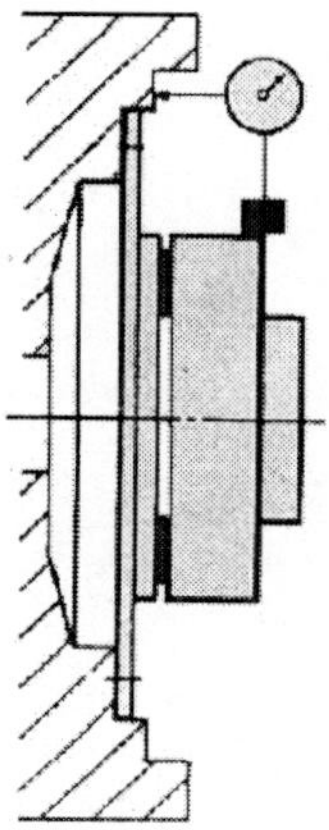

Figura 11. 2

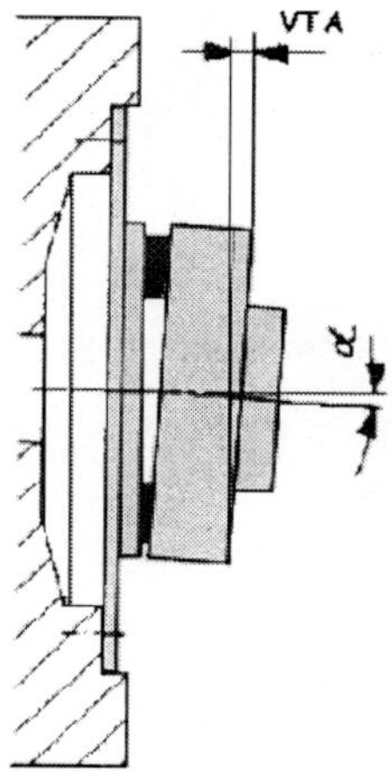

Figura 11.3

Fonte: Stemac S.A. Grupos Geradores.

11.5.4 Alinhamento Radial

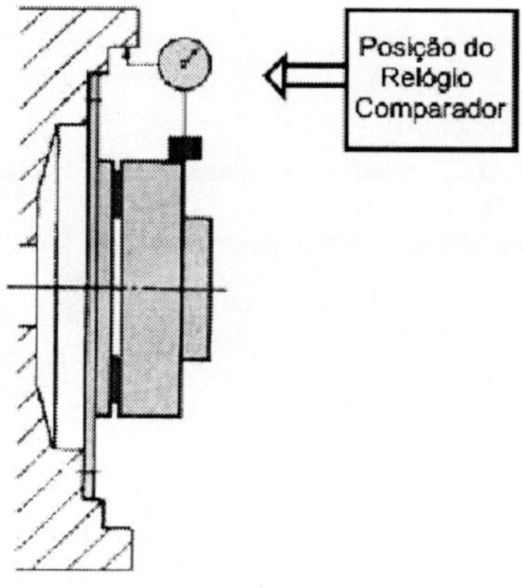

Figura 11.4

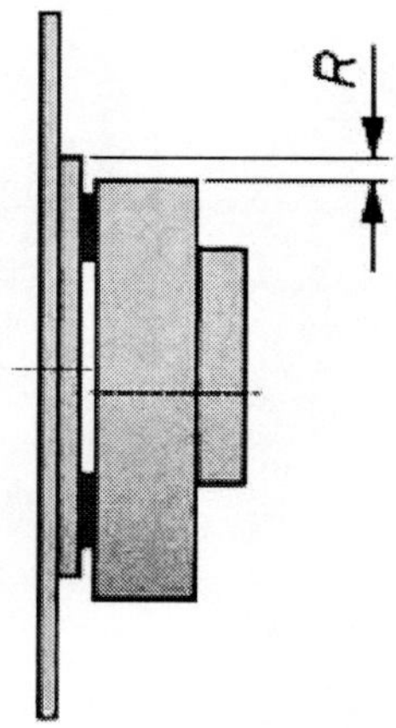

Figura 11.5

Fonte: Stemac S.A. Grupos Geradores.

11.6 Nivelamento da Base

A base do grupo motor-gerador deverá ser instalada sobre um piso resistente e plano. Por isso, é recomendável que amortecedores sejam utilizados somente em locais onde estas especificações são atendidas.

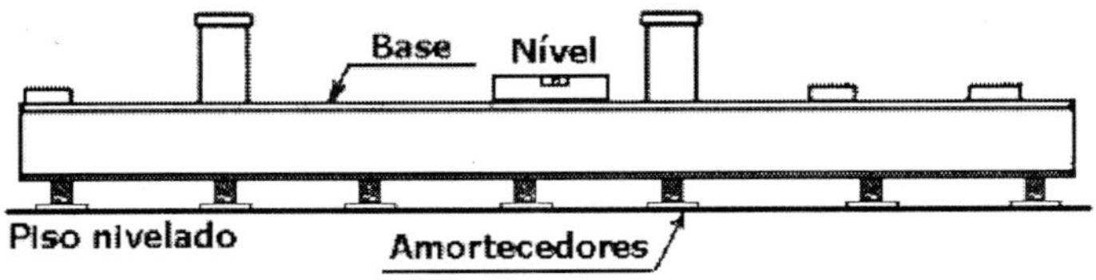

Figura 11.6

Fonte: Stemac S.A. Grupos Geradores.

Em casos de pisos desnivelados é adequado utilizar niveladores conhecidos por *vibrastop*, corrigindo desta forma as imperfeições do piso. Para obter o máximo de correção, os amortecedores do tipo "com mola", deverão sofrer esforços de flexão, dentro de limites estabelecidos pelo fabricante. Amortecedores sob cargas e deflexões desiguais podem comprometer seriamente sua eficiência.

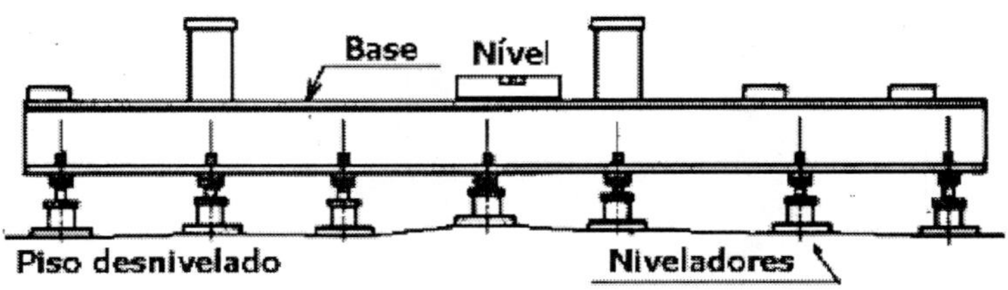

Figura 11.7

Fonte: Stemac S.A. Grupos Geradores.

11.7 Vibração entre Motor e Gerador

Não menos importante é a medição dos níveis de vibração a que o grupo esta sujeito, durante o funcionamento.

A medição é feita com instrumentos e equipamentos especiais, similares aos utilizados para medição de vibração em componentes dos eixos girantes das máquinas ferramentas.

Para obter a frequência, por exemplo, de um motor diesel estacionário a 1.800 **rpm**, podemos utilizar a seguinte fórmula:

fx = 3 X 1.800 (2¶ / 60)

Quando "**fx**" se iguala à frequência natural "**fn**", isto é, **fx=fn**, ocorre o efeito da Ressonância, gerando danos ao equipamento. Para evitar vibrações indesejáveis, são utilizados amortecedores de borracha ou de molas.

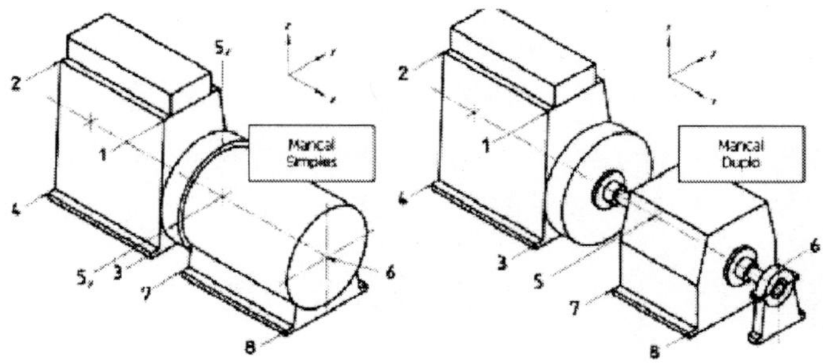

Figura 11.8

Figura geométrica, contendo dois modelos de grupos motor-gerador.

À esquerda com mancal de acoplamento simples e à direita tendo mancal duplo.

Fonte: Stemac S.A Grupos Geradores

11.8 As Fontes de Ruídos

Os ruídos são causados pelos componentes internos do motor em movimento, sob condições de pressão e temperatura. Existem ainda, sons gerados durante a combustão, variações de carga e ainda de acessórios como ventiladores do radiador e alternador.

De acordo com a Norma ABNT NBR 10151 que estabelece a regulamentação necessária para os níveis de ruídos em área urbana, o nível aceitável para o ser humano é de 60 a 80 **dB (decibéis)**. Estando entre 6 a 9 metros de um grupo gerador em operação, sem proteção auricular, o ouvido humano está sujeito a 95 **dB**.

Os modelos instalados, com atenuadores, reduzem para 75 **dB**, ficando dentro dos limites aceitáveis.

11.9 A Instalação do grupo motor-gerador

Preliminarmente é necessário obter o peso do conjunto e os valores das frequências de vibração. Após, segue avaliação da necessidade ou não de reforço adicional ao piso ou estrutura.

Uma maneira prática de avaliar a resistência das fundações é pela aplicação do cálculo para obter a espessura da base de concreto armado (**e**), considerando que peso da base seja igual ao do grupo motor-gerador.

Então,

$$\mathbf{e = P / (2.500 \times L \times c)}$$

Onde,

e = espessura da base de concreto (m)

P = peso total do grupo (kg)

2.500 = densidade do concreto (kg/m^3)

L = largura da base (m)

C = comprimento da base (m)

Observar as seguintes considerações

1. Para valores de **"L"** e **"c"**, acrescentar 0,3 **m** para cada lado.
2. Se o grupo utiliza amortecedores do tipo *vibrastop*, considerar o peso da base igual ao do grupo.

3. Multiplicar valor de "e" por 1,25, quando não utilizar *vibrastop*.

4. Multiplicar valor de "e" por 2 (dois), quando há mais de um grupo em operação.

5. A ferragem, para a armação de concreto, pode ser feita com malha trançada de vergalhões, com espaçamento de 3" (76,2 **mm**).

6. Aterrar a base metálica do grupo, ao sistema geral de aterramento.

Nota do autor

A fórmula e as observações do item 11.9 foram obtidas junto ao site: http://www. perfectum. eng.br Artigo "Motores e Geradores", elaborados pelo Engenheiro José Cláudio Pereira. Não custa repetir ao leitor que as expressões e valores obtidos ao longo desta obra são referenciais, isto é, servem aos estudos preliminares para um determinado projeto. As variáveis são inúmeras, como foram demonstradas. Portanto, cada aplicação terá diferentes resultados.

11.10 Circulação de ar

Os motores estacionários utilizam, em sua maioria, refrigeração pelo uso de radiadores similares ao veiculares. O ar que circula pelas aletas ou "colméia" do radiador, não pode retornar, pois causará sérios danos ao motor. Um deles, em especial, é a perda de rendimento.

Os fabricantes, junto com a proposta técnica, desenvolvem um *lay out* da sala onde o grupo irá operar, contendo todos os detalhes para a sua construção. Em geral, consta: posição do grupo, defletores, posição de tanque de combustível, saídas de escape, etc. Cabe ao cliente, definir se ele mesmo constrói ou deixa por conta do fabricante.

Não tente economizar neste item, isto é, execute a obra conforme padrões estabelecidos. Uma instalação com "má circulação de ar" só trará prejuízos ao conjunto, reduzindo drasticamente a sua vida útil e potência.

Existem literaturas específicas sobre este assunto, abrangendo cálculos da quantidade de ar, calor irradiado pelo motor, perdas e outros itens relevantes.

11.11 Tanque de Combustível

Para grupos motorizados a diesel é necessário um ou mais tanques para o armazenamento do combustível. Pode ser construído em aço baixo carbono, PVC, alumínio, fibra de vidro ou ainda em aço inoxidável. Normalmente possuem, externamente, um medidor de nível e tubo de respiro para manter o equilíbrio entre a pressão interna e atmosférica, ainda um separador d'água, dreno, etc.

Este tanque pode ser fornecido pelo fabricante e neste caso, facilitando significativamente o cliente, pois são previstos todos os itens necessários, atendendo a normas de fabricação e segurança.

11.12 Supervisão e Controle

Nesta condição, o grupo gerador opera sem a supervisão direta de um operador. Após a partida manual ou automática, ele inicia sua operação e os ajustes necessários ocorrem em razão da automação existente, fruto da alta tecnologia desenvolvida ao longo dos anos pelos fabricantes. Boa parte destes ajustes é feito por intermédio do sensoriamento do grupo que o mantém sob monitoramento constante. Estas informações são transmitidas a um painel de comando que possui PLC e IHM, onde ambos possibilitam a interação (visualizar os dados e também inserir parâmetros de controle) com o usuário.

11.12.1 Sensores

São indicados para as situações em que se quer detectar a presença ou aproximação de objeto metálico, pois funcionam através do princípio da geração de campo eletromagnético. Os sensores podem realizar tarefas como contagem, medições de velocidade, medições e outras aplicações. Os fabricantes não determinam substituição a intervalos definidos. Estes componentes são monitorados preditivamente pelos painéis de controle **USCA** (Unidade de Supervisão de Corrente Alternada). Portanto ao apresentarem falhas, seguem alarmes detectando e indicando sua pronta substituição.

Os fabricantes de motores a diesel recomendam medições, limpeza e, em alguns casos, testes funcionais.

1) Medição de tensão (**V**) e/ou corrente (**A**).

2) Testes funcionais a nível laboratorial e/ou simulando falhas.

Sensores mais usuais

- Sensor de nível de líquido de arrefecimento.

- Sensor de Sobre e Subfrequência.

- Sensor de Sobre e Subtensão de rede e do grupo.

- Sensor de Temperatura do Líquido de Arrefecimento (PT-100).

- Sensor de Pressão (Pressostato) para lubrificante.

- Termostatos ou Válvula Termostática.

Sensores alternativos ou complementares

- Ruptura da correia.

- Presença de água no filtro de combustível.

- Bateria com deficiência de carga.

- Nível de Liquido de Arrefecimento.

- Outros.

Observação: Todos podem ter funções de alarme visual ou sonoro, no local ou a distância. Ainda podem executar outras funções quando solicitadas e especificadas pelo cliente.

11.12.2 Painel de Comando

O sistema de controle de um grupo gerador pode ser local ou remoto. No primeiro caso o painel fica afixado ao grupo e a instrumentação é constituída por chave de partida, manômetro (pressão do óleo lubrificante), indicador de bateria, voltímetro, amperímetro, etc. Nos painéis de comando remoto, contém chaves seccionadoras e seletoras, transferência automática de carga e demais componentes de interface com o grupo.

Os componentes eletrônicos costumam ter uma duração maior do que os mecânicos, podendo , em alguns casos, ultrapassar a previsão de vida útil (bem acima dos períodos de garantia que a maioria dos fabricantes costumam fornecer).

O grande problema é que esta longevidade só ocorre se os periféricos operarem dentro de condições ideais de funcionamento, tensão adequada, temperatura dentro dos limites previstos, etc. Qualquer defeito ou erro de projeto podem fazer com que os componentes recebam tensões mais altas do que o ideal.

Os técnicos, durante as revisões preventivas, devem estar atentos às medições comparando os valores lidos nos painéis digitais, em relação aos registrados por instrumentos (ex. Multiteste). Acrescenta-se ainda, a possibilidade de *up grade* no sistema, isto é, indicar ao cliente uma atualização de seu sistema por um modelo de última geração, mais confiável, de maior capacidade operacional e disponibilidade das peças de reposição.

Principais funções da USCA

- Sistema de supervisão do grupo de operação manual.
- Supervisão de Tensão entre Fases (**A**,**B** e **C**).
- Supervisão da Corrente do gerador.
- Proteção contra sobrecorrente, com atuação sobre a bobina de disparo do disjuntor.

Outros modelos **USCA** podem ter outras funções

- Sistema automático de funcionamento.
- Supervisão de Rede do Cliente
- Partida/Parada e Transferência Automática (Emergência e Horário de Ponta).
- Controle de Sistemas Paralelos de até oito Grupos e transferência.
- Transferência em "rampa" (quando o Grupo assume a carga da Rede, sem que haja interrupção de fornecimento à instalação do cliente).

- Controle de Demanda, rejeição ou inclusão de Grupo(s).

- Regulagem eletrônica e digital de Velocidade (**rpm**).

- Controle de pré-aquecimento do motor (facilitar a partida).

- Funcionamento Manual ou Automático em Horário de Ponta.

- Entradas e saídas digitais configuráveis;

- Comunicação serial (opcional) com a rede de computadores.

Principais medições

- Tensão e Frequência do Grupo e da Rede.

- Corrente do Grupo (**A**).

- Potência reativa e kWh consumidos pelo Grupo.

- Fator de Potência, controle (mínimo 0,92) do Grupo.

- Número de partidas do Grupo.

- Horas de funcionamento e para manutenção do Grupo.

- Temperatura do Motor (^{0}**C**).

- Tensão da(s) bateria(s) em **V**.

Principais proteções

- Alta Temperatura do Motor.

- Baixa pressão de Óleo do Motor (**psi** ou **kg/cm²**).

- Sobrevelocidade do Motor (**rpm**).

- Sobrecarga do Grupo (Tensão em **"V"**).

- Tensão (V) e Frequência (**Hz**) anormais para o Grupo.

- Falha na partida ou parada anormal do Grupo.

- Controle de pré-aquecimento do motor.

- Baixo nível de combustível.

Sistemas de controle a distância podem ter:

1.*Sistemas Supervisórios*: solução de monitoramento que proporciona aos clientes total controle sobre o equipamento, desde os mais simples até sistemas mais complexos. São aplicáveis, por exemplo, em plantas de cogeração, monitorando grandezas térmicas e elétricas com conforto e segurança.

2.*Sistemas Supervisão Remota*: possibilita o gerenciamento do equipamento a distância. Leituras de grandezas e funções liga/desliga sem a necessidade de se estar no local. Através do uso de uma linha telefônica exclusiva para comunicação com o a rede de computadores do usuário.

11.13 Informações Adicionais

Sobre os níveis de emissões dos poluentes recomendáveis aos grupos geradores

A até onde foram as minhas pesquisas, não há uma legislação específica para os motores aplicados a este tipo de máquina estacionária. Entretanto, considerando os parâmetros do CONAMA, aplicados à [1]fontes fixas, os mais adequados seriam:

- Monóxido de carbono (CO): 80 mg/m^3

- Dióxido de Nitrogênio (NO2): 1.600 mg/m^3

- Dióxido de Enxofre (SO2): 2.700 mg/m^3

- Material particulado (poeira total): 200 mg/m^3

[1]Fonte fixa: Qualquer instalação, equipamento ou processo, situado em local fixo que libere ou emita matéria-prima para a atmosfera, por emissão pontual ou fugitiva. As condições de referência são: temperatura ambiente de 25 ºC, umidade relativa de 31,6%, combustível padrão nº 08/93 CNP - Conselho Nacional do Petróleo. Conforme Norma de Ensaios NBR 7027.

Principais informações técnicas ao usuário

Durante um período atuando em manutenção preventiva de grupo motor-gerador, fiz algumas pesquisas sobre motor diesel e obtive algumas informações complementares que gostaria de apresentá-las para a sua análise.

1. O período denominado "amaciamento" do motor, ou aquele em que as partes mecânicas novas entram em contato até que ocorra um perfeito ajustamento, é de 50horas (motor estacionário). Contudo, neste período a carga prevista para o grupo motor-gerador não deve ultrapassar ¾ (75%) da carga máxima.

2. Principais especificações dos lubrificantes para uso em motores diesel estacionário:

2.1 A Viscosidade cinemática do óleo diesel é medida em **CST (centistokes)** a uma Temperatura de 100º**C**.

2.2 A classificação do óleo mais adequado ao motor estacionário é a **SAE 15W 40 API CG-4 ou CI-4**, que possui maior *performance* e melhor preservação das características do óleo lubrificante.

2.2.1 **SAE (Society of Automotive Engineers)**: Define os novos testes de motores ou especificações.

2.2.2 **API(American Petroleun Institut)**:Define os níveis de desempenho.

2.2.3 Significado das denominações **SAE 15W40, APIC-G4** e **CI-4**.

• **SAE 15W 40:**

SAE 15W = Classificação de Viscosidade Grau **SAE**. Equivale ao valor 5,6 **cSt**.

onde **W**=Winter (inverno) escala codificada de baixa temperatura.

• **SAE 40**= Classificação de viscosidade Grau SAE. Equivale ao valor entre 12,5

cSt a 16,3 **cSt**.

- **API C-G4** = Categoria de óleo lubrificante para motores diesel serviço pesado. Designada para atender ao limites de emissões estabelecidos nos Estados Unidos da America (EUA) que vigoram desde 1995. É recomendada aos motores de 4 tempos , os quais operam a diesel, em teores de Enxofre menores que 0,05%p a 0,5%p.

- **API C-I4** = Categoria de óleo lubrificante para motores diesel serviço severo. Designada para atender aos limites de emissões estabelecidos nos Estados Unidos da America (EUA) que vigoram desde 2002. Formulada para garantir durabilidade de motores nos quais há a utilização da recirculação dos gases de escape. Proporcionam proteção anticorrosiva (oxidação gerada pelo espessamento do óleo) e ao desgaste (dano provocado pela fuligem depositada no pistão).

2.3 Os procedimentos e cuidados ambientais para transporte de óleo novo ou usado, estão descritos na Resolução nº 1644 de 2006; Decreto 1797 de 25/01/1996. **Fonte: http://www.antt.gov.br**

3. Líquido de arrefecimento indicado ao motor diesel estacionário:

3.1 Ao utilizar água no sistema de arrefecimento (radiador), os seguintes parâmetros devem ser verificados:

- Cloro (**Cl**): Max 40 **mg/l**.
- Sulfatos: Max. 100 **mg/l**.
- Dureza (**Ca**): Max. 170 **mg/l**.
- Total de sólidos (particulados): Máximo de 340 **mg/l**.
- Controle de acides, **Ph**: 5,5 a 9,0.

Observação

A utilização de água potável ou não-tratada (abrandada) produzirá corrosão em maior ou menor quantidade. Também as concentrações de sais e cálcio, pela formação de calcários na superfície interna, afetam a transferência de calor do sistema.

4. A energia calorífica do motor diesel é de aproximadamente 1.508 kCal/Cvh a potência máxima (100% de carga). É distribuída conforme a seguinte configuração:

- Potência efetiva do motor: 41,2%.
- Gases de escape: 36,6%.
- Arrefecimento das camisas dos cilindros: 14%.
- Arrefecimento dos pistões: 4%.
- Arrefecimento do sistema em condição forçada: 6%.

Observação: Por esta razão, o grupo gerador pode atuar em sistemas de cogeração, pois parte da energia calorífica é perdida para o meio ambiente.

5. Grande parte dos usuários atribui como sendo iguais as características entre os motores automotivos e estacionários. Existem diferenças significativas nos materiais construtivos, regulagens e rotação do motor.

5.1 Nos motores estacionários, as engrenagens de distribuição dianteira possibilitam funcionamento: da bomba d'água, ventilador e alternador e ainda o sincronismo da bomba combustível e comando de válvulas. Já as engrenagens de distribuição traseira (volante) permitem o torque do motor, acoplamento da cremalheira que transmite sinal para o sensor *pick-up* (sensor que informa ao painel de comando, a rotação do motor).

5.2 Comparativos da Taxa de Compressão:

- Ciclo Diesel, motores veiculares: ~14:1 a 25:1.
- Ciclo Otto: ~8:1 a 12:1.
- Ciclo Diesel, motores estacionários: ~ 8,7:1.

Observação: Estes dados podem variar conforme modelo e potências dos grupos motor-gerador, bem como características específicas dos fabricantes para seus produtos.

O item **11.14 "Motor Diesel Estacionário"** assim como o próximo **11.15 "Gerador de Corrente Alternada"**, têm como base um treinamento que elaborei. Decidi por aproveitar na segunda edição deste livro, com objetivo de ampliar o conhecimento sobre os Grupos Geradores

11.14 Motor Diesel Estacionário

São máquinas térmicas alternativas de combustão interna, destinadas ao suprimento de energia mecânica – acionamento. Desenvolvida por Rudolf Diesel no período de 1893 a 1898 – Paris, França.

Figura 11.9

Motores a diesel construídos no início do século XX pela empresa ASTER (França).

Todos refrigerados a ar.

Fonte: Não informada

Breve Histórico do Motor à Combustão Interna

O motor de combustão interna, basicamente, obtém energia mecânica a partir do consumo de energia química do combustível, quando este é queimado em uma câmara de combustão. Mas há outras características funcionais.

Na Alemanha, em 1867, foi desenvolvido o motor Ciclo Otto com pistão livre, por Nicolaus August Otto (1832-1891) e Eugen Langen (1833-1895). O funcionamento era baseado na queima de uma mistura de ar e combustível por uma chama de gás dentro de um cilindro. Tal motor atingia uma eficiência térmica de 11%. Após evoluções no projeto inicial e visando maior eficiência térmica, Otto em 1876, desenvolveu o motor baseado nos quatro tempos: Admissão, **Compressão, Expansão e de Escape (ou Descarga ou ainda Expulsão).** Um motor com peso e volume reduzidos e grande eficiência térmica. Este foi o avanço que efetivamente fundou a indústria de motores de combustão interna levando aos atuais motores movidos à gasolina, álcool e gás natural veicular (GNV).

Alguns anos depois, em 1892, o engenheiro franco-alemão Rudolf Diesel (1858-1913) desenvolveu outro modelo de motor onde o combustível era injetado próximo ao final da fase de compressão do pistão. Então, ele era "queimado" pelo ar comprimido altamente aquecido, o que levava a mistura à autoignição. A eficiência deste motor era aumentada devido à alta taxa de compressão e relações de expansão. O motor de Ciclo Diesel atual é projetado no mesmo princípio de funcionamento e é desenvolvido nos modelos: "quatro tempos" ou "dois tempos".

Abaixo, na Tabela 11.2 é possível verificar as diferenças funcionais entre os Ciclos: Otto x Ciclo Diesel.

Motores de Combustão Interna a Pistão		
Característica	**Ciclo Otto**	**Ciclo Diesel**
Tipo de Ignição	Por centelha (Vela de ignição)	Auto-ignição
Formação da mistura	No carburador	Injeção
Relação de Compressão	6 até 8 : 1	16 até 20 : 1

Tabela 11.2

Algumas Características Funcionais do Motor a Diesel

O Cilindro, usualmente fixo, é fechado em uma extremidade e é onde desliza um pistão ajustado, tendo a superfície altamente polida. O movimento de ida e volta do pistão varia o volume do cilindro entre a face superior do pistão e a extremidade fechada do cilindro. A face inferior do pistão é ligada ao Eixo Virabrequim (ou Girabrequim) por meio de uma Biela de conexão. O Virabrequim transforma o movimento alternativo do pistão em movimento circular. Em motores com vários cilindros, o Virabrequim tem uma parte excêntrica para cada Biela, de modo que a potência de cada Cilindro seja aplicada ao Virabrequim no ponto apropriado de sua rotação. Os Virabrequins têm Volantes pesados e Contrapesos, que pelas suas inércias minimizam a irregularidade do movimento do eixo.

O motor de "quatro tempos" trabalha nas fases de: Admissão, Compressão, Explosão e Expulsão (como demonstrado na Figura 11.9.1).

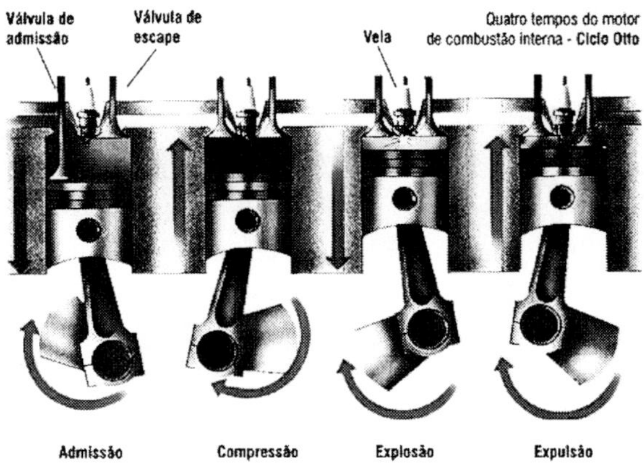

Figura 11.9.1

Ciclo de um Motor a Diesel 4 tempos

Fonte: https://revistacultivar.com.br

No "primeiro tempo" ocorre a Admissão, onde há a entrada de ar pela Válvula de Admissão e é quando o Pistão percorre o cilindro do "ponto morto superior" (PMS) ao "ponto morto inferior" (PMI). Neste tempo, apenas a Válvula de Admissão está aberta. Quando o motor possui o sistema de "turbo" (turbocompressor), a turbina aumenta a quantidade de ar no cilindro, proporcionando maior quantidade de oxigênio disponível e fornecendo melhor queima e potência quando injetado mais combustível.

No "segundo tempo", o pistão percorre do PMI ao PMS com as válvulas fechadas, onde o ar é comprimido a uma pequena fração de seu volume inicial. Em razão desta compressão ele é aquecido a aproximadamente 440ºC - a pressão interna segue em elevação. Quando o Pistão, próximo de atingir o PMS, o combustível é injetado na câmara de combustão pelo bico injetor e se queima instantaneamente devido à alta temperatura do ar na câmara. A ignição ocorre depois de curto atraso e a pressão aumenta rapidamente, ocorrendo uma onda de pressão.

No "terceiro tempo", esta combustão movimenta o pistão para baixo. O trabalho é realizado pela pressão do gás sobre o Pistão. Durante a fase de expansão, a temperatura e a pressão do gás queimado se reduzem. Quando o pistão se aproxima do PMI, a válvula de descarga se abre. Nesta fase é que ocorre a conversão da energia química contida no combustível em energia mecânica.

No "quarto tempo" ocorre quando o pistão vai subindo e expulsando os gases queimados pela Válvula de Descarga. Próximo ao PMS, a Válvula de Descarga se fecha e a Admissão se abre novamente e um novo ciclo é reiniciado, com nova entrada de ar e a segue a mesma sequência dos demais tempos do motor.

No comparativo com outros motores, o motor Diesel é 30% mais econômico que seu similar a Gasolina. Além disso, as emissões de CO2 são 25% menores, apresenta ainda, melhor desempenho e maior torque. Contudo, o valor de aquisição está entre 10% e 12% mais caro que o motor a Gasolina. Mesmo com essa desvantagem, o motor a Diesel tem preferência quando o usuário veicular precisa percorrer grandes distâncias, tais como os caminhões. O retorno econômico é em função do menor preço do combustível, além da vantagem de maior durabilidade.

Teoricamente, este motor possui sua combustão a volume constante e utiliza alta taxa de compressão. São, geralmente, motores de baixa rotação (entre 100 rpm e 750 rpm), quando comparados aos de alta rotação (2.500 rpm a 5.000 rpm) de um motor a Gasolina. Alguns modelos, porém, funcionam em velocidades até 2.000 rpm. Devido ao fato de usarem taxas de compressão de 14:1 ou mais, estes são geralmente mais pesados, e esta desvantagem é compensada pela sua grande eficiência e pelo fato de poderem ser operados com óleos combustíveis mais baratos.

O Motor Estacionário é um dos modelos de combustão interna, onde seu eixo está acoplado a máquinas fixas, tais como, em Grupos Geradores, Bombas, Motor a vapor, Moto-Bomba (utilizadas em sistemas de combate a incêndio) etc. Sua principal característica é possuir uma rotação constante durante seu funcionamento: 1.800 rpm ou 1.200 rpm. A figura 11.10 é um exemplo de Motor Estacionário a Diesel utilizado em Grupos Geradores. A potência do motor varia e é em acordo com a potência do Gerador Elétrico.

Figura 11.10

Motor Estacionário Diesel CUMMINS NTA855 BIG CAN – 535hp

Aplica-se a Grupo Gerador com Potência de 500 kVA/400 kW

Fonte: www.cummins.com

Um fato interessante no Brasil é sobre o fato de ser proibida a instalação de Motor Diesel nos veículos de carga e de uso misto, nacionais e importados, com capacidade de transporte inferior a 1.000 kg (já incluindo os pesos de condutor, tripulantes, passageiros e da carga propriamente dita). A exceção fica por conta dos veículos automotores denominados jipes, com tração nas quatro rodas, caixa de mudança múltipla e redutor. Já no setor agrícola, os principais motores utilizados são de Ciclo Otto de quatro tempos para motores de baixa cilindrada, e dois tempos para máquinas portáteis como motosserra, roçadoras, pulverizadores e perfuradores. Já os de Ciclo Diesel de quatro tempos é o mais empregado em condições onde há necessidade de alto torque, sendo o caso dos tratores agrícolas, utilitários, caminhões e grandes geradores de energia (tema do Capítulo 11).

11.14.1 Principais Componentes e Funções

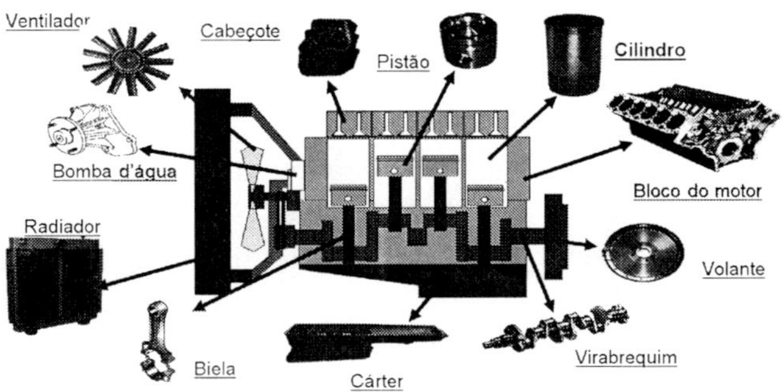

Figura 11.11

Fonte: Não informada

Cabeçote:

São como "tampões" para os cilindros. Acomodam os mecanismos das válvulas de admissão e escape, bicos injetores e canais de circulação do líquido de arrefecimento. Dependendo do tipo de construção do motor, os cabeçotes podem ser individuais, quando existe um para cada cilindro, ou múltiplos, quando um mesmo cabeçote cobre mais de um cilindro.

Distribuição Dianteira:

Local onde estão montadas as engrenagens de distribuição dos movimentos para os acessórios externos, tais como bomba d'água, ventilador, alternador de carga das baterias e para sincronismo da bomba de combustível e da árvore de comando de válvulas. A distribuição dianteira é responsável pelos movimentos das peças móveis do motor

Figura 11.12

A seta indica a posição da Distribuição Dianteira no Bloco do Motor

Fonte: Fabricante Stemac Grupos Geradores S.A.

Pistões:

Transmitem a energia (resultante da expansão dos gases na câmara de combustão) para a biela. O Pistão é geralmente construído de liga de alumínio, bastante resistente ao calor e ao choque da combustão, com alguns reforços de aço.

Casquilhos (ou Bronzinas):

São componentes de "sacrifício". Protegem o Virabrequim e as Bielas do desgaste provocado pela fricção com as peças móveis. São constituídas por camadas de ligas metálicas mais "moles" e que junto com o lubrificante, reduzem o atrito. O termo "bronzina" é originário da liga metálica bronze, utilizada antigamente na fabricação.

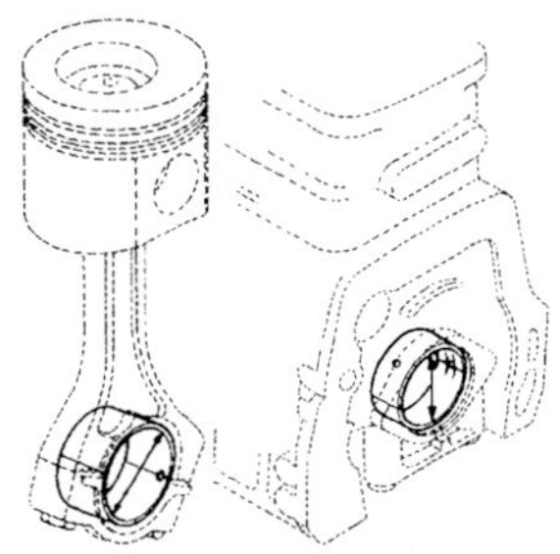

Figura 11.13

No detalhe, está salientada a posição onde são fixados os casquilhos.

Fonte: Não informada

Virabrequim (ou Girabrequim):

Denominada por Árvore de Manivelas, é o eixo responsável pela transformação do movimento linear do êmbolo em movimento rotativo (princípio da manivela). Ela é bastante pesada e resistente para poder suportar os esforços e também para armazenar uma parte da energia (gerada no tempo de combustão em conjunto com o volante).

Comando de Válvulas:

Denominada também por "Árvores de Cames", controla a abertura e o fechamento das válvulas por uma certa ordem e ângulo. A forma e ângulos dos componentes da árvore de cames são determinantes para as suas performances. Quando são alteradas, por uma mais desportiva, obtêm-se alguma potência a altos regimes.

Figura 11.14 - Comando de Válvulas

Fonte: Não informada

Válvulas – Guias e Sedes:

As válvulas de admissão são responsáveis pela aspiração de mistura de ar--combustível para os cilindros e as válvulas de escape pela saída dos gases queimados. As guias mantêm as válvulas centradas e evitam suas vibrações. As sedes servem como assentamento das válvulas. Guias e sedes de válvulas substituíveis oferecem vantagens na manutenção do motor e alta durabilidade.

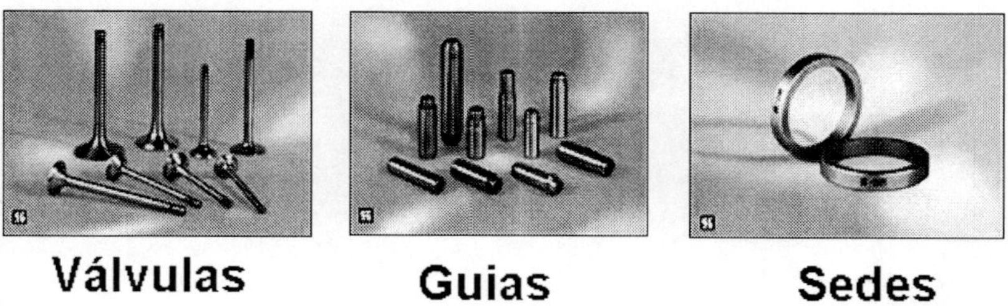

Figura 11.15

Fonte: Não informada

11.14.2 Conceitos gerais sobre o Ciclo Diesel

A seguir, veja os principais conceitos em relação ao Ciclo Diesel, os quais são úteis para entender acerca de Potência, Cilindrada, Força x Torque e Ciclo de Trabalho.

Conceito de Potência: Grandeza física que mede a capacidade de realizar trabalho (força x descolamento), por um determinado tempo.

Potência (W) = Força (kg) X Deslocamento (m)

No SI, temos:

Unidade [τ] = joule (J) = kg X m

Unidade [Δt] = segundo (s)

Conceito de Cilindrada: É o volume de deslocamento total do motor (PMS – PMI), isto é, volume de um cilindro, multiplicado pela quantidade de cilindros do motor.

A CILINDRADA, E O VOLUME INTERNO DO CILINDRO ENTRE O PONTO MORTO SUPERIOR (PMS) E PONTO MORTO INFERIOR (PMI).

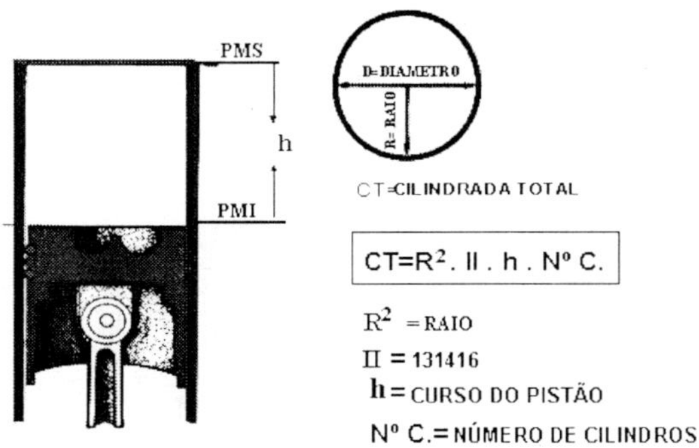

Figura 11.16

Fonte: Não informada

Para um melhor entendimento sobre o Conceito de Cilindrada, segue um exemplo bem prático. Você já deve ter visto ou ouvido algo sobre um veículo ter capacidade de 2.0, 4 cilindros, mas quantas cilindradas (CC) ele possui?

Pela fórmula: CC = R x π X h,

D, no Kit 2.000 é utilizado cilindro com Φ 9,05 cm, logo R = 4,525 cm

A= constante π é = 3,1416

h = ao deslocamento do cilindro, neste caso é de 7,84 cm

Portanto, a CC (centímetros cúbicos ou cilindra) deste veículo é obtida por:

4,525 x 4,525 x 3,1416 x 7,84 x 4 cilindros =

Resposta: 2016 CC, ou 2.0 ou 2.000 cilindradas

Conceitos de Força e Torque aplicados ao movimento do pistão e biela e virabrequim:

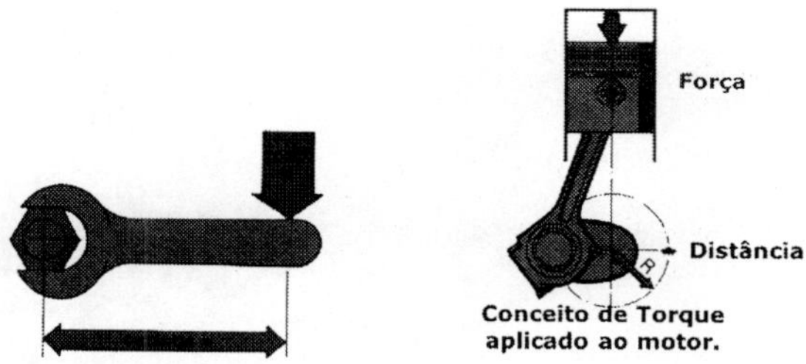

Figura 11.17

Fonte: Não informada

Ciclo de Trabalho – 4 tempos: Um ciclo corresponde a duas rotações do virabrequim, ou quatro cursos do pistão. A abertura e fechamento das válvulas ocorrem por meio do movimento da árvore de comando (1/2 rotação), completando uma volta a cada ciclo de 4 tempos do motor, como é mostrado na figura 11.1

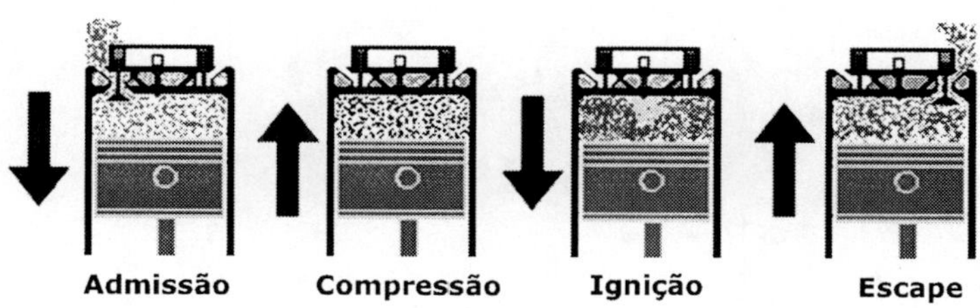

Figura 11.18

Fonte: Não informada

Sistema de Admissão de Ar – Aspirados: Os Motores Aspirados não necessitam de pressão forçada de ar e estão sujeitos apenas às condições da pressão atmosférica. Além da pressão, a temperatura do ar também influencia na quantidade de moléculas de Oxigênio, quando combinadas ao combustível.

Sistema de Admissão de Ar – Turbos: É basicamente constituído por uma bomba de ar projetada para operar utilizando a energia liberada pelos gases de escape. Esses gases fazem girar o rotor da turbina (quente) que está acoplado através de um eixo ao rotor compressor (frio), e ao girar, aspira um grande volume de ar filtrado e fornece de forma comprimida ao motor. Existem dois modelos de sistemas turbinados: Intercooler e Aftercooler.

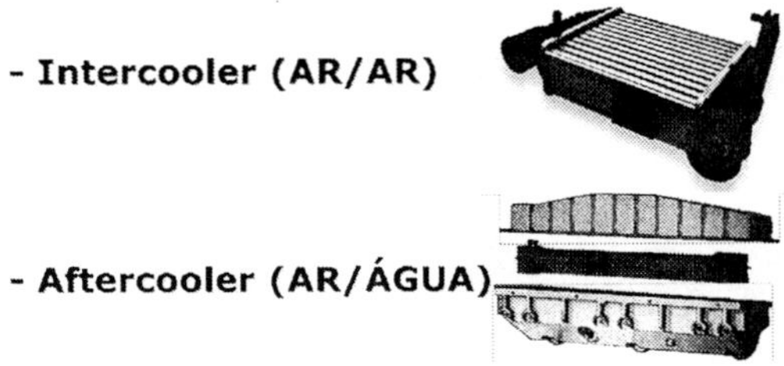

Figura 11.19

Fonte: Não informada

Sistema de Injeção de Combustível: é controlado pela Bomba Alimentadora (pressão e dosagem), levando o combustível até o bico injetor que, por sua vez, injeta na câmara do cilindro.

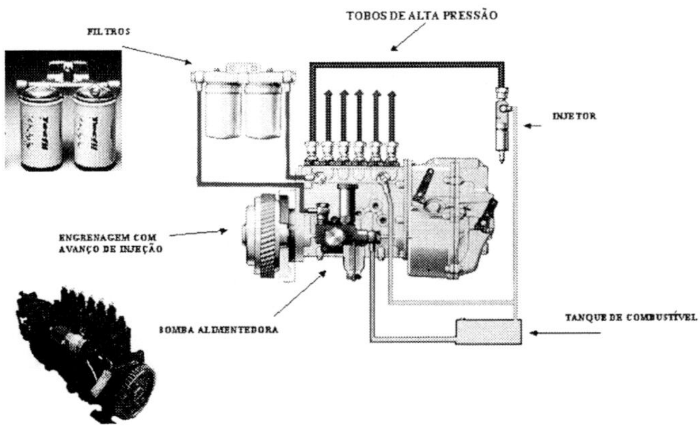

Figura 11.20

Fonte: Não informada

Bomba Injetora (ou Alimentadora): É responsável por injetar o combustível no motor para que ocorra a combustão e é realizado em conjunto com o regulador de rotação (controla todas as faixas de rotação, conforme a carga aplicada ao motor), dosando a quantidade de combustível e adequando-o para a melhor combustão. O combustível é aspirado do tanque até a bomba através de "ação positiva" de uma bomba de transferência (ou pré-alimentadora). Em seguida, passa por um pré-filtro para remover as partículas contaminantes. A bomba de transferência, então, fornece à injetora o combustível em baixa pressão. O diesel passa pelo filtro de combustível antes de chegar à bomba.

Injetores: Recebe combustível da Bomba Alimentadora o qual comprime até chegarem aos injetores, onde atingem altas pressões, necessárias para a atomização e queima nas câmaras de combustão, enviando-o por linhas individuais, para cada injetor. No injetor, o combustível comprimido provoca o acionamento da agulha que veda os orifícios do injetor com a câmara de combustão, vencendo a carga de uma mola e calços que determinam sua pressão de abertura e possibilita a entrada do diesel de forma otimizada. A fuga de combustível ao redor da agulha para refrigeração é recolhida pelo coletor de retorno, que o envia por uma conexão e pela tubulação de retorno ao tanque.

Radiador: Reservatório para grande parte do líquido de arrefecedor. Contudo, sua função principal é ser o trocador de calor com o meio ambiente. Ao circular pelo reservatório, mediante ação do ventilador, o líquido é refrigerado.

- Sistema de Proteção – Sensores **(específico para motores estacionários)**

Sensor de Sobrevelocidade: (ou pick-up) é um sensor magnético que faz a leitura da rotação através da movimentação dos dentes da cremalheira.

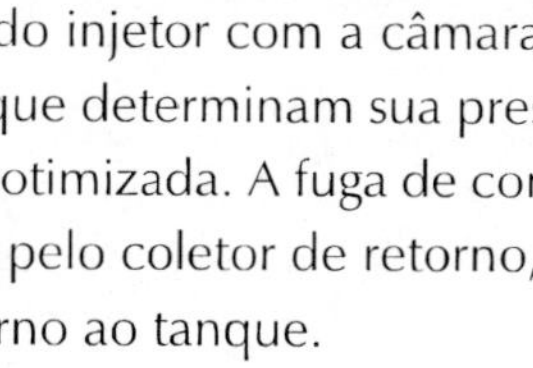

Figura 11.21

No detalhe, observamos o sensor pick up posicionado próximo da roda dentada.

Fonte: Não informada

Sensor de Pressão de Óleo: é um sensor de proteção, caso a pressão do óleo esteja fora das faixas especificadas. A baixa pressão de óleo indica lubrificação deficiente, podendo causar sérios danos ao motor.

Sensor de Nível d'água do Radiador: é um sensor de proteção, caso o nível do líquido de arrefecimento esteja baixo. O superaquecimento do bloco pode causar severos danos ao motor.

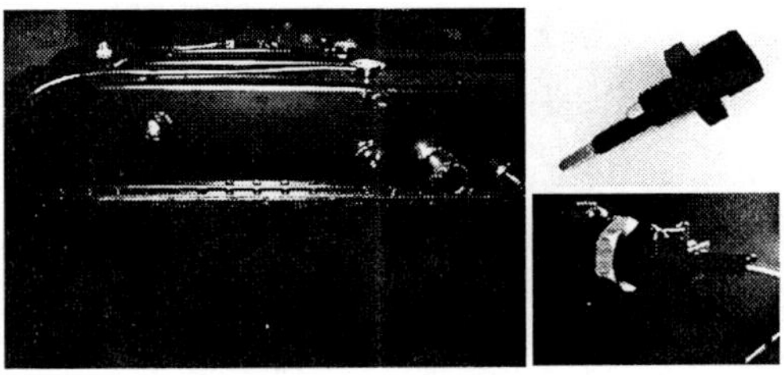

Figura 11.22

Exemplo de sensor de nível d'água posicionado no Radiador.

Fonte: Não informada

11.15 Gerador de Corrente Alternada

É denominado por Alternador para Grupos Geradores, mas também é conhecido simplesmente por Gerador de corrente alternada. São destinados a converter energia mecânica em eletricidade. Fundamenta-se pela *Lei de Lenz* e pertencem à categoria de máquinas síncronas – a rotação é diretamente proporcional ao número de polos magnéticos e frequência da força eletromotriz.

Figura 11.23

Exemplo de Gerador ou Alternador de Corrente Alternada

Fonte: Fabricante WEG, www.weg.net

A Força Eletromotriz e a Corrente (A) de um gerador mudam de direção cada vez que a espira gira 180 graus. Portanto, a Tensão (V) de saída, é alternada.

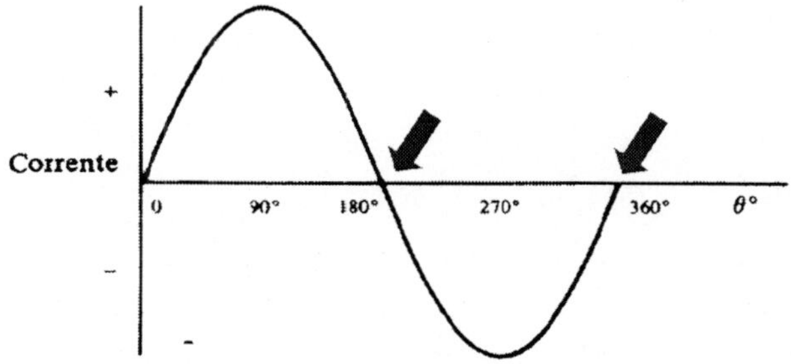

Figura 11.24

Fonte: Não informada

Para um melhor entendimento de como funciona um gerador, observe o *Gerador Elementar – de Rotor Girante*, na figura a seguir. Observe que é constituído por uma espira de fio girando em um campo magnético, forma um gerador elementar , o qual está conectado aos anéis coletores.

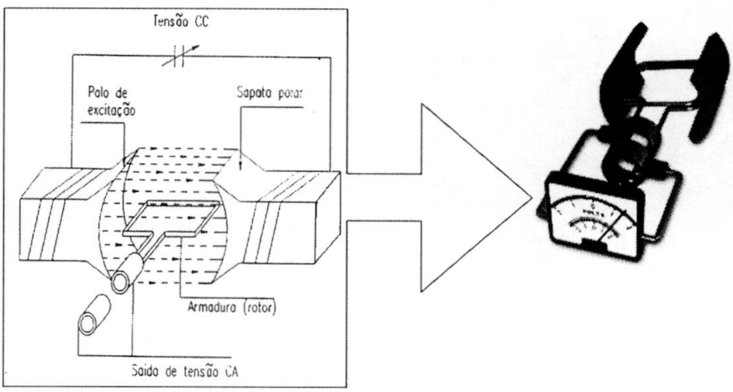

Figura 11.25

Fonte: Não informada

Breve histórico deste modelo de Gerador

O gerador elementar foi inventado na Inglaterra, em 1831, por MICHAEL FARADAY, e nos Estados Unidos, mais ou menos na mesma época, por JOSEPH HENRY. O gerador síncrono, ou alternador, tem como função, transformar a energia mecânica (fornecida por máquina primária: turbina, motor diesel ou gás) em energia elétrica.

"Toda vez que uma espira ficar imersa em um campo magnético variável, será induzida uma força eletromotriz e surgirá uma tensão CA", Faraday.

11.15.1 Conceitos Gerais sobre Gerador

Tensão (V):

Nos sistemas trifásicos, a tensão entre fases é determinada pelas ligações de fechamento que forem executadas. Normalmente, os geradores são fornecidos com 12 terminais de bobinas do induzido. Podem ser ligados para gerar tensão em 220/127 V, 380/220 V ou 440/254 V.

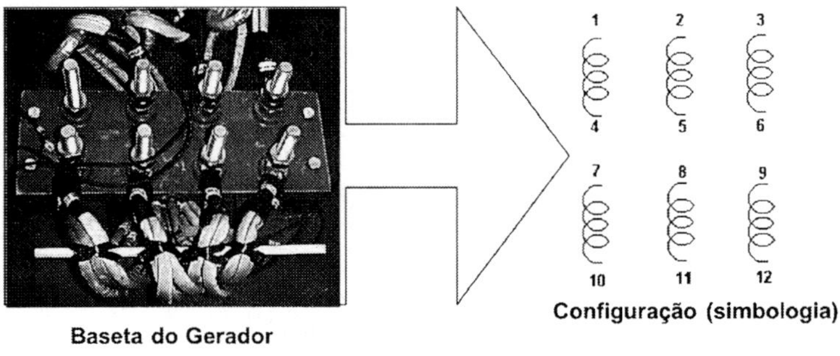

Figura 11.26

Onde, Baseta é a base onde ficam os terminais e, conforme a montagem, se obtêm as Tensões Requeridas.

Fonte: Não informada

Vejamos o exemplo de configuração a seguir, onde são demonstradas as ligações para obtermos uma conexão em Paralelo = 220/127 V. Este é o esquema de conexões a ser feito na Baseta. Este procedimento deve sempre ser feito por profissional capacitado e habilitado em eletricidade.

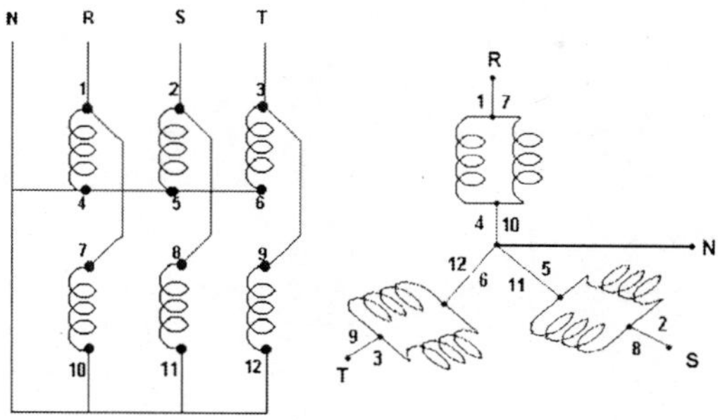

Figura 11.27

Fonte: Não informada

Potência (em kVA), onde $(kVA)^2 = (kW)^2 + (kVAr)^2$

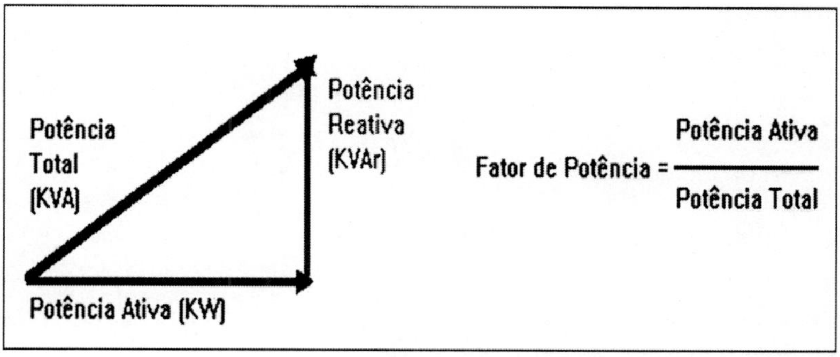

Figura 11.28

Este triângulo Retângulo facilita o entendimento da relação entre as potências e a obtenção do Fator de Potência (FP)

Fonte: Não informada

Como já foi visto nesse livro, em complemento, cito o fato de que o Fator de Potência (FP) representa a eficiência no aproveitamento de energia e é determinado a partir da relação: Potência Ativa/Potência Aparente. Como a maioria das cargas de uma instalação elétrica são indutivas, elas exigem um campo eletromagnético para funcionar. Estes campos armazenam energia num semiciclo da Tensão (C.A.), porém sem aproveitamento no "semiciclo" seguinte. A energia devolvida é parte da Potência Aparente que foi entregue ao sistema.

A figura do copo de cerveja, em geral, aplica-se para demonstrar a relação entre as potências.

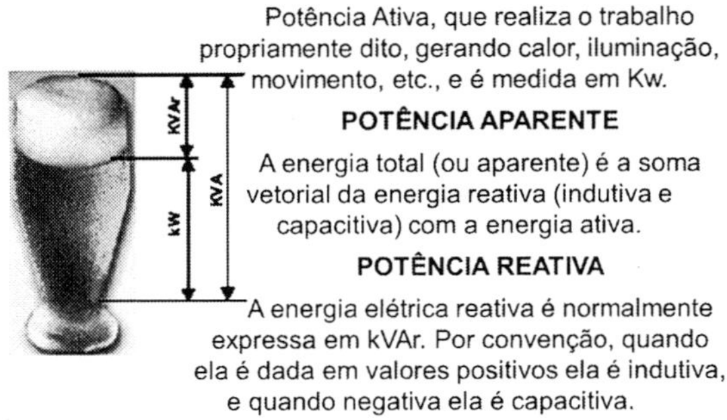

Figura 11.29 - Fonte: Não informada

A potência ativa (kW) – considerando circuitos trifásicos e com cargas equilibradas. Sendo dados Valor de Tensão (E), Corrente Elétrica (i) e Fator de Potência (fp), obtemos a fórmula:

$$P(w) = E \,.\, i \,.\, \sqrt{3}.fp$$

Modelo de Gerador GTA:

É o modelo mais aplicado. O Gerador "sem escovas" (ou Brushless). Em condições normais de operação do gerador, é produzida uma tensão monofásica de frequência nominal do gerador, sofrendo pequenas distorções na forma de onda, dependendo do tipo de carga (resistiva, indutiva ou capacitiva).

Figura 11.30 - Gerador Modelo GTA em corte.

Fonte: Não informada

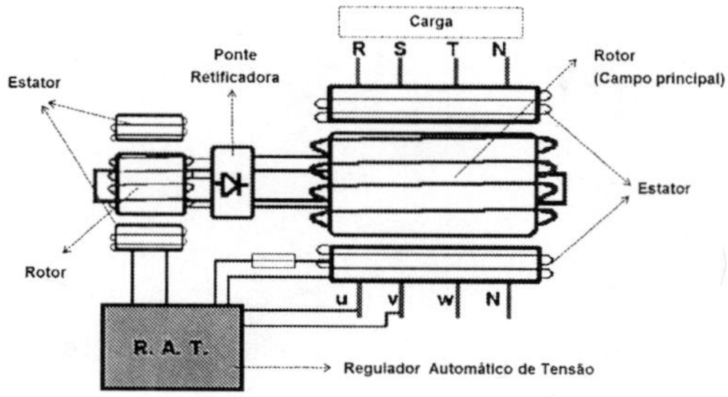

Figura 11.31 - Esquema funcional de um Gerador Modelo GTA

Fonte: Não informada

Outros componentes relevantes do Gerador

Regulador Automático de Tensão – RAT: Função: Compara a Tensão de saída do gerador com o padrão ajustado no seu potenciômetro de ajuste de tensão e efetua as correções, atuando no Campo da Excitatriz).

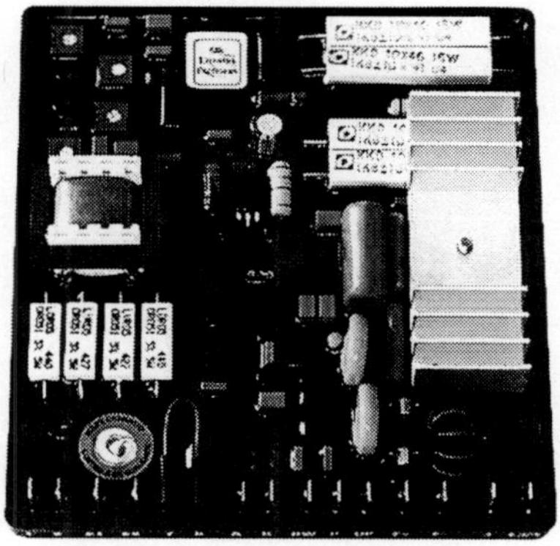

Figura 11.32 - Exemplo de um Regulador Automático de Tensão

Fonte: Stemac Grupos Geradores S.A.

Acoplamento Motor – Gerador: é a conexão entre os eixos. O acoplamento elástico permite os descolamentos radiais e axiais, compensando os desalinhos durante o funcionamento. Também absorve vibrações geradas por variações de carga.

Mancais de Rolamento: O rolamento blindado deve ser trocado com 20.000 horas de funcionamento. Nos Geradores acima de 450 kVA, o rolamento deve ser lubrificado (não blindado).

11.16 Manutenção de Grupos Geradores – Planos de Manutenção

Uma realidade crescente no mundo em que vivemos se deve ao fato da humanidade se tornar cada vez mais dependente da eletricidade. A energia elétrica é crítica para, praticamente, todas as instalações, sejam elas residenciais ou aquelas necessárias para exercer atividades profissionais, locais para aquisição de produtos, armazenamento de alimentos perecíveis, unidades de saúde etc.

O fornecimento confiável e de qualidade depende da concessionária que atende a essas instalações. Contudo, o que fazer quando ocorre falta de energia elétrica? Uma das soluções é contar com o fornecimento por meio de um grupo motor-gerador, grupo gerador ou simplesmente, gerador elétrico. Instalações como os grandes edifícios de escritórios, indústrias, comércio em geral, hospitais, ainda telecomunicações, centros de informação e provedores de serviço de internet dependem da disponibilidade da energia elétrica 24horas por dia, sete dias por semana, sem interrupções – em quase todas estas estruturas mantêm um Grupo Gerador em stand by, isto é, "pronto para entrar em operação".

Os Grupos Geradores auxiliam as organizações quando requerem um fluxo contínuo e ininterrupto de energia elétrica. Outra utilidade dessas máquinas é quando aplicadas nos trabalhos de construção de novos empreendimentos ou em reformas prediais, pois os mesmos fornecem energia, seja durante o turno de trabalho em locais não abastecidos por eletricidade de modo convencional ou mesmo num evento de Black out. Pode ainda ser utilizado para reduzir os custos de eletricidade, quando a estrutura de tarifas e política da concessionária local, faz destes uma opção viável.

Por estas razões vistas até aqui, um equipamento de grande importância para a organização não poderia ficar de fora dos sistemas de manutenção. Para tanto, segue ao leitor um escopo sobre manutenção aplicada aos Grupos Geradores. A fonte base para as informações (além da experiência atuando em Serviços pela empresa Stemac Grupos Geradores) são os "Manuais de Operação e Manutenção" dos Fabricantes: Cummins Power Generation e FG Wilson.

Figura 11.34

Grupos Geradores Arrefecidos a Água - Fabricante CUMMINS Power Generation

Fonte: Manual T-030d – Disponível na Internet

11.16.1 Introdução à Manutenção Preventiva de Grupos Geradores

Além das recomendações do fabricante e outras relacionadas às exigências internas de padrões estabelecidos pela organização através de seu grupo técnico, há outros cuidados adicionais para a manutenção do Grupo Gerador, algumas por vezes até desprezadas.

Uma delas diz respeito ao combustível, tanto na aquisição, quanto no armazenamento. Então é importante observar as instruções do fabricante em relação aos padrões estabelecidos. Por exemplo, armazenamento de diesel, por período superior a 6 meses no tanque do Gerador Elétrico, e por ser um produto mineral, absorverá umidade do ambiente através do respiro do tanque e irá se deteriorar, alterando suas características necessárias para o bom funcionamento do motor, principalmente a de lubrificar o sistema de injeção de combustível (bomba injetora e bicos injetores), cujo valor para reparo é considerável. Por esta razão, é um dos itens constantes da manutenção preventiva, drenar o tanque para retirar a água absorvida que por ser mais densa se deposita na parte inferior do reservatório.

Não permita que as frequências de manutenção saiam do controle, isto é, atrasar ou postergar não é recomendável para o bom funcionamento do equipamento. Principalmente, tarefas que avaliem a confiabilidade, a exemplo dos testes de partida em simulação de falta de energia. Então, force a permissão para executar "teste em automático com carga", ou seja, simular a falta de rede concessionária para que todo o sistema seja verificado, principalmente o desempenho do motor (potência).

Outro item importante é, se aplicável, é implementar um "Livro de Registros" onde irão constar as anotações específicas sobre o "histórico do equipamento". Nem sempre as informações, registradas em software, estarão disponíveis. Um documento físico facilita o acesso à informação de forma rápida. Mantenha-o sempre atualizado e armazenado em local seco e seguro.

Os planos de manutenção, em geral, possuem tarefas iniciando com verbo "Verificar", "Inspecionar" etc. Quando o item depende de uma Inspeção Visual isto procede. Mas, fique atento à necessidade de tarefas com o verbo "Medir". Itens elétricos, onde o técnico precisa medir um valor elétrico, por exemplo, de Tensão (V), ao lado deve ter os parâmetros. Desta forma ele irá medir e comparar com os valores de "condição OK". Não adianta apenas medir e anotar o valor. É necessário compará-lo com padrões estabelecidos pelo fabricante, para que o componente ou condição seja realmente avaliada. Algumas dessas medições são:

- Medição e ajustes de Tensão (V), ganho e estabilidade do regulador de tensão;
- Medições de Corrente (i), em Carga e Flutuação;
- Medições de Tensão (V), em Carga e Flutuação;
- Testes das funções lógicas do(s) Quadro(s) de Comando e Sensores de Proteção;
- Medição de Tensão (V) e Corrente (i) de carga das Baterias.
- Outros

Uma tarefa desprezada, por não ser uma atividade técnica, é a limpeza. Não somente "retirar o pó", mas a sujidade acumulada. Utilizar meios adequados, bem como produtos de limpeza que não afetem os componentes e até, se aplicável Aspiradores de Pó – utilizados, por exemplo, em painéis de comando. Manter o Grupo Gerador isento de sujeira, facilita a tarefa de Inspeção Visual. O ideal é definir uma frequência específica para esta limpeza geral. Obviamente, observar e tomar as devidas providências em razão dos riscos de choque elétrico, pois é um ambiente de alta periculosidade. A Manutenção pode implementar um padrão operacional afixado próximo ao equipamento, contendo: tarefas, materiais necessários, EPIs, entre outras informações e recomendações.

O grupo técnico precisa contatar o fabricante e obter a informação sobre os "componentes vitais para a operação do Grupo Gerador" e se for o caso, manter em estoque. Isso vai ser reforçado no Plano de Manutenção com maior atenção e cuidados especiais: Bateria, Carregador de bateria, Alternador do motor, Sensores de proteção do motor, Elementos filtrantes, Regulador de tensão, Correia da hélice, Mangueiras de alimentação de diesel, Radiador e líquido de arrefecimento do motor, estão entre eles. O objetivo é redobrar o cuidado com itens que podem fazer com que o Grupo Gerador não entre em operação quando mais for necessário: Falta de Energia. Lembrando que este equipamento foi adquirido para dar continuidade ao negócio da companhia, seja ela um hospital, fábrica, hotel, centro comercial etc.

Outros componentes da parte elétrica que necessitam de atenção, por vezes periféricos, são os Módulos de Controle e Quadros de Comando Automático (QCA) e Transferência (QTA). Recomendo incluir uma das atividades de excelente custo-benefício: a **Termografia**, onde se observa "mau contato" de borne, pontos quentes etc. É imprescindível num plano preventivo. A frequência não precisa ser mensal, pode iniciar com 6 meses e se os resultados forem aceitáveis pode passar a ser anual, como é usual. Os instrumentos termográficos de alta performance, permitem a emissão de relatórios contendo a foto do item com problema e demais informações, como a temperatura medida do componente X temperatura de projeto/fabricação.

O grupo técnico de Manutenção deve definir estratégia diferente para o Grupo Gerador utilizado eventualmente. A probabilidade de apresentar falhas, ao serem ligados, é considerável em relação a aqueles que funcionam de forma contínua que por sua vez apresenta maior desgaste em relação aos que são utilizados de forma eventual. Por esta razão, os planos não podem ser aplicados de forma única. "Cada caso, é um caso", isto é, o plano de manutenção deve ter particularidade, considerando as recomendações do fabricante, mas deve levar em conta a sua condição operacional. Por isso, a manutenção preventiva não é simplesmente "copiar" o que está no manual. É necessário avaliar e se antecipar aos possíveis problemas que, se ocorrerem, custarão muito mais a fornecedores e clientes.

Ferramentas e instrumentação corretas em bom estado são um diferencial. Cada tarefa tem sua particularidade. Além de executar com mais precisão, o técnico conta com a segurança e rapidez. Imaginem uma empresa de assistência técnica chegar ao cliente, por exemplo, pedindo ferramental emprestado ou mesmo improvisando. Essas atitudes passam uma péssima imagem ao cliente.

Todas as questões vistas até aqui, somadas a um bom plano de manutenção garante o aumento da vida útil. Não deixe também de aplicar as ferramentas estatísticas, tais como, a Análise de Falha, para descobrir causas, a Causa Raiz. Executar e registrar as ações tomadas, e não deixar de divulgar a equipe para evitar recorrência. Portanto, em relação às falhas recorrentes, evite apenas consertá-las repetidamente. Ao analisar o problema e corrigir definitivamente, reduz os custos de manutenção, além de melhorar os índices de Confiabilidade e Disponibilidade. Faça uso da documentação existente no sistema da qualidade, existente em ambientes de empresas certificadas com a Norma ISO 9001 – caso contrário, busque em literaturas sobre este assunto como é o caso do meu livro "Engenharia de Manutenção Teoria e Prática". Fica a dica!

Atenção também, aos acessórios para "enclausuramento" de Grupos Geradores (ou "carenados"). A carenagem contribui para a redução de ruído de aproximados 105 dBA para 75 ou 85 dBA – visa minimizar o incômodo sonoro quando estes equipamentos estão em operação. Incluir tarefas para avaliar os Oxicatalisadores, quando instalados, para redução da emissão de poluentes através do escapamento do motor. Esses dois sistemas contribuem para a qualidade no trabalho e melhoria nos aspectos ambientais no entorno do Grupo Gerador.

O assunto é bem extenso, mas espero ter contribuído com algumas características importantes. A Manutenção Preventiva deve ser feita sempre por profissionais capacitados e/ou por empresas de assistência técnica especializadas. É preciso ficar atento às orientações do fabricante, visto que o não cumprimento das normas do fabricante pode anular a garantia do equipamento, logo após a aquisição. O máximo desempenho para o fornecimento de energia só é possível com: equipe qualificada, plano de manutenção assertivo, somado a atitudes proativas de todos os envolvidos.

Os Planos de Manutenção, a seguir, têm caráter informativo. Cada organização, através de seus profissionais de manutenção, desenvolve planos mais detalhados, considerando outros aspectos, tais como, experiência em campo, tempo em uso e condição de operação, temperatura e umidade a que é submetido, recursos técnicos etc. Espero que apreciem.

11.16.2 Planos de Manutenção para Grupos Geradores

Preparação para o Trabalho

Infelizmente, uma parte dos técnicos negligencia essa fase de pré-manutenção. Principalmente no que se refere ao uso de EPI (Equipamento de Proteção Individual). Uma das maiores queixas é por serem desconfortáveis. De qualquer forma, as normas e boas práticas existem e cabe aos gestores orientar seus colaboradores a seguir todas as orientações de modo a evitar acidentes de trabalho ou danos ao equipamento.

Alguma das recomendações de Segurança:

- O EPI deve ser sempre utilizado, mesmo antes de acessar o local onde está o equipamento, mantendo em uso durante e após a conclusão do trabalho até estar afastado da área de trabalho. Protetor Auricular, Óculos de Segurança, Capacete, Calçados de Segurança e Luvas são alguns dos mais utilizados. Obviamente, há ainda as exigências de clientes que podem requerer outros procedimentos de segurança, tais como Permissão de Trabalho, acompanhamento por elemento da brigada de incêndio portando um extintor, entre outras. Observar quando há serviço de assistência técnica e o técnico estará sob a vigilância do proprietário do Grupo Gerador.

- Observar a necessidade de outros EPIs quando o trabalho a ser executado necessita do equipamento em operação. O Protetor Auricular e Óculos de Segurança são necessários para proteção respectivamente, audição e visão. Mais do que isso, são obrigatórios. Lembre-se que os danos a estes órgãos (ouvidos e olhos) são irreparáveis. Em certos locais há ainda o denominado EPC (Equipamento de Proteção Coletiva), quando há risco de acidente com eletricidade. Certificar-se se existem e se estão operacionais.

- Outra recomendação de segurança é para o vestuário. Evite vestes largas ou joalharia (correntes de pescoço, aliança etc.) que possam ficar presos nos botões de acionamento ou ainda em parte girante do equipamento – sendo o caso de correias, por exemplo. Se a empresa disponibilizar e sendo aplicável, utilize uniformes à prova de fogo (jaqueta ou macacão

NR10 à prova de chamas, por exemplo). Outro adereço a ser retirado é o caso dos relógios com pulseira de metal, principalmente se o técnico precisar executar alguma tarefa em painéis de controle. Da experiência própria, certo técnico da companhia onde eu trabalhava, me contou que o seu relógio fez contato com a extremidade do painel de tensão de entrada. Foi salvo pelo seu colega que ao perceber que ele não respondia a sua pergunta, este, por sua vez, pegou uma tábua e forçou o técnico que estava "tomando choque" caiu próximo, quase inconsciente. Então, "todo o cuidado é pouco" diz o ditado, com muita propriedade.

- Outra ação importante se refere à colocação das placas de aviso: "Em Manutenção", somadas à "Chave-Cadeado" (kit bloqueio eletricista) para que o equipamento não entre em operação. Em geral, a manutenção em Grupo Gerador é feita com equipamento na chave "desligado". Caso seja necessário colocá-lo em operação, siga as recomendações existentes e se há necessidade de acrescentar algum EPI.

- Em relação a qualquer líquido a ser utilizado nas tarefas, manter em seus respectivos reservatórios e tampados – em geral, os produtos de limpeza. Evite reservatórios de vidro. Também, observar os cuidados com líquidos inflamáveis, combustíveis etc.

- Observar normas e legislação quando na reposição ou troca de líquido de arrefecimento e/ou óleo lubrificante. Utilizar os EPIs recomendáveis, bem como seguir os procedimentos de manuseio e descarte.

- Observar normas e legislação para reparo ou troca de baterias. Utilizar os EPIs recomendáveis, bem como seguir os procedimentos de manuseio e descarte. Componentes elétricos substituídos devem ser descartados adequadamente e não devem ser jogados em lixo comum.

Outras recomendações:

- Importante: não tente efetuar qualquer revisão ou reparo que não esteja devidamente esclarecido. Na dúvida, questione seu superior imediato;

- Utilize somente as ferramentas e instrumentos adequados à tarefa. Evite executar uma tarefa de maneira improvisada (do popular, "enjambrar"). Ao contrário, sempre utilizar ferramental e instrumentos indicados, isto é, adequados à situação.

Exemplo bem corriqueiro de improviso é de utilizar faca de serra (de cozinha) no lugar de um estilete ou ainda chaves de fenda como punção, entre outras. Cada tarefa deve ter suas ferramentas descritas para a execução. Portanto, não invente! Para sua segurança e do equipamento. O mesmo se aplica aos reservatórios. Evite "sacos de lixo" para coleta de óleo lubrificante após a substituição. Da experiência própria vi muito destes exemplos. Pesquisei as melhores soluções, implementei e os técnicos ficaram gratos, pois facilitou muito o serviço;

- Se possível, substitua qualquer componente que esteja danificado ou repare o equipamento, mesmo que a tarefa indique apenas uma revisão. O Grupo irá operar com segurança, estando em condições para que os operadores de utilidades sigam suas atividades sem problemas;

- Desligue os bornes das baterias antes de iniciar a manutenção ou quando as tarefas estão designadas ao sistema elétrico. Desligue os condutores de ligação à terra da bateria. Isole com fita os condutores de forma a prevenir faíscas. Obviamente, avalie se estas recomendações são aplicáveis ao serviço previsto;

A seguir, um exemplo de "Preparação de Trabalho" para sua orientação. Os itens serão maiores sempre que a manutenção tenha mais risco ou mesmo seja de grande porte.

Plano de Manutenção Mecânica - Grupo Gerador Emergência/Prime					
Preparação para o Trabalho					
Item	Parâmetro para Condição OK	Referência			
Obter autorização do Cliente: Verbal / Ordem de Serviço / PT (Permissão de Trabalho) / Integração - Outros	Técnico paramentado e com EPIs e/ou EPColetiva.	NR6, NR10 e NR12 (ou Ainda Procedimentos do Cliente).			
Obter PT (Permissão de Trabalho), Integração, outros.	Autorizado. **ATENÇÃO**: Observar se "Trabalho em Espaço Confinado".	Norma e Padrões Cliente; NR33.			
Colocar EPIs de acordo com a tarefa e ambiente.	Técnico paramentado e com EPIs e/ou EPColetiva.	NR6, NR10 e NR12			
Solicitar retirada de pessoas não autorizadas/habilitadas do ambiente.	Técnico(s) de Manutenção Motormac e Representante Cliente Autorizado.	NR10			
Colocar placa aviso "EQUIPAMENTO EM MANUTENÇÃO".	Placa posicionada no Grupo Gerador e visível.	NR10			
Tornar inoperante o Modo de Comando Automático.	Grupo Gerador Inoperante	NR12			
Executar uso de bloqueio/trava mecânica e/ou elétrico na posição "desligado" ou "fechado" de todos os dispositivos de corte de fontes de energia.	Grupo Gerador Inoperante e incapaz de ser colocado em operação.	NR12			

Antes de abordar os Planos de Manutenção, é importante frisar que os requisitos variam em razão de vários fatores, tais como, recomendações do fabricante, experiência adquirida pelos técnicos e engenheiros de manutenção e principalmente as condições de operação do Grupo Gerador.

Algumas recomendações de Tarefas Diárias:

1. Verificar existência de vazamentos nos sistemas de fluidos: Ar, Água, Óleo Lubrificante ou ainda de Combustível.

2. Verificar nível de Óleo Lubrificante.

3. Verificar nível de Liquido de Arrefecimento.

4. Verificar nível de Combustível.

5. Drenar fluido do Separador de Água/Filtro primário do Sistema Combustível.

6. Verificar no Respiro do Cárter, se há óleo condensado.

7. Executar operação de Ligar o Grupo Gerador, principalmente na condição "Reserva" – Teste de Arranque (verifica se o Grupo Gerador entra em operação ao comando e nenhuma anomalia é constatada).

Tarefa Semanal ou a cada Duas Semanas

1. Execute as tarefas diárias até o item "6", visto anteriormente.

2. Ligue o Grupo Gerador e deixe em operação por cerca de ~5 minutos.

3. Visualmente, observe o equipamento em operação na busca por alguma anormalidade.

Tarefa Mensal de alto grau de importância: Teste com Carga

1. Execute as Tarefas Previstas no Plano de Manutenção Mensal.

2. Teste com Carga: colocar em funcionamento o grupo com, no mínimo, 50% da carga de ~1h até ~2h. (Observar as recomendações do fabricante para percentual de carga e tempo em operação). O teste de carga ideal é aquele em que é simulado um blackout e em seguida aguardar o Grupo Gerador entrar em operação, conforme parâmetros estabelecidos de setup. Os testes com carga, em geral, estão previstos nos Planos de Manutenção. Mas é quase impossível realizar diante das dificuldades de planejamento por parte do Cliente. Em certas organizações o proces-

so operacional não pode ser interrompido. Mas, um percentual de carga aproximadamente a 50% é aceitável. Esse teste permite avaliar com precisão a eficiência e confiabilidade diante de uma falta de energia elétrica.

Os planos a seguir, reforço ao leitor que são para orientação. Podem estar incluídos, mas não necessariamente serem planos preventivos, uma vez que podem ser executados como uma Manutenção Corretiva em Grupos Geradores NÃO cobertos por preventiva. Por exemplo, um prestador de serviço de Assistência Técnica pode ofertar ao cliente que possui um equipamento já algum tempo sem qualquer revisão.

Planos de Manutenção Mecânicos e respectivas frequências:

As tarefas inseridas nos planos mecânicos, bem como as frequências, têm como fonte o "Manual de Operação e Manutenção dos Motores da Série B".

Motor Estacionário Cummins SÉRIE B:

Figura 11.35

Motor Cummins Série B6 – Aplicação: Estacionário, Industrial ou Agrícola

Fonte: http://www.bapdiesel.com.br/58-produto-motor-cummins-serie-b-6-unai-mg

Planos de Manutenção Mecânicos e respectivas frequências:

Plano Mecânico

Período 250h ou 6 meses

Sist Lubrificação

Itens do Grupo Gerador	Parâmetro para Condição OK	Ação	TE	TR	Referência
Óleo Lubrificante (intervalo de troca)	Condição operacional até 250h ou 6 meses.	Executar troca de óleo lubrificante (Viscosidade 15W 40) - Obrigatório troca do(s) Filtro(s) (Seguir Boas Práticas de Manutenção: utilize produto fornecido pela Motormac).	__:__	__:__	Manual de Operação e Manutenção Cummins Série B - pags 4-5 até 4-9
Filtro Lubrificante (intervalo de troca)	Condição operacional até 250h ou 6 meses.	Substituir juntamente com Óleo Lubrificante. (Seguir Boas Práticas de Manutenção: utilize produto fornecido pela Motormac).	__:__	__:__	Manual de Operação e Manutenção Cummins Série B - pags 4-5 até 4-10
Mangueiras, Tubulação e Cárter.	Conjunto isento de Vazamento de Óleo. (Tubulação sem de pó, sujeira, ressecamento e fiapos soltos nas pontas)	Limpar e retirar graxas e sujeira externa. (Substituir Mangueiras/Tubulação danificadas).	__:__	__:__	Seguir Boas Prátcas de Manutenção: utilize produto fornecido pela Motormac.
Bujão de dreno do Carter (intervalo de troca)	Rosca em condições de total vedação, após recolocada. Não apresentar fios espanados	Limpar bem as roscas do dreno e face. Substituir se a rosca estiver espanada ou dreno danificado na retirada.	__:__	__:__	Manual de Operação e Manutenção Cummins Série B - pags 4-8

Plano Mecânico

Periodo 250h ou 6 meses

Sist Adm de Ar

Itens do Grupo Gerador	Parâmetro para Condição OK	Ação	TE	TR	Referência
Filtro de Ar	Filtro sem restrição operacional.	Retirar filtro para limpeza. Substituir se a faixa vermelha ficar estacionária na janela do indicador.	__:__	__:__	Manual de Operação e Manutenção Cummins Série B - pag 4-13.
Tubulação / Mangueiras	Isentas de vazamentos que permitem entrada de detritos no motor (trincas, abraçadeiras soltas ou perfurações)	Reapertar abraçadeiras e/ou substituir peças danificadas.	__:__	__:__	Manual de Operação e Manutenção Cummins Série B - pag 4-10.
Pós Arrefecedor de Ar (CAC) - Quando Aplicável	Não afetar operação do Turbocompressor(internamente isento de óleo e detritos (caso seja sacado para revisão)	Desmontar para Inspeção visual a procura de trincas ou danos. Inspecção de tubos, rasgos e outros danos.	__:__	__:__	Manual de Operação e Manutenção Cummins Série B - pag 4-11.

Plano Mecânico

Periodo 500h ou 12 meses

Itens do Grupo Gerador	Parâmetro para Condição OK	Ação	TE	TR	Referência
Filtro(s) de Combustível	**Igual ou acima** 500h ou 12 meses (o que ocorrer primeiro).	Substituir filtro	__:__	__:__	Manual de Oper. e Manut. pags 2-4 e 4-3. Manual de Reparos pag 4-20 e 4-21
Filtro Separador de Água/Combustível (Primário e Secundário)	Deve permitir executar a drenagem de Acordo com Procedimento. Isento de Saturação	Recomendar substituição dos elementos do conjunto duplo de filtros saturados.	__:__	__:__	Manual de Oper. e Manut. pag 3-3 e Manual de Reparos pag 4-22
Bomba Injetora de Combustível	Queda de pressão normal Máxima de 3 PSI (21 KPA - 0.21 kg/cm²).	Drenar. Verificar se há queda de pressão no sistema. Inspecionar todo o conjunto de Abastecimento em busca de entrada de ar.	__:__	__:__	Manual de Oper.e Manut. pag 5-6. Manual de Reparos a partir da pag 4-9
Válvula de Corte de Combustível Elétrica (Quando Aplicável)	Fechadas quando não há corrente elétrica aplicada ao solenóde. Não devem interromper suprimento de combustível para o sistema.	Testar funcional da v[illegible]ula (Utilizar Multímetro).	__:__	__:__	Resistência medida em Ohm Padrões: 12 V (9 ohms) / 24 V (36 ohms). Mais detalhes, Manual de Reparos pag 4-10
Mangueiras de Combustível	Isentas de pó, sujeira, ressecamento e fiapos soltos nas pontas. Sem vazamentos.	Executar limpeza leve. Recomendar substituição de estiverem danificadas.			Manual de Oper. e Manut. pag 5-6. Manual de Reparos a partir da pag 4-9

Sist

tema de Combustível	Tubos de Suprimento de Combustível	Conexões Fixas e sem vazamentos.	Reapertar conexões e avaliar condição de vedações			Manual de Reparos pag 4-14
	Conexões	Não podem estar soltas ou com vedações gastas. Sem vazamentos.	Recomendar substituição	—:—	—:—	Manual de Reparos Motores Série B pag 4-14
	Abraçadeiras	Devem estar firmes, sem pontos de ferrugem e não devem permitir vazamento de combustível.	Recomendar substituição	—:—	—:—	Manual de Reparos Motores Série B pag 4-14
	Qualidade do Combustível	Não deve ter cor alterada (conforme padrão), partículas sólidas	Se Não Conforme, coletar amostra e enviar para Teste em Laboratório ou Solicitar troca do Combustível e Filtro(s).	—:—	—:—	Valor da Densidade: 820 até 880 Kg/m³ (T 20ºC)e a porcentagem de água e sedimentos deve compreender, no máximo, 500 ppm (500 partículas por milhão)
	Qualidade do Combustível após Teste em Laboratório	Combustível dentro dos parâmetros Segue Norma ASTM D975 Grau nº 2.	Recomendar substituição total do combustível. (avaliar condição do tanque e tubulação)	—:—	—:—	Valor da Densidade 820 até 880 Kg/m³ (T 20ºC)e a porcentagem de água e sedimentos deve compreender, no máximo, 500 ppm (500 partículas por milhão). Ver também Manual Grupo Gerador CUMMINS

Tanque(s) de Combustível	Deve estar drenado (isento de humidade). Aterramento (conexão de enchimento e tanque). isento vazamento, de pó, sujidade e pontos de ferrugem.	Drenar e reparar aterramento e/ou vazamento. Tanque em condições precárias, deve recomendar limpeza ou substituição.	—:—	—:—	Manual de Operação e Manuteção Cummins Série B
Folga das Válvulas de Admissão e Escape - Executar após substituição do Filtro de Combustível.	Válvulas Admissão= 0,25 mm (0,010"), Escape=0,51 mm (0,020")	Executar a medição. A correta folga é uma resistência "sentida" passando a lâmina calibrador entre haste da Válvula e Tecla Balanceiro.	—:—	—:—	Manual de Operação e Manuteção Cummins Série B - pags 6-3.

	Período 500h ou 12 meses					
	Itens do Grupo Gerador	Parâmetro para Condição OK	Ação	TE	TR	Referência
Correias	Correias de Acionamento - Condição 1	**Até** 500h ou 12meses em operação. Deflexão até 15 mm.	Teste "modo prático" para medição de Deflexão	—:—	—:—	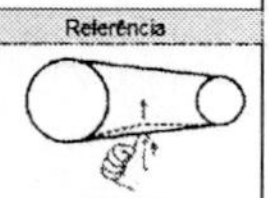
	Correias de Acionamento - Condição 2	**Igual ou acima** de 500h ou 12meses em operação Isenta e Desgaste e fissuras. Recomendação para medição da Tensão de Correias e Alinhamento do conl. Polias/Correias.	Inspeção visual para desgaste e fissuras. Com Kit de Instrumentos medir Deflexão e Alinhamento (Fora dos parâmetros, recomendar corrigir/substituir).	—:—	—:—	inform. www.seilerindustrial.com 

	Plano Mecânico					
	Período 2000h ou 2 anos					
	Itens do Grupo Gerador	Parâmetro para Condição OK	Ação	TE	TR	Referência
Sistema de A	Radiador (Liquido Refrigerante)	Em operação **acima** de 2000h ou 2 anos.	Drenar Liquido Refrigerante. ATENÇÃO: Aguardar temperatura do sistema estar abaixo de 50ºC. Lavar Sistema e Reabastecer (ATENÇÃO para adição de Anticongelante conforme indicação Manual)	—:—	—:—	Manual de Operação e Manuteção a partir da pag 7-3 até 7-8
	Termostato (Temperatura Operacional do Refrigerante)	Temperatura de inicio de Abertura a partir de: 80ºC. Totalmente aberto 95ºC com maxima abertura de 6,6mm. (Modulação: 83ºC e 95ºC.)	Teste acusar defeito, recomendar substituição.	—:—	—:—	Manual de Especificações pag 51.
	Pressostato (Pressão óleo motor)	Marcha lenta: 69 kPa (10psi) Em carga: 207 kPa (30 psi).	Mal funcionamento, recomendar subtiruição.	—:—	—:—	Manual de Operação e Manutenção Pag E-8.
	Indicador de Temperatura do Sistema de Arrefecimento.	Deve estar em funcionamento, indicando a tempelarura do sistema GMG Prime, a temp. do Bloco do Motor > 32ºC se a temperatura ambiente estiver próximo dos 4ºC, para evitar problema na partida do motor.	Caso esteja inoperante, recomendar substituição.	—:—	—:—	Manual de Reparos pag 3-5 e Manual de Operação e Manutenção pag 1-10. ATENÇÃO: Norma NFPA 110, exige instalação de Alarme de Baixa Temperatura do Motor para temperatura ambiente < 4ºC

rrefecimento	Bomba Dágua	Sem vazamento. Sistema de Arrefecimento sem baixa pressão. Motor não apresenta sobreaquecimento.	Inspeção Visual para identificar vazamento. Caso haja outro dano que cause sobreaquecimento do motor e/ou baixa pressão. Recomendar retirada para Revisão			Manual de Reparos pag 3-6
	Radiador	Isento de materiais afixados na "colméia", vazamentos, furos ou outros danos aparentes.	Executar inspeção visual. Se houver danos, recomendar retirada para conserto			Manual de Operação e Manutenção a partir da pag 7-3 até 7-8
	Ventilador acionado por correia (quando aplicável)	Isento de vibração excessiva. Pás limpas. Correia com tensão adequada e sem danos.	Executar inspeção visual. Se houver danos, recomendar retirada para conserto.			Manual de Reparos pag 3-8
	Ventilador acionado por motor elétrico (quando aplicável)	Isento de vibração excessiva. Pás limpas. Cabos de alimentação sem danos.	Executar inspeção visual. Se houver danos, recomendar retirada para conserto	—:—	—:—	Manual de Reparos pag 3-8
	Venezianas Moduladoras	Isentas de detritos ambientes (papel, folhas, poeira, outros materiais sólidos afixados)	Retirar detritos afixados nas venezianas. Se necessário executar limpeza com pano seco.	—:—	—:—	Manual de Reparos pag 3-7

	Plano Mecânico					
	Período 6000h ou 3 anos					
	Itens do Grupo Gerador	Parâmetro para Condição OK	Ação	TE	TR	Referência
Bomba Injetora	Bomba Injetora de Combustível	Em operação **igual ou acima** de 3 anos e/ou 6000 horas.	Acima dos períodos citados retirar para revisão e limpeza vaporizada.	—:—	—:—	Manual de Operação e Manutenção Cummins Série B
	Bicos Injetores	Em operação **igual ou acima** de 3 anos e/ou 6000 horas.	Acima dos períodos citados retirar limpeza vaporizada Calibração.	—:—	—:—	Manual de Operação e Manutenção Cummins Série B

Planos de Manutenção Elétrico/Eletrônicos e respectivas frequências:

Plano Elétrico					
Período 250h ou 6 meses					
Itens do Grupo Gerador	Parâmetro para Condição OK	Ação	TE	TR	Referência
Grupo Gerador - Teste com Carga (**ATENÇÃO:** Após operar com carga, deixe motor operar por um período entre 3min a 5 min para permitir arrefecimento gradual)	Simule falta de Energia para a carga nominal do Grupo Gerador que por sua vez deve "partir" e assumir a carga de acordo com projeto e parâmetros funcionais: Tensão "V" (R, S e T, tolerância ± 5%), Frequência "Hz" (tolerância ± 2%)	Identificar a causa da falha. Verificar os controle elétricos, medidores,alarmes etc. Caso a falha não seja encontrada, comunicar a Supervisão.	—:—	—:—	Recomendação do Fabricante CUMMINS (Como boa prática para testar Grupo Gerador em sua condição real). Ver também Normas ABNT NBR IEC 60034 e DIN VDE 0530-1.
Grupo Gerador: Lâmpadas, Medidores e Sinalização (Quadros de Comando ou outro local, se aplicável).	Funcionando de acordo com projeto elétrico	Recomendar conserto e/ou substituição de componentes com defeito.	—:—	—:—	Manual de Operação e Manutenção Grupo Gerador Cummins.
Grupo Gerador: Bornes, Conexões e contatos - (Inspeção nos componentes afixados no Motor e Gerador)	Inspeção das condições. Aperto devido, isento de defeitos, curto circuito, fios ou cabos danificados.	Efetuar reapertos, conserto e/ou substituição	—:—	—:—	Manual de Operação e Manutenção Grupo Gerador Cummins.

Bateria(s)	Bornes apertados e isentos de **zinabre** (resíduos de cor verde resultante da oxidação). Temperatura da Sala < 40ºC (**ATENÇÃO**: vida útil e reduz aprox. 50% para cada 10°C acima de temp. ambiente de 25°C).	Reapertar bornes e executar limpeza dos bornes. Aplicar proteção nos terminais. Solicitar ventilação natural ou forçada caso a temperatura ambiente esteja próxima dos 40ºC.	__:__	__:__	Norma ABNT NBR 16.487 (2016) Bateria chumbo-ácida estacionária ventilada - Manutenção e/ou Manual do Fabricante da Baterias
Bateria(s)	Valor de Tensão de Carga entre 14V, - 15V – Bom (Abaixo 14V, recomendar substituição imediata)	Executar Teste de Carga Bateria – com instrumento testar o ciclo de pico de corrente: baixo, médio ou excelente.	__:__	__:__	Norma ABNT NBR 16.487 (2016) Bateria chumbo-ácida estacionária ventilada - Manutenção e/ou Manual do Fabricante da Baterias
Bateria(s)	Valor de Tensão de Carga entre 14V, - 15V – Bom (Abaixo 14V:recomendar substituição imediata)	Executar Teste de Pico: 2s a 3s, simulando um arranque. **(ATENÇÃO: usar EPIs (luvas e óculos escros)**	__:__	__:__	Norma ABNT NBR 16.487 (2016) Bateria chumbo-ácida estacionária ventilada - Manutenção e/ou Manual do Fabricante da Baterias
Bateria(s)	Leitor do multímetro deve registrar entre 12.3V e 12.8V (Tensão de Flutuação). Abaixo de 12,3V: recomendar substituição imediata)	Executar Teste de Carga Bateria "Em repouso".	__:__	__:__	Norma ABNT NBR 16.487 (2016) Bateria chumbo-ácida estacionária ventilada - Manutenção e/ou Manual do Fabricante da Baterias

Retificador de Bateria	Tensão de Flutuação (confirmar dados do fabricante) em geral tensão de flutuação varia entre 13,50V até 13,80V - sob temperatura de 25°C.	Medir Tensão de Flutuação - Se necessário, ajustar em 13,65V (média entre a faixa máxima e mínima). Componente com falha operacional e sem condições de correção em campo, recomendar substituição	__:__	__:__	https://unipower.com.br/5-dicas-aumentar-vida-util-bateria ou Manual Fabricante Bateria e/ou Retificador.
Resistência de Pré Aquecimento	Temperatura do liquido de arrefecimento do motor seja mantida continuamente entre 38°C a 49°C. (evitar partida a frio)	Inspecionar se Resistência e Termostato devem estar funcionando, sem sobreaquecer o sistema. Sistema inoperante, recomendar substiuição dos componentes.	__:__	__:__	Manual de Operação e Manutenção Grupo Gerador Cummins.
Resistência de Pré Aquecimento (Mangueira e Vedações)	Sistema isento de vazamento.	Inspeção Visual de vazamento em mangueira e vedações. Se após reaperto permanecer vazamento, recomendar substituição.	__:__	__:__	Manual de Operação e Manutenção Grupo Gerador Cummins.
Resistência de Pré Aquecimento (Fiação e Conexões)	Fiação e Conexões funcionais e bom estado de conservação.	Inspeção Visual de vazamento em Fiação e Conexões. Executar conserto e/ou recomendar substituição da instalação em mal estado.	__:__	__:__	Manual de Operação e Manutenção Grupo Gerador Cummins.

<table>
<tr><th colspan="6">Plano Elétrico</th></tr>
<tr><th colspan="6">Período 500h ou 12 meses</th></tr>
<tr><th>Itens do Grupo Gerador</th><th>Parâmetro para Condição OK</th><th>Ação</th><th>TE</th><th>TR</th><th>Referência</th></tr>
<tr><td>Gerador (Resistência de Isolamento)</td><td>Gerador ≥ 600V, Ri ≥ 1MΩ. Tensão de Ensaio 1.000 V (CC).
Instrumento megôhmetro deve estar calibrado. Fluke 1520 MegOhmMeter ou similar.</td><td>Medir Resistência de Isolamento do Gerador. (Segue procedimentos e EPI necessários para Teste de Resistencia - Fabricante de Instrumentos FLUKE). Medições fora dos parâmetro, recomendar manutenção imediata do Gerador.</td><td>__:__</td><td>__:__</td><td><table>
<tr><th>[illegible]</th><th>[illegible]</th></tr>
<tr><td>0-208</td><td>100.000 Ω</td></tr>
<tr><td>208-240</td><td>200.000 Ω</td></tr>
<tr><td>240-600</td><td>300.000 Ω</td></tr>
<tr><td>600-1000</td><td>1 MΩ</td></tr>
<tr><td>1000-2400</td><td>2 MΩ</td></tr>
<tr><td>2400-5000</td><td>3 MΩ</td></tr>
</table>
Tabela 7. Resistência mínima recomendada a 40°C
Ver também item 7.3.3 da norma NBR 5410:2014 (ENSAIO DE MEDIÇÃO DA RESISTÊNCIA DE ISOLAMENTO) Obrigatório conforme Norma ANSI/IEEE 43</td></tr>
</table>

Gerador (Resistência de Isolamento)	Gerador ≥ 600V, Ri ≥ 1MΩ. Tensão de Ensaio 1.000 V (CC). Instrumento megôhmetro deve estar calibrado. Fluke 1520 MegOhmMeter ou similar.	Medir Resistência de Isolamento do Gerador. (Segue procedimentos e EPI necessários para Teste de Resistencia - Fabricante de Instrumentos FLUKE). Medições fora dos parâmetro, recomendar manutenção imediata do Gerador.	—·—	—·—	[illegible] | [illegible] 0-208 | 100.000 Ω 208-240 | 200.000 Ω 240-600 | 300.000 Ω 600-1000 | 1 MΩ 1000-2400 | 2 MΩ 2400-5000 | 3 MΩ Tabela 7. Resistência mínima recomendada a 40°C Ver também item 7.3.3 da norma NBR 5410:2014 (ENSAIO DE MEDIÇÃO DA RESISTÊNCIA DE ISOLAMENTO). Obrigatório conforme Norma ANSI/IEEE 43
Gerador (Teste de Isolamento Anual, se aplicável)	Teste de Isolamento Anual para Grupos com testes regulares SEM Carga. **ATENÇÃO**: O teste do Grupo Gerador (após partida forçada) deve durar Min 30 min sob carga NÃO inferior a 1/3 da Carga Nominal.	Condição para a medição de isolamento: Operar o Grupo Gerador Min. 3 horas: 1h em operação sob carga com valor aproximado da carga nominal.	—·—	—·—	Norma ANSI/IEEE 43, "Recommended Practice for Testing Insulation Resistance of Rotating Machinery" (Prática Recomendada para Testes de Resistência de Isolamento de Equipamentos Rotativo). Recomendação Fabricante CUMMINS
Gerador (Condições Operacionais)	Sobrecarga Admissível: 50% acima da nominal por 15s. Temperatura Ambiente Máx 40ºC. Orientar o Cliente sobre a importância do "Teste com Carga" e seus benefícios.	Inspecionar as condições operacionais e indicar as correções necessárias.	—·—	—·—	Normas: NBR 7094 e NBR 5117. Também, Manual de Fabricante do Gerador.
Gerador (Temperatura em Operação, se aplicável)	Temperatura Máx em sobrecarga Classes de Isolamentos: F=155ºC e H=180ºC.	Executar a medição de Temperatura caso seja constatado que o Grupo opera em sobrecarga. (Pirômetro Digital ou similar).	—·—	—·—	NBR 5117 e Manual de Fabricante do Gerador.
Alternador (Carregador de Bateria, quando aplicavel.	Tensão (Bateria 12V) ≤ 15,5V Tensão (Sistema 24V) ≤ 25V	Testar Alternador de acordo com procedimento pag 7-12. Valores fora de parâmetro, recomendar substituição imediata	—·—	—·—	Manual de Operação e Manutenção Grupo Gerador Cummins Pag 7-12
Interruptor Pressostático do Óleo Lubrificante	Atua quando a pressão de óleo cair para 55 kpa (8 psi).	Testar Interruptor de acordo com procedimento pag 7-13. (Uso de Multímetro). Mal funcionamento, recomendar substituição imediata.	—·—	—·—	Manual de Operação e Manutenção Grupo Gerador Cummins Pag 7-13
Interruptor Pressostático do Óleo Lubrificante	Atua quando a pressão de óleo cair para 55 kpa (8 psi).	Testar Interruptor de acordo com procedimento pag 7-13. (Uso de Multímetro). Mal funcionamento, recomendar substituição imediata.	—·—	—·—	Manual de Operação e Manutenção Grupo Gerador Cummins Pag 7-13
Sensor de Temperatura do Motor	Teste: apresentar Continuidade Elétrica quando tempetatura for ≥ 107 °C. (Temperatura de trabalho do Motor entre 85ºC e 95ºC - Recomendável)	Testar sensor de acordo com procedimento pag 7-13. (Uso de Multímetro). Mal funcionamento, recomendar substituição imediata.	—·—	—·—	Manual de Operação e Manutenção Grupo Gerador Cummins Pag 7-13
Retificador de Bateria 12V - Tensão Ripple (Ondulação Residual), se aplicável.	**Ripple (componente CA)** gerado por alguns Retificadores. Valores de Referência: um componente CA (corrente alternada) de tensão (ripple) até 1 % (RMS) da tensão de flutuação e, em corrente, a 5 A (RMS) para cada 100 Ah da capacidade nominal (C10). Valores superiores podem reduzir a vida útil da bateria.	Medições fora dos parâmetros, recomendar as correções necessárias.	—·—	—·—	https://unipower.com.br/5-dicas-aumentar-vida-util-bateria ou Manual Fabricante Bateria e/ou Retificador.

Plano Elétrico					
Periodo 2000h ou 2 anos					
Itens do Grupo Gerador	Parâmetro para Condição OK	Ação	TE	TR	Referência
Bateria(s) 12V	Teste de PFD/Profundidade de Descarga = 25% (entre 1600 e 1800 Ciclos).	PFD acima de 25% ou constatado bateria em uso 4 anos em operação, **ATENÇÃO** Recomendar substituição imediata. Efetuar descarte adequado das baterias usadas. Descarte, observar Lei 12.305 de 2/08/2010.	—:—	—:—	Fabricantes de Bateria para Motores Estacionários: Tempo estimado de Vida Útil = 4 anos (ATENÇÃO A Motormac recomenda substituir após 2 anos instalada para não colocar em risco a operação do Cliente).

Plano Elétrico					
Periodo 6000h ou 3 anos					
Itens do Grupo Gerador	Parâmetro para Condição OK	Ação	TE	TR	Referência
Resistência Elétrica (Sistema de Pré Aquecimento	Em operação **abaixo** de 3 anos (10.000 ciclos em operação)	Acima de 3 anos em operação, recomendar substituição imediata.	—:—	—:—	Recomendação de Fabricantes de Resistencia Pre Aquecimento (1500w, 220V) para Grupo Gerador.

Legendas:

TE = Tempo Estimado para Execução da Tarefa – Unidade Hora/Minuto (HH:MM).

TR = Tempo Real para Execução da Tarefa – Unidade Hora/Minuto (HH:MM).

Não deixe de utilizar a coluna (TE/TR). As fontes para as estimativas, em geral, são obtidas junto aos técnicos de manutenção. Contudo, uma ação importante é que gestores acompanhem algumas dessas manutenções para avaliar facilidades e principalmente as dificuldades, muitas delas não previstas. Com essa informação os tempos são ajustados e para próximo serviço . O tempo de estimativa estará mais próximo do tempo real de execução. Outro fator a considerar sobre o tempo de execução é que ele faz parte da composição de custos de manutenção, principalmente para empresas prestadoras de serviço. O orçamento passa pelo tempo total de execução e quanto mais próximo do tempo real e se cada tarefa estiver bem avaliada, melhores serão as chances dos clientes aprovarem o serviço. Assim, tem início uma parceria e a confiança na empresa prestadora de serviço tende a se manter.

Outro fator que interfere no tempo de execução do serviço, são as atividades anteriores. A etapa "Preparação para o Trabalho" deve constar na estimativa. Outro item a considerar, é o caso dos prestadores de serviços quando vão executar assistência em cliente externo. Há o deslocamento, chegada à portaria/recepção, identificação, necessidade de palestra com o SESMET (Setor de Segurança), avaliação dos EPIs e finalmente a liberação para a execução do serviço.

Todas essas questões pré-manutenção devem ser consideradas pelo grupo técnico. Avaliar globalmente, isto é, a preparação em adição ao plano de manutenção. Observar as variáveis e implementar ações de contenção, caso ocorra. As intervenções de manutenção tendem a ser uniformes, mas elas variam inevitavelmente, sejam em razão dos imprevistos técnicos (problema identificado durante a preventiva), novos padrões de conduta nos processos administrativos do cliente etc. Há organizações mais rígidas em razão dos riscos de acidente, sendo o caso de plataformas off shore, por exemplo. Outros locais, como condomínios residenciais, as exigências são mais brandas, mas nem por isso a segurança deve ser negligenciada.

Por fim, gostaria de enfatizar sobre a presença de pessoas não autorizadas acessando áreas onde o Grupo Gerador próximo à Subestação Elétrica. E grande risco de acidente, podendo gerar óbito. Portanto, é importante que somente técnicos capacitados e com EPIs podem acessar e permanecer nestes locais.

Unidades de Medidas e Equivalências

Potência

1 kW (kilowatt) = 3415,18 BTU/h (British Thermal Unit, unidade térmica britânica)/h

1 kW = 1,341 HP (horse-power)

1 kW = 1,361 CV (cavalo-vapor)

1 MW (mega-watt) = 1.000 kW

1 CV = 0,9866 HP

1 HP = 746 W

1 CV = 736 W

Energia

1 BTU = 1.055,06 J (joule)

1 BTU = 0,2519 kCal (kilo-caloloria)

1 kCal = 4.186,8 J

1 kCal/h = 1,16 W

1 kWh (kilowatt-hora) = 1,3410 Hph (horsepower-hora)

1 kWh = 859,84 kCal

1 kWh = 3.600 Kj (kilo-joule)

Pressão

1 atm (atmosfera) = 101,3250 kPa (kilo-pascal)

1 atm = 1,033 kg/cm^2

1 atm = 1,013 bar

1 bar = 100 kPa

1 bar = 14,50 psi (poud per square) = lb/pol^2 (libra por polegada ao quadrado)

1 kg/cm^2 = 28,96 polegadas de Hg (polegadas de mercúrio)

1 kg/cm^2 = 0,9678 atm

1 kg/cm^2 = 0,9806 bar

1 kg/cm^2 = 98.067 kPa

1 kg/cm^2 = 2.048,16 lb/pe^2 (libras por pé ao quadrado)

1 kg/cm^2 = 14,2233 psi = 14,2233 lb/pol^2

1 kg/cm^2 = 69,0 cmca (cm de coluna d'água)

1 psi = 6,895 kPa

1 cmhg (cm de coluna de mercúrio) = 1,33 kPa

Temperatura

0ºC = 32°F

100ºC = 212ºF

Refrigeração

1 TR (tonelada de refrigeração) = 3,50 kW

Massa

1 libra (lb) = 0,454 kg

1 kg = 2,205 libra

Volume

1 litro = 0.264 galão

1 galão = 3.785 litros

Vazão

1 m^3/h = 24.000 l/h (litros/hora)

Referências Bibliográficas

- GONÇALVES, Gustavo Roberto Rodrigues. ***Motores de Alto Rendimento***, disponível na internet: http://gustavoroberto.blog.br, acessado em Agosto de 2008.

- GEPEA/EPUSP – Grupo de Energia do Departamento de Engenharia de Energia e Automação Elétricas da Escola Politécnica da Universidade de São Paulo e FUSP – Fundação de Apoio a Universidade de São Paulo. ***Motores Elétricos de Alto Rendimento***, Artigo sobre. Butantã, 2008

- JÚNIOR, Norberto Augusto. ***Motores Trifásicos de Indução – Dimensionamento***, Artigo sobre. Butantã-SP, 2008.

- WEG S.A. ***Motores Elétricos***, Catálogo de. Jaraguá do Sul,SC. Edição do ano 2000.

- WIKIPÉDIA. ***Motor Elétrico***, Artigo sobre. Disponível na Internet: http://pt.wikipedia.org, acessado em Agosto de 2008.

- COPEL – Companhia Paranaense de Energia. ***Motor Elétrico***, Artigo sobre. Disponível na Internet: http://www.copel.com, acessado em Agosto de 2008.

- DEPARTAMENTO DE ENGEHARIA ELÉTRICA - UNESP. ***Equipamentos Específicos: Motores***, Artigo sobre. Disponível na Internet: http://www.dee.feb.unesp.br/~cagnon/ENERGIA/MOTOR, acessado em Agosto de 2008.

- ENGELÉTRICA. ***O que é um Banco de Capacitores?***, Artigo sobre. Disponível na Internet: http://www.engeletrica.com.br, acessado em Setembro de 2008.

- MFCAPACITORES. ***Fator de Potência***, Artigo sobre. Disponível na Internet: http://www.mfcapacitores.com.br/fator.htm , acessado em Setembro de 2008.

- WIKIPEDIA. ***Eficiência Energética***, Artigo sobre. Disponível na Internet: http://pt.wikipedia.org, acessado em Agosto de 2008.

- INEE – Instituto Nacional de Eficiência Energética. ***Eficiência Energética***, Artigo sobre. Disponível na Internet: http://www.inee.org.br, acessado em Agosto de 2008.

❖ WIKIPEDIA. ***Gás Natural***, Artigo sobre. Disponível na Internet: http://pt.wikipedia.org, acessado em Agosto de 2008.

❖ SOUZA, Tatiane Lopes. ***Pequenas Centrais Hidrelétricas: fonte de energia limpa***, Reportagem sobre. Artigo da Revista CONSELHO em revista, Edição nº 50, de Outubro de 2008. Ed. CREA-RS, Porto Alegre, 2008.

❖ NEBRA, Sílvia Azucena. ***Alternativas Tecnológicas para Geração Distribuída O Gás Natural e Geração Distribuída***, Apresentação de. Fórum Permanente de Energia & Ambiente, São Paulo, 2004. Disponível na Internet: http://www.cori.unicamp.br/foruns/energia/eventos2/SILVIA.ppt acessado em Maio de 2008.

❖ VENTOS SUL ENERGIA. ***Parques Eólicos de Osório*** Artigos sobre. Disponível na Internet: http://www.ventossulenergia.com.br, acessado em Setembro de 2008.

❖ GRÖNDAH, Mika. ***Energia que vem do Calor*** Artigo sobre. Reportagem veínculada pelo Jornal Zero-Hora, Edição de 21/04/2008. Porto Alegre, 2008.

❖ ambientebrasil, Portal. ***Energia Solar e o Meio Ambiente*** Artigo sobre. Disponível na Internet: http://www.ambientebrasil.com.br, acessado em Novembro de 2008.

❖ BRAIN, Marshall. HOWSTUFFWORKS - ***Como funciona a Energia Nuclear*** Artigo sobre. Disponível na Internet: http://ciencia.hsw.uol.com.br/energia-nuclear.htm, acessado em Outubro de 2008.

❖ COMCIENCIA. ***Energia Nuclear: custo de uma alternativa*** Reportagem sobre. Disponível na Internet: http://www.comciencia.br, acessado em Outubro de 2008.

❖ WIKIPEDIA. ***Energia Nuclear*** Artigo sobre. Disponível na Internet: http://pt.wikipedia.org/wiki/Energia_nuclear, acessado em Outubro de 2008.

❖ COLADAWEB. ***Energia Nuclear*** Artigo sobre. Disponível na Internet: http://www.coladaweb.com/fisica/nuclear.htm, acessado em Outubro de 2008.

❖ THE NEW YORK TIMES. ***Dilema Energético***, Artigo sobre. Reportagem divulgada pelo Jornal Zero-Hora, Edição de 13/10/2008, Porto Alegre, 2008.

- BRAIN, Marshall. Howstuffworks - ***Como funcionam os carros elétricos***, Artigo sobre. Disponível na Internet: http://carros.hsw.uol.com.br/carros-eletricos.htm, Publicado em 27/03/2002. Acessado em Setembro de 2008.

- HOWSTUFFWORKS Brasil. ***"Como funciona um carro híbrido"***, Artigo sobre. Disponível na Internet: http://carros.hsw.uol.com.br/questao262.htm, Publicado em 01/04/2000. Acessado em Setembro de 2008.

- CHANG, Kenneth. ***"Você compraria um carro elétrico?"***, artigo sobre. Reportagem original The New York Times e divulgada pelo Jornal Zero-Hora, Edição de 07/07/2008. Porto Alegre, 2008.

- INMETRO. GNV – ***Gás Natural Veicular, Instaladoras registradas***. Disponível na Internet: http://www.inmetro.gov.br/infotec/oficinas/, acessado em Setembro de 2008.

- PETROBRAS, ***Distribuidora S.A. Informações Técnicas do GNV***. Disponível na Internet: http://www.br.com.br, acessado em Setembro de 2008.

- COMPAGAS, Companhia Paranaense de Gás. ***Gás Natural para o seu veículo***, Artigo sobre. Disponível na Internet: http://www.compagas.com.br, acessado em Setembro de 2008.

- WIKIPEDIA. ***O Biocombustível***, Artigo sobre. Disponível na Internet: http://pt.wikipedia.org/wiki/Biocombustivel, acessado em Agosto de 2008.

- WIKIPEDIA. ***O Biodiesel***, Artigo sobre. Disponível na Internet: http://pt.wikipedia.org/wiki/Biodiesel, acessado em Agosto de 2008.

- BIODIESELBR. ***Tudo sobre Biodiesel***, Artigo sobre. Disponível na Internet: http://www.biodieselbr.com, acessado em Agosto de 2008.

- BIODIESEL, ***Programa Nacional de Produção e Uso do Biodiesel***. O Biodiesel. Disponível na Internet: http://www.biodiesel.gov.br, acessado em Agosto de 2008.

- VASCONCELOS, Marco Túlio Starling de. ***Opções Competitivas na Gestão Energética***, Apresentação sobre. Belo Horizonte, Tuma Industrial, 2005. Disponível na Internet: http://www.tuma.com.br, acessado em Maio de 2008.

- WIKIPEDIA. Chiller, Artigo sobre. Disponível na Internet: http://en.wikipedia.org/wiki/Chiller, acessado em Maio de 2008.

- YORK. York – ***Refrigeradores por Absorção***, Manual de Operação 155.16-EG1(597). York International Corporation (foi adquirida pela empresa Johnson Controls), Pensilvânia, 1997.

- WEBINBOX. ***Geração de Vapor e Sistema de Resfriamento***, Baseado em J. Trovati Tratamento de águas: sistema de resfriamento e geração de vapor. Curso on-line Disponível na Internet: http://www.webinbox.com.br, acessado em Agosto de 2008.

- INEE – Instituto Nacional de Eficiência Energética. ***Geração Distribuída e Co-Geração***, Artigo sobre. Disponível na Internet: http://www.inee.org.br/forum_cogeracao, acessado em Julho de 2007.

- BOHN, Adolar Ricardo. ***Projeto de Sistemas de Proteção contra Descargas Atmosféricas***, Artigo sobre. Disponível na internet:

  http://www.labeee.ufsc.br/arquivos/publicacoes/ecv5317_apostila_da.pdf, acessado em Outubro de 2008.

- WERB, Elton. ***Raios que o partam***, Artigo sobre. Editado pelo Jornal Zero-Hora de 10/03/2008, Porto Alegre, 2008.

- INPE, Instituto Nacional de Pesquisas Espaciais. ***Descargas Atmosféricas***. Disponível na Internet: http://www.inpe.br/weblat/homepage , acessado em Outubro de 2008.

- UFPA, Universidade Federal do Pará - ***Raios, Relâmpagos e Trovões***. Proteção contra descargas elétricas atmosféricas. Disponível na Internet: http://www.ufpa.br/ccen/fisica/aplicada/protec.htm, acessado em Outubro de 2008.

- PEREIRA, José Cláudio. ***Motores e Geradores***, Apostila sobre. Disponível na Internet: http://www.joseclaudio.eng.br/diesel2.pdf, acessado em Junho de 2007.

- WIKIPEDIA. ***Motor a diesel***. Artigo sobre. Disponível na Internet: http://pt.wikipedia.org.wiki/Motor a diesel, acessado em Agosto de 2008.

- STEMAC S.A, Grupos Geradores. ***Básico de Motores Diesel***, apostila de treinamento. Porto Alegre, Stemac S.A Grupos Geradores S.A., 2007.
- STEMAC S.A, Grupos Geradores. ***Básico de Motores à Gás***, apostila de treinamento. Porto Alegre, Stemac S.A Grupos Geradores S.A., 2007.
- STEMAC S.A, Grupos Geradores. ***Alinhamento e Nivelamento de Grupos Geradores***, Instruções Técnicas sobre. Porto Alegre, Stemac S.A Grupos Geradores S.A., 2007.
- MWM, Motores Diesel. ***Operação e Manutenção de Motores Série 6.10T***, Manual de. Santo Amaro. MWM International Ind. De Motores Da America do Sul Ltda., 2007.
- CUMMINS. ***Operação e Manutenção de Motores NT/NTA-855***, Manual de. Guarulhos, Cummins Brasil Ltda., 2002.
- PETROBRÁS, Gerência Industrial. ***Lubrificantes: Fundamentos e Aplicações***. Rio de Janeiro, Petrobrás, 2005.
- PINTO, Cristiano e PEREIRA, Mário. ***Manutenção Preventiva para Grupos Geradores***, A importância da. Porto Alegre, Stemac S.A. Grupos Geradores., 2007.
- ***Eficiência Energética***; Disponível em:

  http://www.portaldaindustria.com.br, acesso em maio/2017.
- ***Manual da Eficiência Energética***; Disponível em: http://www.copel.com, acesso em maio/2017.
- ***Programa de Eficiência Energética***; Disponível em:

  http://www.aneel.gov.br, acesso em maio/2017.
- ***ISO 50001: Gestão de Energia;*** Disponível em:

  http://www.abesco.com.br, acesso em maio/2017.
- ***A Energia Eólica***; Disponível em:

  https://www.portal-energia.com, acesso em maio/2017.

❖ ***Parques Eólicos no Brasil;*** Disponível em:

http://www.suapesquisa.com/energia, acesso em maio/2017.

❖ ***A Energia Solar***; Disponível em: http://pt.solar-energia.net/, acesso em maio/2017.

❖ ***Usina Híbrida Solar e Térmica***; Disponível em:

http://www.inovacaotecnologica.com.br, acesso em maio/2017.

❖ FRANCO, José Raphael Bicas e PINTAO, Raphael. ***Entenda as Diferenças e Vantagens da Energia Solar Fotovoltaica e Termossolar,*** Disponível em: http://www.aecweb.com.br, acesso em maio/2017.

❖ ***Princípios da Usina Nuclear***; Disponível em: http://www.infoescola.com, acesso em maio/2017.

❖ ***Energia Nuclear***, Disponível em: http://www.eletronuclear.gov.br, acesso em maio/2017.

❖ ***Brasil e a Energia Nuclear***, Disponível em: http://www.biodieselbr.com, acesso em maio/2017.

❖ ***Energia Nuclear: Custos de uma Alternativa***, Disponível em: http://www.comciencia.br, acesso em maio/2017.

❖ Nassif Online. ***A importância da energia nuclear no Brasil***; Disponível em: http://www.comciencia.br, acesso em maio/2017.

❖ MASILI, Gustavo dos Santos e ESTEVES, Rodrigo José Gomes. ***A Usina Nuclear***; Disponível em: http://www.fem.unicamp.br, acesso em maio/2017.

❖ ***Como funcionam os carros híbridos?*** Disponível em

http://www.pensamentoverde.com.br, acesso em maio/2017.

❖ ***O Etanol***; Disponível em: http://www.novacana.com, acesso em maio/2017.

❖ STOCKLER, Ingrid Stockler. TATYANNE, Werneck. ***Sobre a ISO-50001.*** Disponível na Internet: **https://iusnatura.com.br/iso-50001,** acessado em janeiro de 2023.

❖ ANEEL. Disponível na Internet: https://antigo.aneel.gov.br/programa-eficiencia-energetica, acessado em janeiro de 2023.

❖ KLABUNDE, Carolina. ***Certificação LEED: saiba o que é e qual a sua importância.*** Disponível na Internet: https://www.sienge.com.br/blog/o-que-e-certificacao-leed/ de 25 de agosto de 2022, acessado em janeiro de 2023.

❖ **GBC BRASIL.** ***Etapas da Certificação LEED***. Disponível na Internet: http://www.gbcbrasil.org.br/etapa-certificacao.php, acessado em janeiro de 2023.

❖ OFFICE GREEN. ***Projeto Alternativo de Arquitetura e Urbanismo.*** Disponível na Internet: https://m.galeriadaarquitetura.com.br/projeto/dealternativo-arquitetura-e-urbanismo, acessado em janeiro de 2023.

❖ EPBR. ***Mercado Livre de Gás, a nova lei e as regulamentações estaduais.*** Disponível na Internet: https://epbr.com.br/mercado-livre-de-gas-a-nova-lei-e-as-regulamentacoes-estaduais/, de outubro de 2020, acessado em janeiro de 2023.

❖ MINISTÉRIO DAS MINAS E ENERGIA. ***Novo Mercado de Gás.*** Disponível na Internet: https://www.gov.br/mme/pt-br/assuntos/secretarias/petroleo-gas-natural-e-biocombustiveis, acessado em janeiro de 2023.

❖ NEOENERGIA. ***Como funciona um Aerogerador.*** Disponível na Internet: https://www.neoenergia.com/pt-br/te-interessa/meio-ambiente, acessado em janeiro 2023.

❖ COMERC ENERGIA. ***O Mercado Livre de Gás.*** Disponível na Internet: https://panorama.comerc.com.br, acessado em janeiro de 2023.

❖ PORTAL SOLAR. ***A Energia Solar no Brasil.*** Disponível na Internet: https://www.portalsolar.com.br, acessado em janeiro de 2023.

❖ INFOMONEY. ***Consumo de Energia Solar atinge 239GW, passa a Eólica e***

se torna a 2ª maior fonte do Brasil. Disponível na Internet: https://www.infomoney.com.br, acessado em janeiro de 2023.

- CNN BRASIL. ***Energia Solar supera a Eólica e se torna a 2ª maior fonte brasileira, diz ASOLAR.*** Disponível na Internet: https://www.cnnbrasil.com.br/business, acessado em janeiro de 2023.

- G1.GLOBO. ***Tudo o que você precisa saber sobre Usinas Nucleares de Angra 1 e 2.*** Disponível na Internet: https://g1.globo.com/economia/noticia de junho de 2019, acesso em janeiro de 2022.

- ELETRONUCLEAR. ***Nossas Atividades – Angra 1.*** Disponível na Internet: https://www.eletronuclear.gov.br, acesso em janeiro de 2023.

- ELETRONUCLEAR. Sociedade e Meio Ambiente. ***Energia Nuclear no Mundo.*** Disponível na Internet: https://www.eletronuclear.gov.br/Sociedade-e-Meio-Ambiente/Espaco-do-Conhecimento, acesso em janeiro 2023.

- JORNAL UNESP. ***Governo federal mira na expansão da produção de energia nuclear no Brasil.*** Disponível na Internet: https://jornal.unesp.br de janeiro de 2022, acesso em janeiro de 2023.

- CANAL ENERGIA. ***ANEEL define cotas de Angra 1 e 2.*** Disponível na Internet: https://www.canalenergia.com.br/noticias, acesso em janeiro de 2023.

- NEOCHARGE. ***Carro Elétrico – Tipos de veículos elétricos.*** Disponível na Internet:https://www.neocharge.com.br/tudo-sobre/carros-eletricos-brasil, acesso em janeiro de 2023.

- ZAPAROLLI, Domingos. ***Ventos promissores a caminho: Potencial eólico brasileiro é três vezes maior do que o do parque nacional de energia elétrica.*** Revista Pesquisa FAPESP, ed. 275, jan. 2019.

- ABBEÓLICA. ***Boletim Anual: Dados de 2020.*** Associação Brasileira de Energia Eólica (ABBEólica), 2021.

❖ GUITARRARA, Paloma. ***A Energia Eólica.*** Disponível na Internet: https://brasilescola.uol.com.br, acesso em janeiro de 2023.

❖ PUENTE, Beatriz. LIMA, Fabiana. THAYANA, Araújo. ***Guerra de câmbio e defasagem no cenário de alta dos combustíveis.*** Disponível na Internet: https://www.cnnbrasil.com.br/business/RJ, acesso em janeiro de 2023.

❖ PAIVA, Iasmin Rao. ***Combustíveis e os dois fatores que vão impactar os preços em 2023.*** https://www.moneytimes.com.br, de janeiro de 2023. Acesso em janeiro de 2023.

❖ GAGLIANO, Matheus. ***Quais as perspectivas para o petróleo em 2023.*** https://euqueroinvestir.com, de janeiro de 2023. Aceso em janeiro de 2023.

❖ PORTAL DA INDUSTRIA. ***Industria de A – Z e a Eficiência Energética.*** Disponível na Internet: https://www.portaldaindustria.com.br, acesso em fevereiro de 2023.

❖ CAMPOS, Luana. ***A Eficiência Energética***. Disponível na internet: https://ecoa.org.br de 26 de outubro de 2022, acesso em fevereiro de 2023.

❖ KIELING, Rafael Machado. ***O que é uma PCH (Pequena Central Elétrica)?*** Disponível na internet: https://www.hidroenergia.com.br de 24.05.2018, acesso em fevereiro de 2023.

❖ ABRAPCH. ***O que é uma PCH?*** Disponível na internet em https://abrapch.org.br/faq/o-que-e-uma-pch/, acesso em fevereiro de 2023.

❖ UNIUBE. ***Eventos ENTEC.*** Disponível na internet em https://www.uniube.br/eventos/entec, acesso em fevereiro de 2023.

❖ OMEGA ENERGIA. ***Confira 4 dicas de como economizar energia elétrica na indústria.*** Disponível na internet em https://www.omegaenergia.com.br/news de 14 de fevereiro de 2023. Acesso em março de 2023.

❖ FÉLIX, Thiago. ***"Petrobras e Estatal Norueguesa firmam acordo para***

instalação de 7 Parques Eólicos". Disponível em https://www.cnnbrasil.com.br/economia de 6 de janeiro de 2023. Acessado em março de 2023.

❖ GARCIA, Ricardo Ferreira. ***Como funciona o motor a diesel e suas vantagens.*** UENF. Disponível em https://revistacultivar.com.br/noticias de 15.01.2021. Acessado em março de 2023.

❖ CUMMINS. ***Manual de Operação e Manutenção dos Motores da Série "B".*** Cummins Brasil Ltda, traduzido do Boletim nº 3810464-05 USA, 344 páginas. Disponível na Internet e acessado em março de 2022.

❖ CUMMINS. ***Manual de Aplicação – Grupos Geradores Arrefecidos à Água***. Cummins Brasil Ltda., 183 páginas. Disponível na Internet e acessado em março de 2022.

❖ F.G. WILSON. ***Grupo Gerador – Manual de Instruções do Operador e de Manutenção.*** Grupos Geradores F.G Wilson, 65 páginas. Disponível na Internet e acessado em março de 2022.

❖ GARCIA, Ricardo Ferreira. ***O funcionamento dos motores.*** 2021. RJ. Cultivar Máquinas, UENF (Universidade Estadual do Norte Fluminense Darcy Ribeiro).

ANOTAÇÕES

Impressão e acabamento
Gráfica da Editora Ciência Moderna Ltda.
Tel: (21) 2201-6662